Liebe Leserinnen, liebe Leser,

trotz aller Hiobsbotschaften zu den Folgen des Klimawandels gibt es auch eine gute Nachricht: wir sind nicht machtlos, denn es gibt zahlreiche Klimaschutzlösungen! Aufgrund deren Fülle fällt es jedoch oft schwer, einen Überblick zu behalten, die wichtigsten Maßnahmen zu erkennen, und es gibt viele Fragen: Werden wir wieder auf Kerzen angewiesen sein, wenn der Wind nicht weht und die Sonne nicht scheint, dürfen wir in Zukunft gar kein Fleisch mehr essen, werden wir alle in Holzhäusern leben, oder können wir das CO_2 nicht einfach wieder absaugen?

Um Ordnung in das Wirrwarr der Klimaschutzmaßnahmen zu bringen, haben die Autoren David Nelles und Christian Serrer zwei Jahre recherchiert und mit der Unterstützung von über 250 WissenschaftlerInnen dieses Buch zur Lösung des Klimaproblems geschrieben. Dabei haben wir mit unserer Stiftung Umwelt und Natur der Sparda-Bank Baden-Württemberg die beiden Autoren sehr gerne unterstützt.

So wünsche ich Ihnen nun viel Spaß beim Lesen des Buches und vor allem viele Anregungen, wie wir gemeinsam den Klimawandel stoppen können.

Martin Hettich
Vorstandsvorsitzender
Sparda-Bank Baden-Württemberg

Vorwort

MACHSTE DRECKIG – MACHSTE SAUBER

DIE KLIMALÖSUNG

DAVID NELLES UND CHRISTIAN SERRER

Mit Grafiken von Eva Künzel und Jörg Maier
sowie Lisa Schwegler, Stefan Kraiss und Janna Geisse

INHALTSVERZEICHNIS

Wie dieses Buch zu lesen ist:
Hochgestellte Zahlen am Ende eines Satzes („.[5]")
verweisen auf die Herkunft der von uns geschilderten
Informationen. Auf Seite 122 erklären wir Ihnen, wo
Sie die von uns zitierten Quellen finden.

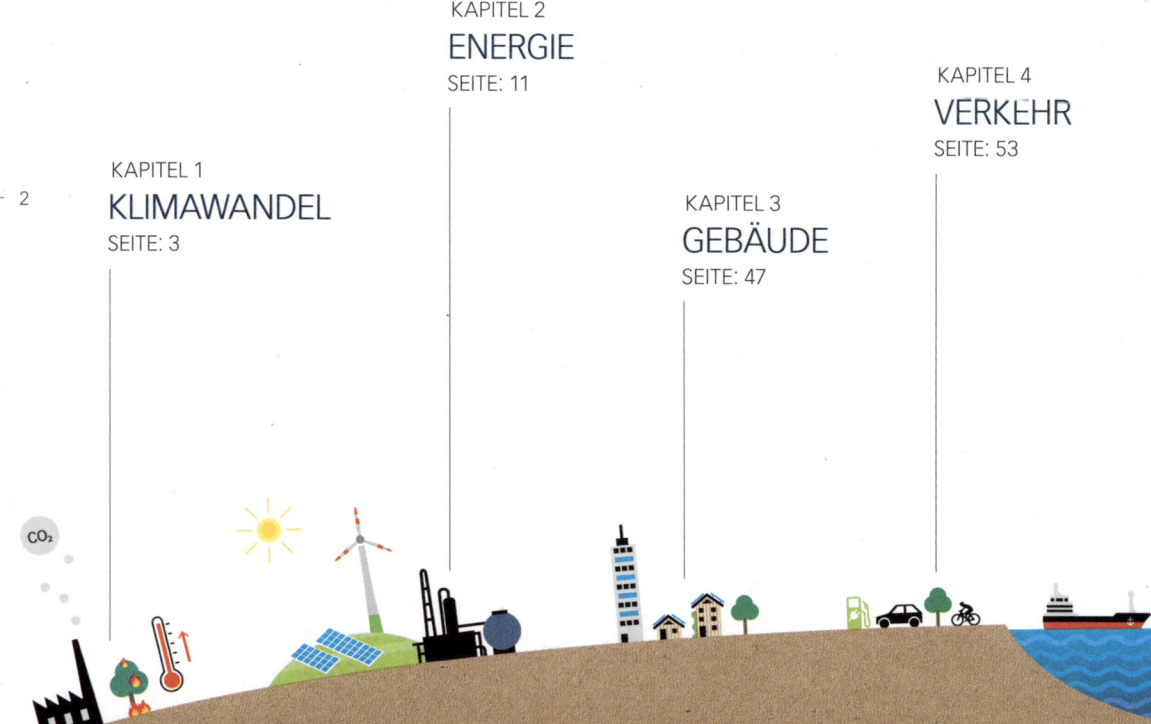

Zahlen in eckigen Klammern („[1]") stellen eine Verbindung von Text und Grafik her, sie tauchen an passenden Stellen im Text und in der dazugehörigen Grafik auf. Wenn bei Daten nicht anders angegeben, so handelt es sich um eine globale Betrachtung.

Zur sprachlichen Vereinfachung wird auf die Nennung der weiteren Geschlechter verzichtet. Die verwendeten männlichen Begriffe beziehen die weiblichen und diversen Formen ebenso mit ein.

CO_2

H_2

KAPITEL 1

KLIMAWANDEL

Fossile Brennstoffe wie Kohle, Erdöl und Erdgas sind die Grundlage unseres heutigen Wohlstandes: Wir stellen mit ihnen Autos, Fernseher und Medikamente her, nutzen sie, um unsere Häuser zu heizen, verwenden sie als Kraftstoff für unsere Mobilität, auch für den Flug in den Urlaub, und können dank ihnen das Licht anschalten und unsere Smartphones laden.[1-4]

Das Ganze hat jedoch einen Haken. Durch die Verbrennung fossiler Brennstoffe entsteht das Treibhausgas Kohlenstoffdioxid (CO_2), die Hauptursache für eines der größten Probleme unserer Zeit: Den Klimawandel.[5-8]

CO_2-Äquivalente (CO_2e)
Neben CO_2 entstehen weitere Treibhausgase wie Methan (CH_4) und Lachgas (N_2O) z. B. in der Landwirtschaft.[9] Da die Gase die Atmosphäre unterschiedlich stark erwärmen, werden sie zur besseren Vergleichbarkeit in sogenannte CO_2-Äquivalente (kurz: CO_2e) umgerechnet.[10] Wird von CO_2e gesprochen, werden daher alle Treibhausgasemissionen berücksichtigt.

– 3

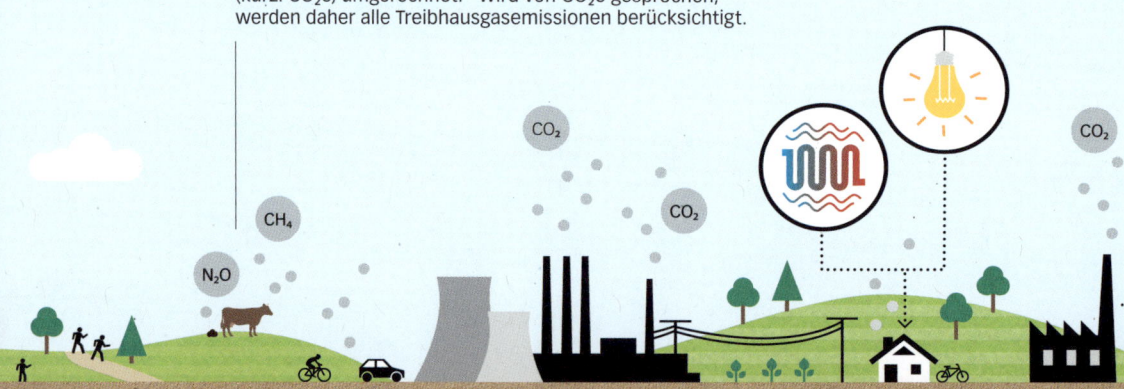

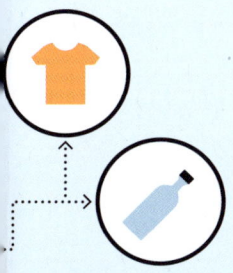
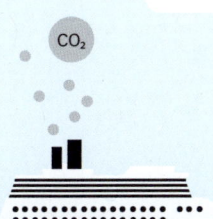

URSACHEN DES KLIMAWANDELS

Seit Beginn der Industrialisierung vor etwa 200 Jahren ist die globale Lufttemperatur um mehr als 1 °C gestiegen [1].[1,2] Die Hauptursache dafür ist die Zunahme der Konzentration von Treibhausgasen wie Kohlenstoffdioxid (CO_2), Methan (CH_4) und Lachgas (N_2O) in der Atmosphäre.[3]

Diese Gase kommen, genau wie das Treibhausgas Wasserdampf (H_2O), bereits ganz natürlich in der Erdatmosphäre vor und sie besitzen eine entscheidende Eigenschaft: Sie können Wärmestrahlung aufnehmen und wieder abstrahlen. Ein Teil der eintreffenden Sonnenstrahlung wird von der Erdoberfläche aufgenommen und anschließend wieder als Wärmeenergie abgegeben. Die Treibhausgase verhindern den direkten Austritt dieser Wärmeenergie ins Weltall.[4,5] Dieser sogenannte natürliche Treibhauseffekt sorgt überhaupt erst für ein angenehmes Klima auf der Erde [2]. Ohne Treibhausgase wäre die Erde fast komplett mit Eis und Schnee bedeckt und unser Leben unmöglich [3].[6]

Durch menschliche Aktivitäten wie die Verbrennung fossiler Brennstoffe, die Rodung von Wäldern oder die Nutztierhaltung gelangen jedoch immer mehr Treibhausgase in die Atmosphäre, wodurch der natürliche Treibhauseffekt verstärkt wird.[7-9]

Es ist wissenschaftlich belegt, dass wir Menschen damit für den weltweiten Temperaturanstieg verantwortlich sind. Beispielsweise wird bereits seit den 1970er-Jahren die Verstärkung des Treibhauseffekts durch die gestiegene Treibhausgaskonzentration mit Satelliten aus dem Weltall gemessen [4].[10-12]

Die Hauptursache für den Klimawandel seit Beginn der Industrialisierung sind die vom Menschen ausgestoßenen Treibhausgase.[13-20]

Rekonstruierte und gemessene globale Temperaturentwicklung der letzten 2000 Jahre; dargestellt als Abweichung von der durchschnittlichen Lufttemperatur an der Erdoberfläche von 1850 bis 1900[1]

Unsicherheitsbereich

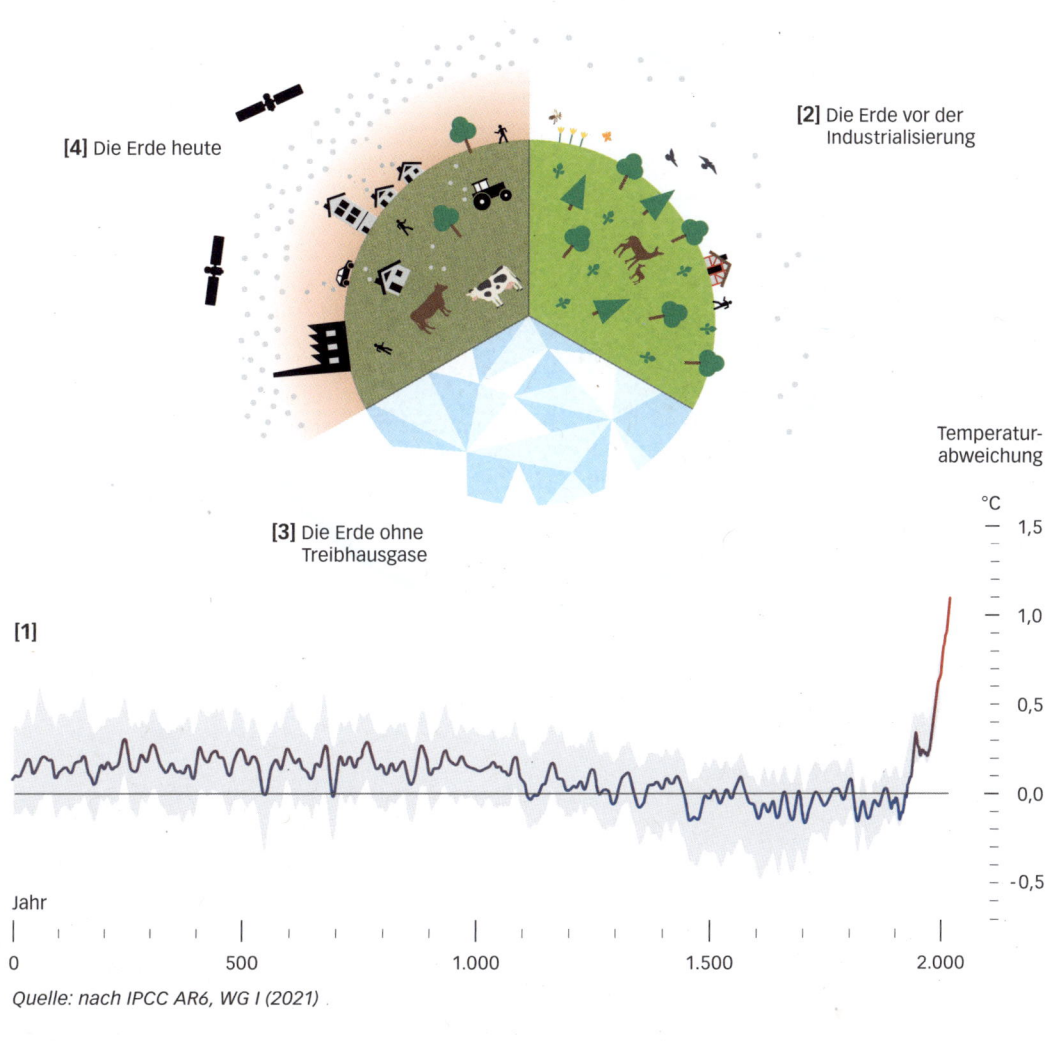

[4] Die Erde heute

[2] Die Erde vor der Industrialisierung

[3] Die Erde ohne Treibhausgase

[1]

Temperatur-abweichung

°C

— 1,5

— 1,0

— 0,5

— 0,0

— -0,5

Jahr

0   500   1.000   1.500   2.000

Quelle: nach IPCC AR6, WG I (2021)

FOLGEN DES KLIMAWANDELS

Die Folgen des Klimawandels sind bereits heute überall auf der Erde spürbar: Flächen, die von extremen Hitzeereignissen betroffen sind, haben sich seit 1950 weltweit etwa verzehnfacht.[1] Die Zeiträume, in denen Waldbrände auftreten können, haben sich seit 1980 um mehr als 20 % verlängert.[2] Extreme Starkregenereignisse treten ca. 30 % häufiger auf.[3] Fast alle weltweit beobachteten Gletscher verlieren an Masse.[4]

Das trägt mit dazu bei, dass der Meeresspiegel mit mehr als 3 cm pro Dekade heute mehr als doppelt so schnell steigt wie noch im letzten Jahrhundert.[5] Dadurch entstehen weltweit jährliche Kosten von einigen hundert Milliarden Euro, die durch die fortschreitende Erwärmung auf mehr als eine Billion Euro pro Jahr steigen könnten.[6,7] Ohne Klimaschutzmaßnahmen könnte bis zum Ende des Jahrhunderts jede sechste Tier- und Pflanzenart vom Aussterben bedroht sein.[8]

Auch die Ozeane erwärmen sich.[22] Zudem nehmen sie etwa ein Viertel der menschengemachten CO_2-Emissionen auf, wodurch sie saurer und Meeresbewohner zusätzlich gefährdet werden.[23]

CO$_2$

Schon heute sterben hunderttausende Menschen vorzeitig durch den Klimawandel, wie z. B. durch Unterernährung und zunehmende Wetterextreme.[9,10] Auch Hitzebelastungen nehmen durch den Klimawandel zu, was zu mehr Notfallaufnahmen in Krankenhäusern führt und mit dazu beigetragen hat, dass selbst in Europa im Sommer 2003 etwa 70.000 Menschen vorzeitig gestorben sind – 2018 waren es mehr als 100.000 Menschen.[11-13] Zudem breiten sich in Regionen wie den USA und Europa Stechmücken aus, die Tropenkrankheiten wie das Dengue- oder Chikungunya-Fieber übertragen können.[14]

Missernten, Wasserknappheit und extrem hohe Temperaturen tragen mit dazu bei, dass Teile der Erde unbewohnbar, Konflikte verschärft oder verursacht und Fluchtbewegungen ausgelöst werden könnten.[15-18] Daher stuft das US-Verteidigungsministerium den Klimawandel sogar als eine Bedrohung für die globale Sicherheit ein.[19-21]

Bei der Begrenzung des Klimawandels geht es schon lange nicht mehr darum, „nur" den Eisbären zu retten. Es geht darum, unseren Lebensraum und uns selbst zu schützen, um unsere Lebensqualität heute und in Zukunft für alle Menschen auf der Welt zu erhalten und sogar zu verbessern.

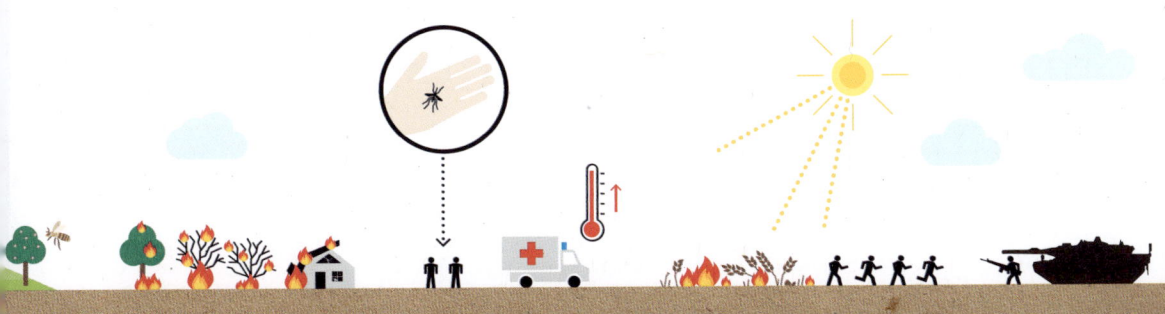

WODURCH ENTSTEHEN DIE EMISSIONEN?

Die wichtigsten vom Menschen verursachten Treibhausgase sind Kohlenstoffdioxid (CO_2), Methan (CH_4) und Lachgas (N_2O).[1] Da die Gase die Atmosphäre unterschiedlich stark erwärmen, werden sie zur besseren Vergleichbarkeit in sogenannte CO_2-Äquivalente (kurz: CO_2e) umgerechnet.[2]

Kohlenstoffdioxid hatte 2018 mit etwa 75 % den größten Anteil an den weltweiten Treibhausgasemissionen.[1] Es entsteht insbesondere durch die Verbrennung fossiler Energieträger sowie durch die Brandrodung von Wäldern.[3,4]

Verursacher der weltweiten menschengemachten Treibhausgasemissionen im Jahr 2018 in Prozent[9]

Metallindustrie	Chemieindustrie	Sonstige, wie die Papier- und Lebensmittelindustrie	Wohngebäude	öffentliche und geschäftliche Gebäude
7,9	6,5	14	11	6,1
Industrie			Gebäude	
28,4			17,1	

Über 70 % aller Treibhausgasemissionen entstehen durch die Nutzung von Kohle, Erdöl und -gas, hauptsächlich zur Deckung des Energiebedarfs. Denn dazu zählt nicht nur Strom, sondern auch die Energie, die wir nutzen, um Produkte herzustellen, uns fortzubewegen oder zu heizen. Das Klimaproblem ist daher in erster Linie ein Energieproblem!

Darauf folgte Methan mit etwa 17 % – z. B. durch die Verdauung bei Wiederkäuern oder die Förderung fossiler Brennstoffe – sowie Lachgas mit 6 %, u. a. durch Ausscheidungen von Nutztieren und den Einsatz von Stickstoffdünger.[5-7]

Der Rest sind sogenannte fluorierte Treibhausgase, die z. B. als Kältemittel in Klimaanlagen eingesetzt werden und entweichen können.[8] Insgesamt wurden im Jahr 2018 weltweit 58 Gigatonnen (= 58 Milliarden Tonnen, kurz: Gt) CO_2e ausgestoßen.[9] Die Abbildung zeigt, wo sie entstanden.

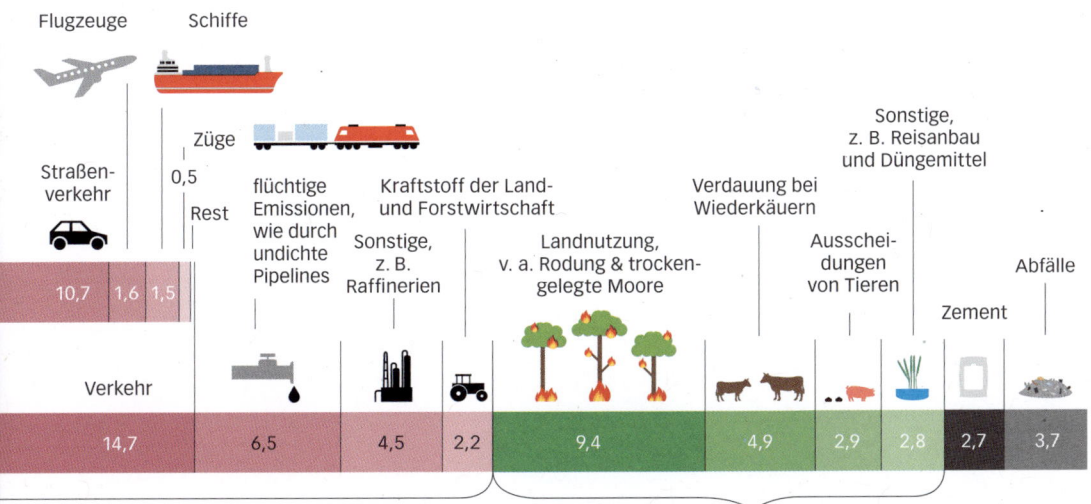

Etwa ein Fünftel der Emissionen entstehen durch die Landwirtschaft und Landnutzung; vor allem durch die Nachfrage nach tierischen Produkten.

PARIS-ABKOMMEN

Im Jahr 2015 haben 195 Staaten auf der Weltklimakonferenz in Paris beschlossen, die globale Erwärmung bis zum Ende des Jahrhunderts auf deutlich unter 2 °C im Vergleich zur vorindustriellen Zeit zu begrenzen und sie möglichst bei 1,5 °C zu stoppen.[1]

Zum ersten Mal ist es damit gelungen, sich völkerrechtlich auf ein weltweites Klimaziel – bzw. eine Temperaturgrenze – zu einigen.[2] Wenn diese Ziele eingehalten werden, könnten dadurch wahrscheinlich die schlimmsten Auswirkungen des Klimawandels vermieden werden.[3] Dabei darf jedoch nicht vergessen werden, dass die Pariser Klimaziele politische Ziele sind.[3]

Aus wissenschaftlicher Sicht sollte der weltweite Temperaturanstieg so gering wie möglich gehalten werden.[4] Denn die Folgen des Klimawandels sind bereits heute gravierend und verschärfen sich mit jeder weiteren Erwärmung:[5] Beispielsweise könnten bei einer Erwärmung um 1,5 °C, weltweit etwa 133 Millionen Menschen zusätzlich unter starken Dürren im Vergleich zu heute leiden – bei 2 °C sogar 195 Millionen.[6]

Es zählt daher jedes Zehntelgrad!

Die Grafik auf der rechten Seite zeigt die angenommenen weltweiten Auswirkungen des Klimawandels im Vergleich zu heute, bei einer Erwärmung um 1,5 und 2 °C seit Beginn der Industrialisierung.

	1,5 °C	2 °C
Zunahme von Hitzetagen im Jahr[7]	Ca. Verdopplung (+ 7 Tage) 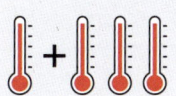	Ca. Vervierfachung (+ 20 Tage)
Häufigere Starkregenfälle an Land[8]	+ 17 % 	+ 36 %
Menschen, die zusätzlich unter Wasserknappheit leiden[9]	+ 271 Mio. 	+ 388 Mio.
Zunahme der geeigneten Gebiete für die Übertragung von Malaria*[10]	+ 10 %	+ 15 %
Vergrößerung der Waldbrand-flächen im Mittelmeerraum[11]	+ 41 % 	+ 62 % 
Anteil der Insektenarten, deren Lebensraum sich mindestens halbiert[5]	6 % 	18 % 
Verlust der tropischen Korallenriffe[12]	- 70 bis 90 %	- 99 % 

*im Vergleich zu 1971–81

PFAD ZUM 1,5 °C-LIMIT

Um die globale Erwärmung bei 1,5 °C zu stoppen, darf weltweit nur noch eine „Restmenge" an CO_2 ausgestoßen werden, die auch als CO_2-Budget bezeichnet wird.[1] Denn jede ausgestoßene Tonne CO_2 bleibt durchschnittlich mehrere hundert Jahre in der Erdatmosphäre und die CO_2-Konzentration in der Atmosphäre ist wiederum ausschlaggeben dafür, wie stark die weltweite Temperatur steigt.[2] Bleiben die Emissionen in Zukunft so hoch wie im Jahr 2019, wäre das CO_2-Budget bereits in etwa 11 Jahren – also im Jahr 2032 – überschritten.[3] Daher muss die Menschheit den Treibhausgasausstoß so schnell wie möglich reduzieren. Aufgrund der aktuell weltweit unzureichenden Klimaschutzbemühungen, wird das CO_2-Budget jedoch höchstwahrscheinlich überschritten.[4,5]

Um das 1,5-Grad-Limit trotzdem einzuhalten, muss neben der Reduzierung der Emissionen das zu viel ausgestoßene CO_2 wieder aus der Atmosphäre entfernt werden, sodass die Menge an CO_2 in der Atmosphäre insgesamt sogar gesenkt wird – beispielsweise durch das Pflanzen von Bäumen (S. 93) oder das technische „Absaugen" von CO_2 aus der Luft (S. 95).[6-8] Allerdings ist das Potential der CO_2-Entfernung begrenzt, da z. B. die geeigneten Flächen zur Aufforstung limitiert und technische Alternativen mit hohen Kosten verbunden sind.[9]

Deshalb ist es sogar rein wirtschaftlich betrachtet sinnvoller, den Treibhausgasausstoß in den nächsten Jahren deutlich zu reduzieren, anstatt CO_2 später wieder teuer aus der Atmosphäre zu entfernen.[10]

Was ist mit den anderen Treibhausgasen? Methan und Lachgas entstehen vor allem in der Landwirtschaft, z. B. beim Einsatz von Stickstoffdünger, während der Verdauung bei Wiederkäuern (hauptsächlich Rinder), durch Ausscheidungen von Nutztieren und beim Reisanbau.[11] Zur Einhaltung des 1,5-Grad-Limits müssen auch diese Emissionen so weit wie möglich reduziert und die verbleibenden Treibhausgase durch die CO_2-Entfernung ausgeglichen werden.[6]

Schematische Darstellung einer möglichen Entwicklung der globalen jährlichen CO$_2$-Emissionen, die eine Erwärmung um mehr als 1,5 °C verhindern würde[6,12]

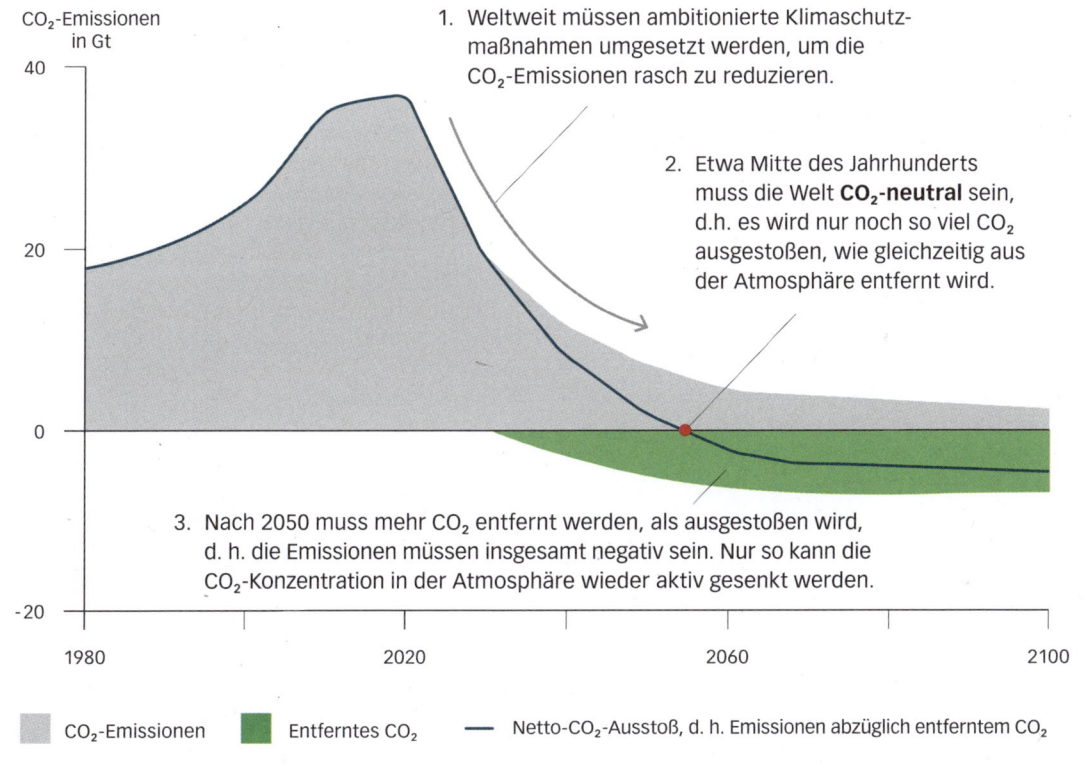

CO$_2$-Emissionen in Gt

1. Weltweit müssen ambitionierte Klimaschutz-maßnahmen umgesetzt werden, um die CO$_2$-Emissionen rasch zu reduzieren.

2. Etwa Mitte des Jahrhunderts muss die Welt **CO$_2$-neutral** sein, d.h. es wird nur noch so viel CO$_2$ ausgestoßen, wie gleichzeitig aus der Atmosphäre entfernt wird.

3. Nach 2050 muss mehr CO$_2$ entfernt werden, als ausgestoßen wird, d. h. die Emissionen müssen insgesamt negativ sein. Nur so kann die CO$_2$-Konzentration in der Atmosphäre wieder aktiv gesenkt werden.

CO$_2$-Emissionen   Entferntes CO$_2$ Netto-CO$_2$-Ausstoß, d. h. Emissionen abzüglich entferntem CO$_2$

EMISSIONEN EINZELNER LÄNDER

Im Jahr 2018 waren China, die USA und die Europäische Union (inkl. Großbritannien) für fast die Hälfte aller Emissionen verantwortlich [1].[1] Andere Länder wie Indien oder afrikanische Staaten haben hingegen sowohl insgesamt als auch pro Kopf [2] einen deutlich geringeren Treibhausgasausstoß.[1,2] Denn die dort lebenden Menschen haben durchschnittlich ein geringeres Einkommen, dadurch einen niedrigeren Lebensstandard, konsumieren weniger und verursachen folglich weniger Treibhausgase.[3,4] Werden nur die Emissionen aus der Verbrennung fossiler Brennstoffe betrachtet, stoßen Deutschland, Großbritannien und Italien zusammen sogar mehr aus als der gesamte afrikanische Kontinent.[5,6]

Zwar wächst die Bevölkerung in Entwicklungsländern stark an, aber aufgrund des geringen Treibhausgasausstoßes pro Person trägt das Bevölkerungswachstum nicht wesentlich zum Klimawandel bei.[1,7] Dies könnte sich jedoch in Zukunft ändern: Genau wie es China in den letzten Jahrzehnten geschafft hat rasant Wohlstand aufzubauen, wird dies wahrscheinlich auch in vielen anderen Staaten geschehen bzw. findet bereits statt.[8,9]

Gelangen diese Länder genau wie Europa, die USA und China durch die Verbrennung fossiler Brennstoffe zu Wohlstand, werden die Emissionen weiter steigen. Daher müssen in Entwicklungsländern direkt erneuerbare Energien ausgebaut werden, wozu Entwicklungszusammenarbeit unverzichtbar ist (S. 109).[10-12]

Um den Klimawandel zu stoppen, muss die gesamte Welt CO_2-neutral werden – im Prinzip also auch jedes einzelne Land![13] Aus Gründen der Klimagerechtigkeit müssen gerade die USA und die EU dabei vorangehen, da sie aufgrund der historischen Emissionen hauptverantwortlich für den heutigen Klimawandel sind [3]. Damit aber alle Staaten Klimaschutz auch tatsächlich umsetzen, müssen die Maßnahmen so gestaltet werden, dass die Industrienationen ihre Lebensqualität und ihren Wohlstand erhalten und die Entwicklungsländer ihren deutlich steigern können.[14]

[1] Treibhausgasemissionen der Länder im Jahr 2018[1]

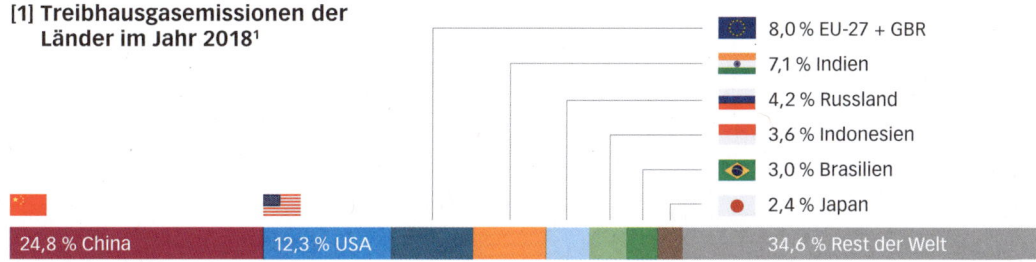

8,0 % EU-27 + GBR
7,1 % Indien
4,2 % Russland
3,6 % Indonesien
3,0 % Brasilien
2,4 % Japan

24,8 % China   12,3 % USA   34,6 % Rest der Welt

[3] Heute liegt China zwar auf Platz eins, werden aber alle CO_2-Emissionen seit Beginn der Industrialisierung betrachtet, liegen die USA mit 25 % und die EU mit 22 % deutlich vor China mit 13 %; Deutschlands Anteil liegt bei 5,5 % (S. 109). Deshalb sind vor allem die USA und die EU für den heutigen Klimawandel verantwortlich.[15,16]

[2] Treibhausgasemissionen der Länder pro Kopf im Jahr 2018[1,2]

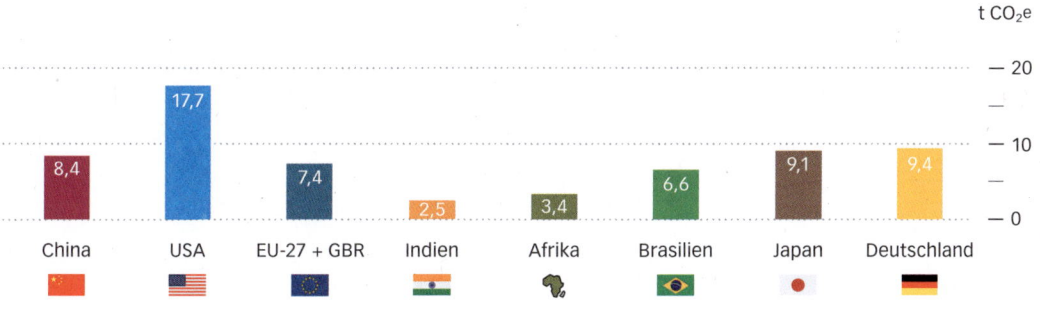

t CO_2e

China: 8,4
USA: 17,7
EU-27 + GBR: 7,4
Indien: 2,5
Afrika: 3,4
Brasilien: 6,6
Japan: 9,1
Deutschland: 9,4

FAZIT

Seit der industriellen Revolution hat sich die globale Temperatur durch den menschengemachten Ausstoß von Treibhausgasen um mehr als 1 °C erwärmt.[1,2] Die Auswirkungen auf Pflanzen, Tiere und Menschen sind schon heute gravierend und verstärken sich mit jedem weiteren Temperaturanstieg.[3-8] Klimaschutz ist daher der Schlüssel, um unseren Lebensraum und folglich uns selbst zu schützen: Nur durch die Begrenzung der globalen Erwärmung können wir unsere Lebensqualität heute und in Zukunft für alle Menschen auf der Welt erhalten und sogar verbessern.[9]

Trotz dieses Wissens hat sich der globale jährliche Treibhausgasausstoß seit 1990 fast verdoppelt und eine rasche Trendwende ist nicht in Sicht. Mit den bis heute beschlossenen Klimaschutzmaßnahmen könnte die weltweite durchschnittliche Temperatur bis zum Ende des Jahrhunderts um etwa 3 °C im Vergleich zur vorindustriellen Zeit ansteigen.[10-12]

10

Da über zwei Drittel aller Treibhausgasemissionen durch unseren Energiebedarf entstehen, ist die wichtigste Aufgabe, Energie klimafreundlich zu erzeugen und den anderen Sektoren zuverlässig zur Verfügung zu stellen.

Energie S.11

Gebäude S.47

Um das 1,5-Grad-Limit einzuhalten, brauchen wir deshalb weltweit deutlich stärkere Klimaschutzanstrengungen: Der effektivste und damit wichtigste Beitrag ist, den Treibhausgasausstoß rasch zu reduzieren. Die schwer vermeidbaren Emissionen müssen mithilfe von Maßnahmen der CO_2-Entfernung ausgeglichen werden, sodass die Welt um das Jahr 2050 CO_2-neutral ist. Danach müssen die CO_2-Emissionen sogar insgesamt negativ sein, das heißt die Menge an CO_2 in der Atmosphäre wird aktiv gesenkt.[13]

Mit welchen konkreten Maßnahmen dies in den einzelnen Sektoren Energie, Gebäude, Verkehr, Landwirtschaft und Industrie gelingen kann, wird in den folgenden Kapiteln Schritt für Schritt erklärt.

Landwirtschaft S.65

Verkehr S.53

Industrie S.81

KAPITEL 2

ENERGIE

Ob zum Laden von Smartphones, dem Heizen von Gebäuden, zum Bewegen von Fahrzeugen oder in der Industrie – überall wird Energie benötigt!

Da diese Energie bisher vor allem durch die Verbrennung fossiler Energieträger erzeugt wird,[1] entstehen aktuell etwa zwei Drittel aller Treibhausgasemissionen durch den Energiebedarf.[2] Unerlässlich zur Reduktion der Emissionen in den Sektoren Industrie, Verkehr und Gebäude ist es deshalb, diese mit klimafreundlicher Energie zu versorgen.[3] Klimaschutz im Energiesektor bedeutet daher, Elektrizität und Wärme klimafreundlich zu erzeugen und diese verlässlich direkt oder in umgewandelter Form an andere Sektoren zu liefern.[4]

11

Als Energiewende werden grundlegende Veränderungen im Energiesektor bezeichnet.[5,6] Aktuell ist damit meist der Umstieg von fossiler und atomarer zu erneuerbarer Energiebereitstellung gemeint sowie die Umsetzung von Energieeffizienzmaßnahmen zur Verringerung des Energiebedarfs.[4]

Erneuerbare Energien sind, auf einen menschlichen Zeithorizont bezogen, unerschöpfliche Energiequellen.[6,7]

EINFÜHRUNG

Auf dieser Seite finden sich einige grundlegende Informationen zur Energie. Diese helfen, auch außerhalb dieses Buches, Artikel rund um die Energiewende besser zu verstehen:

Energie kann nicht erzeugt oder vernichtet werden!

…Energie kann lediglich von einer Form in eine andere umgewandelt werden![1] Dies ist ein Grundsatz der Physik. Beispielsweise wird mit einer Photovoltaikanlage die Energie der Sonnenstrahlung in elektrische Energie[2] oder im Verbrennungsmotor eines Autos die Energie des Kraftstoffes in Bewegungsenergie umgewandelt.[3] Für einen besseren Lesefluss sprechen wir teils trotzdem von der „Erzeugung" und dem „Verbrauch" von Energie, womit jedoch immer die Umwandlung gemeint ist.

Welche Energie ist gemeint?

Als Primärenergie bezeichnet man den Energiegehalt natürlich vorkommender Energieträger, die keine Umwandlung durchlaufen haben. Primärenergieträger sind daher Energieträger wie Rohöl, Erdgas und Kohle, aber auch Holz und Sonnenstrahlung.[4]

Aus diesen können durch chemische oder physikalische Umwandlung Energieträger wie Strom, Wärme oder raffinierte Erdölprodukte hergestellt werden – man spricht dann von Sekundärenergieträgern.[4] Die tatsächlich nutzbare Energie, welche nach allen Verlusten beim Verbraucher ankommt, wird als Endenergie bezeichnet.[5]

Um wie viel Energie handelt es sich?

Wie viel Energie pro Zeit „erzeugt" oder „verbraucht" wird, bezeichnet man als Leistung. Diese wird in Watt gemessen. Wenn ein Gerät mit einer Leistung von einem Watt (W) eine Stunde (h) in Betrieb ist, verbraucht oder erzeugt es eine Wattstunde (Wh).[6] Eine Übersicht der am häufigsten verwendeten Energieeinheiten zeigt die nebenstehende Tabelle.

Gestehungskosten sind die Kosten für die Energieerzeugung

Gestehungskosten sind die Kosten für die Erzeugung von Energie. Diese umfassen alle Kosten zur Errichtung, zum Betrieb und zur Entsorgung von Energieerzeugungsanlagen.[7]

Übersicht der am häufigsten verwendeten Energieeinheiten[8]

Leistung		Beispiel
1 Watt (W)	= 1 Watt (W)	kleiner LED Strahler
1.000 Watt (W)	= 1 Kilowatt (kW)	Föhn
1.000.000 Watt (W)	= 1 Megawatt (MW)	ICE3 = 8 MW[9]
1.000.000.000 Watt (W)	= 1 Gigawatt (GW)	Kernkraftwerk in DE = 1,3–1,5 GW (Erzeugung)[10]
1.000.000.000.000 Watt (W)	= 1 Terawatt (TW)	Durchschnittliche weltweit benötigte elektrische Leistung 2018 = ca. 3 TW[11]

ENERGIEBEREITSTELLUNG

Entscheidend für den Fortschritt der Energiewende ist der Anteil klimafreundlich erzeugter Energie an der insgesamt weltweit benötigten Energie. Es kommt also nicht nur darauf an, elektrische Energie klimafreundlich zu erzeugen, sondern auch die benötigte Energie für beispielsweise Wärme oder den Verkehr.[1] Mit welchen Energieträgern wir aktuell den weltweiten Energiebedarf decken, zeigt die große untenstehende Abbildung.

Diese zeigt, dass der Anteil klimafreundlicher Energie sehr klein ist und sich seit dem Jahr 2000 kaum erhöht hat.[2] Gleiches gilt für den Anteil an der weltweit erzeugten Elektrizität: Im Jahr 2019 betrug dieser 36,7 %, im Jahr 2000 lag er jedoch schon bei 35,2 % (siehe nächste Seite).[2]

Der Großteil der weltweit insgesamt benötigten Energie stammt noch immer aus fossilen Energieträgern.

13

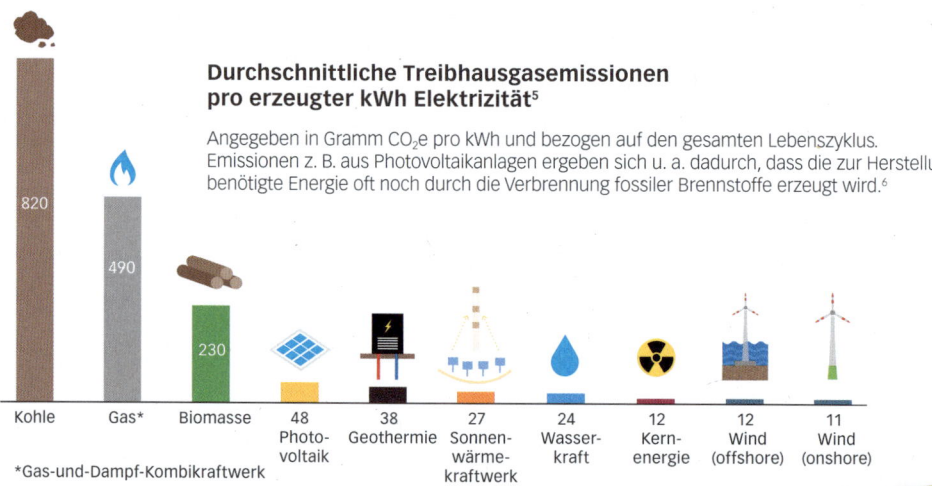

Durchschnittliche Treibhausgasemissionen pro erzeugter kWh Elektrizität[5]

Angegeben in Gramm CO_2e pro kWh und bezogen auf den gesamten Lebenszyklus. Emissionen z. B. aus Photovoltaikanlagen ergeben sich u. a. dadurch, dass die zur Herstellung benötigte Energie oft noch durch die Verbrennung fossiler Brennstoffe erzeugt wird.[6]

Kohle	Gas*	Biomasse	48 Photo-voltaik	38 Geothermie	27 Sonnen-wärme-kraftwerk	24 Wasser-kraft	12 Kern-energie	12 Wind (offshore)	11 Wind (onshore)
820	490	230							

*Gas-und-Dampf-Kombikraftwerk

1800   1850   1900

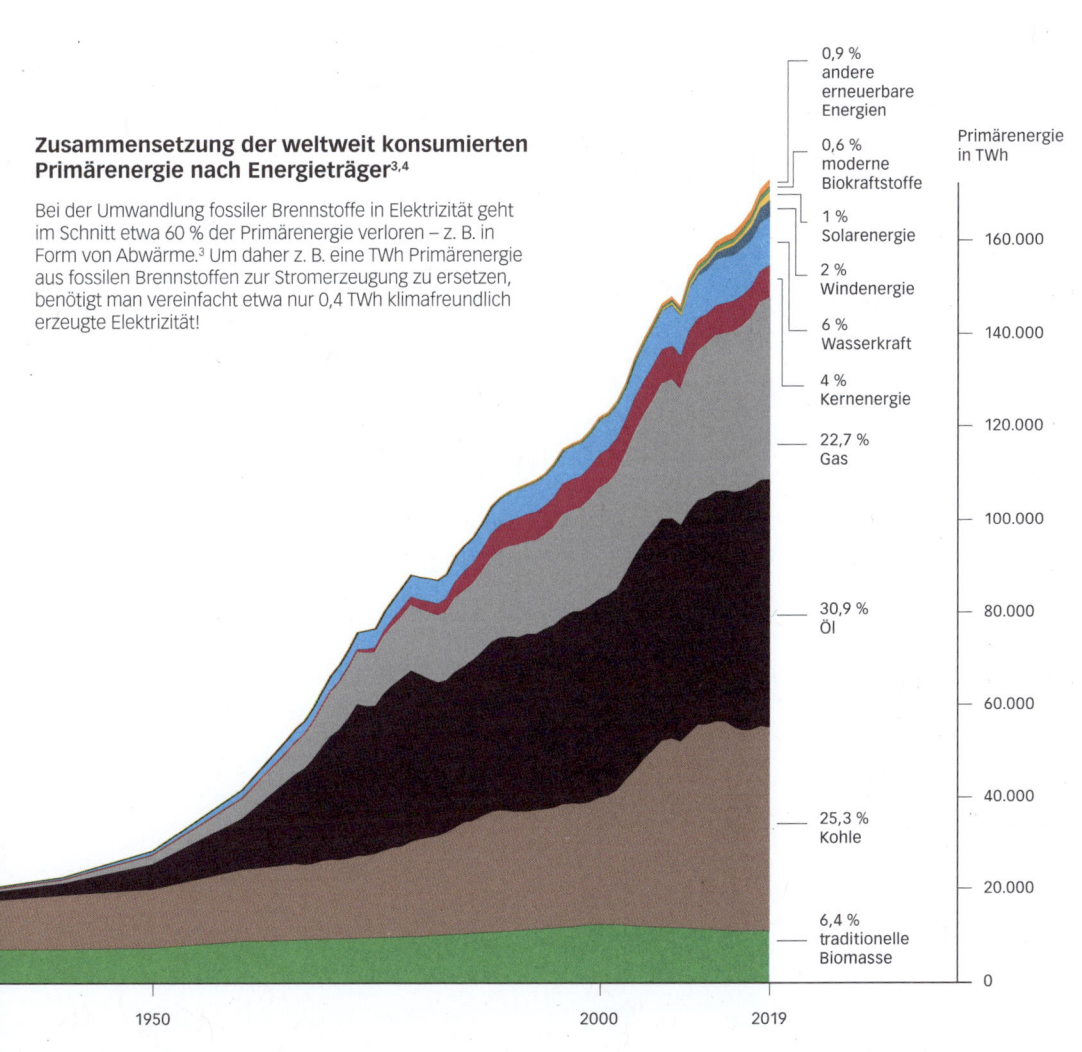

Zusammensetzung der weltweit konsumierten Primärenergie nach Energieträger[3,4]

Bei der Umwandlung fossiler Brennstoffe in Elektrizität geht im Schnitt etwa 60 % der Primärenergie verloren – z. B. in Form von Abwärme.[3] Um daher z. B. eine TWh Primärenergie aus fossilen Brennstoffen zur Stromerzeugung zu ersetzen, benötigt man vereinfacht etwa nur 0,4 TWh klimafreundlich erzeugte Elektrizität!

Primärenergie in TWh

0,9 % andere erneuerbare Energien

0,6 % moderne Biokraftstoffe

1 % Solarenergie

2 % Windenergie

6 % Wasserkraft

4 % Kernenergie

22,7 % Gas

30,9 % Öl

25,3 % Kohle

6,4 % traditionelle Biomasse

160.000
140.000
120.000
100.000
80.000
60.000
40.000
20.000
0

1950   2000   2019

GRUNDLAGEN EINES KLIMAFREUNDLICHEN ENERGIESYSTEMS

Zur Aufrechterhaltung eines stabilen Stromnetzes muss zu jedem Zeitpunkt etwa genau so viel Energie eingespeist werden, wie auch verbraucht wird.[1] Da Anlagen zur Umwandlung erneuerbarer Energien jedoch nicht wie konventionelle Kraftwerke Elektrizität auf Knopfdruck produzieren können,[2] ist ein rein auf erneuerbaren Energien basierender Stromsektor komplexer als ein fossiler.[1] Deshalb müssen Stromerzeugung und -verbrauch möglichst gut aufeinander abgestimmt werden.[3,4] Maßnahmen, die dies ermöglichen, bezeichnet man als Flexibilitätsoptionen,[5] bzw. wenn nur die Steuerung des Stromverbrauchs gemeint ist, als Lastmanagement.[6,7] Wird also weniger Energie erzeugt als derzeit benötigt, so müssen Komponenten wie Energiespeicher und Ausgleichskraftwerke Energie zur Verfügung stellen (S. 35).[2,6] Gleichzeitig muss bei einem Überangebot an Energie diese eingespeichert (z. B. mit Batteriespeichern)[1,6] oder sofort – z. B. von der Industrie – verbraucht werden (S. 81).[6]

Auch Netze sind Flexibilitätsoptionen, denn diese können Energie von Regionen mit hohem Energieangebot in Regionen mit Energienachfrage verteilen.[6] Flexibilitätsoptionen tragen somit dazu bei, dass auch ein rein auf erneuerbaren Energien basierender Stromsektor zu jedem Zeitpunkt eine stabile Energieversorgung gewährleisten kann.[3,4,6,8]

Die wichtigsten Komponenten eines klimafreundlichen Energiesystems werden auf der folgenden Seite und in diesem Kapitel näher erläutert.

Zusammensetzung der weltweit erzeugten Elektrizität nach Energiequelle[9]

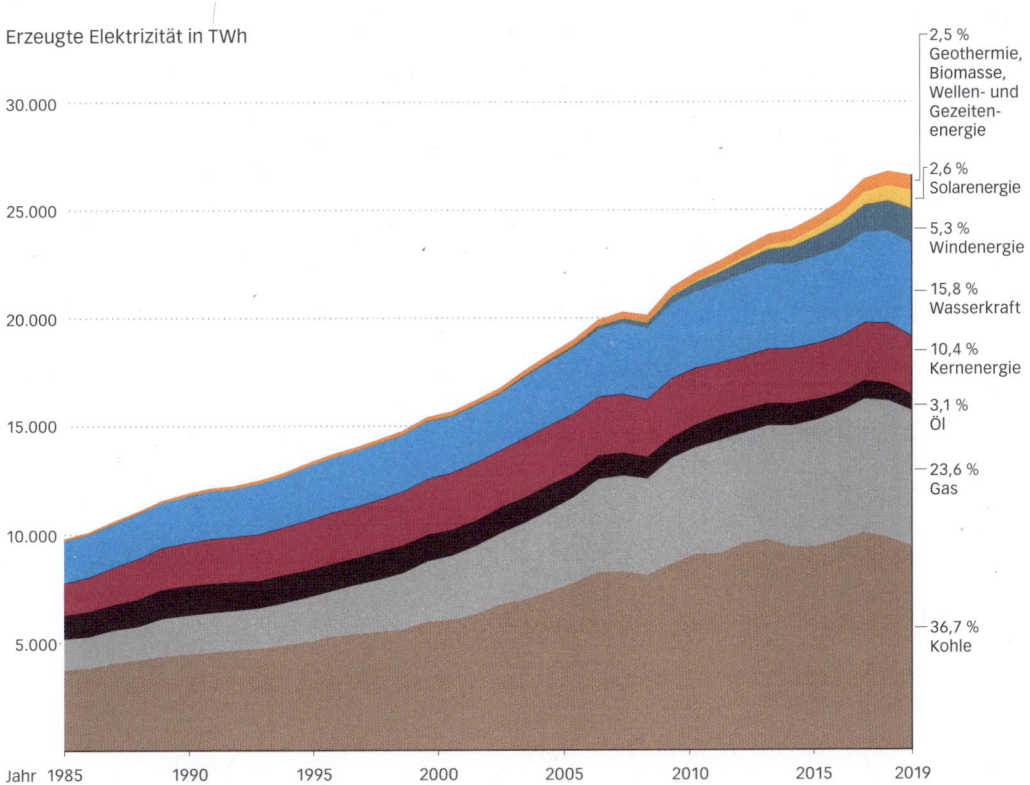

Erzeugte Elektrizität in TWh

2,5 %
Geothermie,
Biomasse,
Wellen- und
Gezeiten-
energie

2,6 %
Solarenergie

5,3 %
Windenergie

15,8 %
Wasserkraft

10,4 %
Kernenergie

3,1 %
Öl

23,6 %
Gas

36,7 %
Kohle

30.000

25.000

20.000

15.000

10.000

5.000

Jahr 1985   1990   1995   2000   2005   2010   2015   2019

SMART GRID

Um die schwankende Energiebereitstellung aus erneuerbaren Energien möglichst gut auszugleichen, sollen relevante Komponenten eines klimafreundlichen Energiesystems in Zukunft mittels digitaler Kommunikationstechnik aufeinander abgestimmt werden.[1] Dies bezeichnet man auch als Smart Grid bzw. als intelligentes Stromnetz,[1,2] dessen wichtigste Komponenten hier schematisch dargestellt sind. Von besonderem Interesse ist es dabei, möglichst viele flexible Verbraucher zu haben, da so weniger Komponenten wie Stromspeicher zum Ausgleich von Stromerzeugung und -verbrauch benötigt werden – dies wirkt sich positiv auf die Gesamtkosten des Systems aus.[3]

Volatile Erzeuger erzeugen Strom je nach Tageszeit und Witterung (S. 16).

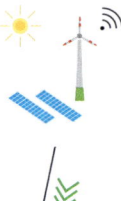

Steuerbare Erzeuger erzeugen Strom bei Bedarf (z. B. Ausgleichskraftwerke, S. 40).

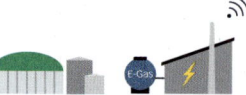

Elektrische Netze transportieren den Strom zwischen Erzeugern und Verbrauchern

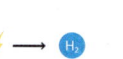

Strom kann zur Nutzung in anderen Sektoren in verschiedene Energieträger umgewandelt werden (**P2X**) – z. B. mittels Elektrolyseuren in Wasserstoff (S. 38).

 Einspeisung

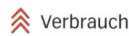 Verbrauch

Speicher nehmen überschüssigen Strom auf und speisen diesen bei Bedarf ins Netz (S. 36).

Digitale Infrastruktur
ermöglicht Vernetzung

ct/kWh

Flexible Großverbraucher
reagieren auf Echtzeit Strompreise
und können ihren Bedarf teilweise
anpassen (z. B. bei der Stahlerzeugung,
S. 86).[4]

Echtzeit Strompreise spiegeln
die aktuell erzeugte Menge an
Energie wider und helfen so,
Energieangebot und -nachfrage
aufeinander abzustimmen.[5]

>>>

<

>>>

Intelligente Stromzähler (Smart Meter) helfen das
Netz zu stabilisieren, indem sie den Energieverbrauch
der Haushalte detailliert erfassen und u. a. an den Netz-
betreiber übermitteln sowie je nach Strompreis basierend auf den Vorgaben des Hausbesitzers Elektrogeräte
steuern können (z. B. Nutzung der Waschmaschine bei
hohem und damit günstigem Stromangebot).[6]

E-Autos laden bei hohem
Stromangebot und speisen
bei Bedarf wieder ein (S. 58).[3]

Wärme wird bei hohem Stromangebot erzeugt – z. B. mittels
Wärmepumpe – und kann dank
Wärmespeicher auch später erst
genutzt werden.[3]

KLIMAFREUNDLICHE ELEKTRIZITÄTSERZEUGUNG

Es gibt zahlreiche Möglichkeiten, Elektrizität klimafreundlich mittels erneuerbarer Energien[1] oder Kernenergie[2] zu erzeugen. Wie die nebenstehende Abbildung zeigt, sind bereits heute viele davon wettbewerbsfähig und nahezu überall auf der Welt einsetzbar.[3] Ziel ist es dabei, die verschiedenen Erzeugungsmöglichkeiten so zu kombinieren, dass sie sich im Zeitpunkt der Energieerzeugung möglichst gut ergänzen[4] – beispielsweise Photovoltaik und Windkraft, da im Winter mehr Windenergie zur Verfügung steht und im Sommer mehr Solarenergie.[5]

Dies ist entscheidend, um den Bedarf an Energiespeichern und anderen Flexibilitätsoptionen zu reduzieren und damit die Kosten des Gesamtsystems gering zu halten (S. 42).[6]

Die am weitest verbreiteten Arten der klimafreundlichen Energieerzeugung, deren Herausforderungen sowie Vor- und Nachteile werden auf den folgenden Seiten vorgestellt.

16

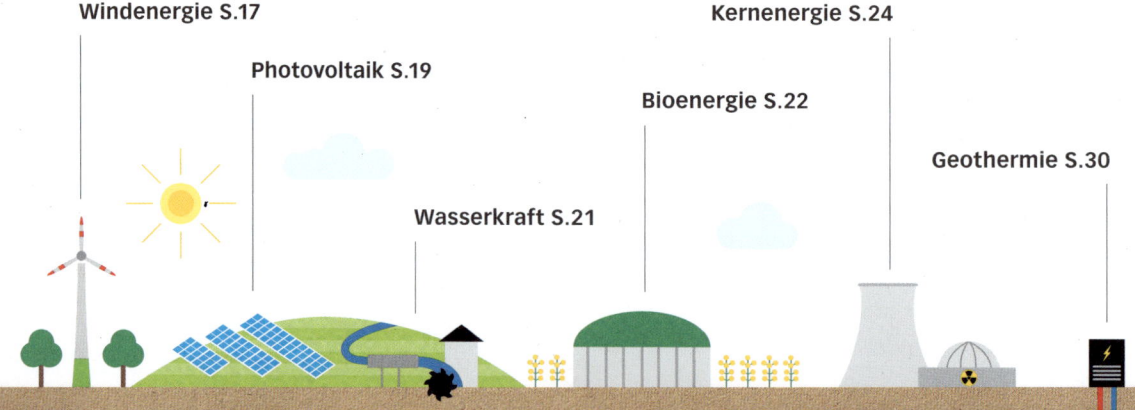

Windenergie S.17

Photovoltaik S.19

Wasserkraft S.21

Bioenergie S.22

Kernenergie S.24

Geothermie S.30

Gestehungskosten Stromerzeugungsarten weltweit[7]

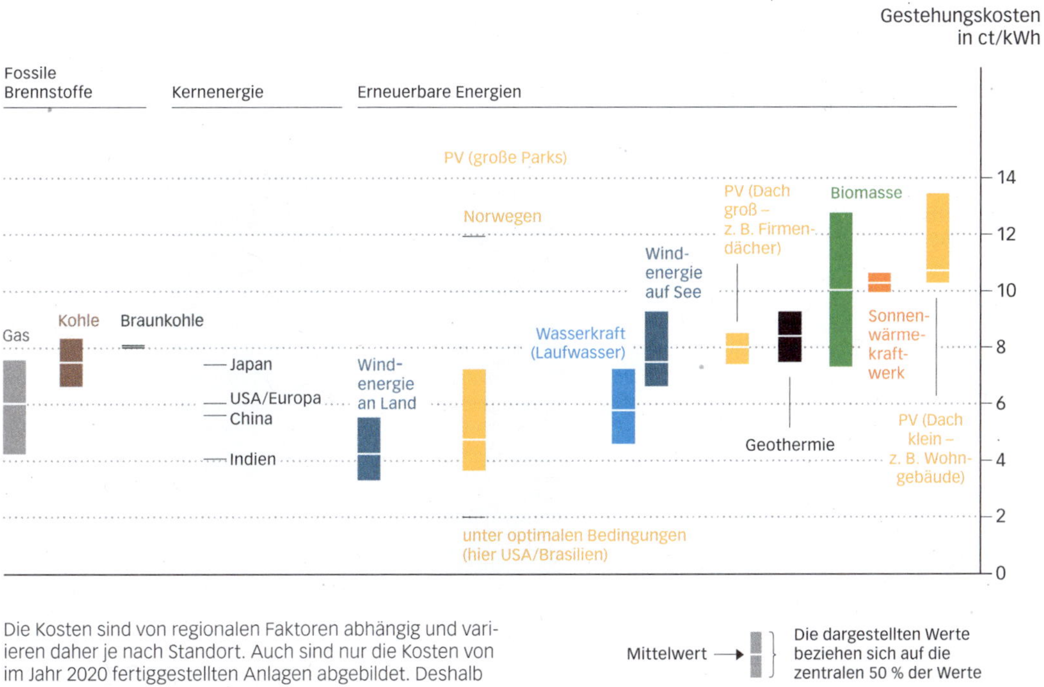

Gestehungskosten
in ct/kWh

Fossile
Brennstoffe

Kernenergie

Erneuerbare Energien

PV (große Parks)

— 14

Norwegen

PV (Dach
groß –
z. B. Firmen-
dächer)

Biomasse

— 12

Wind-
energie
auf See

— 10

Gas

Kohle

Braunkohle

Wasserkraft
(Laufwasser)

— 8

Sonnen-
wärme-
kraft-
werk

— Japan

Wind-
energie
an Land

— USA/Europa
— China

— Indien

Geothermie

— 6

PV (Dach
klein –
z. B. Wohn-
gebäude)

— 4

— 2

unter optimalen Bedingungen
(hier USA/Brasilien)

— 0

Die Kosten sind von regionalen Faktoren abhängig und variieren daher je nach Standort. Auch sind nur die Kosten von
im Jahr 2020 fertiggestellten Anlagen abgebildet. Deshalb
dient die Abbildung lediglich der Einordnung ungefähr
Größenverhältnisse und muss vorsichtig
betrachtet werden.

Mittelwert ➔

Die dargestellten Werte
beziehen sich auf die
zentralen 50 % der Werte

WINDENERGIE I

Windenergieanalagen nutzen Wind, um über einen Rotor einen Generator anzutreiben. Dabei wird die Bewegungsenergie des Windes in elektrische Energie umgewandelt.[1] Windenergieanlagen haben eine durchschnittliche Nutzungsdauer von etwa 20 Jahren.[2] Große aktuell errichtete Anlagen haben eine Generatorleistung von etwa 5 MW an Land und auf See in einigen Fällen sogar über 10 MW.[3] Mit einem 5 MW Generator lassen sich bei voller Auslastung in einer Stunde 5 MWh elektrische Energie erzeugen[4] – mehr als der Jahresverbrauch einer vierköpfigen Familie in Deutschland (ca. 4 MWh = 4.000 kWh).[5] Wie viel Energie mit einer Anlage über das gesamte Jahr tatsächlich erzeugt werden kann, hängt vom Standort der Windenergieanlage und dem dortigen Windangebot ab.[6] Da mit zunehmender Höhe über dem Erdboden der Wind stärker und gleichmäßiger weht, gilt in der Regel: Je höher die Windenergieanlage und je länger die Rotorblätter, desto besser kann die Anlage das Windenergieangebot ausnutzen und damit mehr Energie umwandeln.[1,7]

Windenergieanlagen können zum Großteil recycelt werden. Die Rotorblätter werden aktuell jedoch verbrannt oder deponiert, da sie aus einem heute noch nicht recycelbaren Gemisch aus Kunstharz und Glas- bzw. Kohlefasern bestehen, welches ihnen Steifigkeit bei geringem Gewicht verleiht.[8]

Mit steigender Zahl an Windrädern wird auch die Zahl der zu recycelnden Rotorblätter in Zukunft weiter steigen.[8] Aktuell wird daher an Verfahren zum Recycling von Rotorblättern gearbeitet sowie daran, sie aus anderen Materialien herzustellen.[3]

Windenergieanlagen erzeugen je nach Anlage und Standort im Laufe von drei bis sieben Monaten in der Regel so viel Energie, wie für ihre Herstellung, den Betrieb und die Entsorgung aufgewendet werden muss.[7]

Durchschnittliche Leistungsdichte des Windes in Deutschland 100 m über dem Boden[10]

Die Leistungsdichte ist ein Maß für den Energiegehalt des Windes – sie ist hauptsächlich abhängig von der Windgeschwindigkeit und wird in Watt pro Quadratmeter (vertikale Rotorfläche) angegeben. Je höher die Leistungsdichte des Windes, desto mehr Energie können Windenergieanlagen umwandeln.[9]

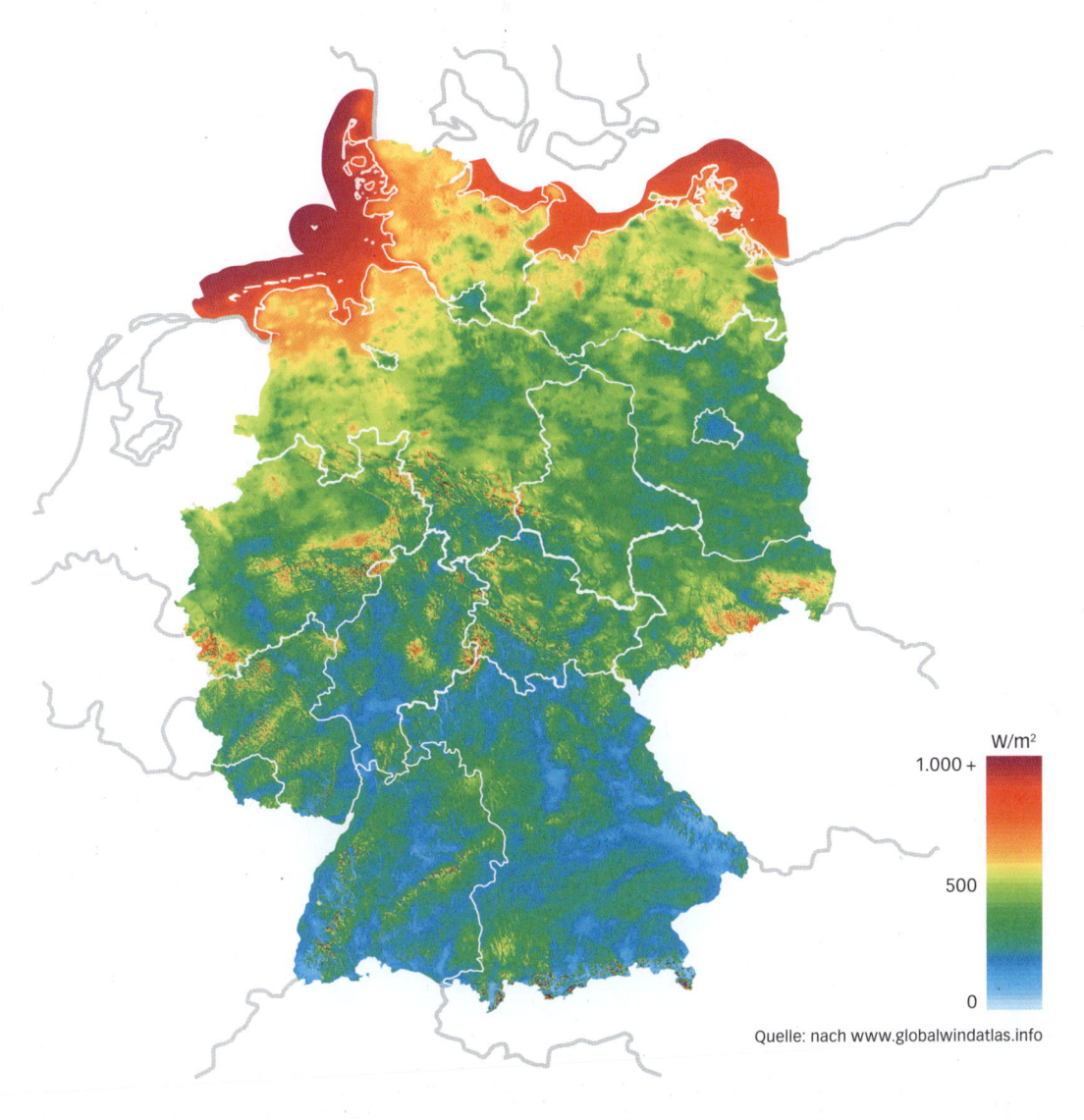

W/m²

1.000 +

500

0

Quelle: nach www.globalwindatlas.info

WINDENERGIE II

Windenergieanlagen werden unterteilt in onshore (an Land) und offshore (auf See) errichtete Anlagen.[1]

Onshore-Anlagen sind technisch in der Regel leicht zu errichten. Anfänglich hohen Investitionskosten stehen meist geringe Wartungs- und Betriebskosten gegenüber.[2] Hauptkritikpunkte sind die in der Nähe wahrnehmbaren Geräusche durch das Fließen des Windes um die Rotorblätter, der Schattenwurf und die Lichtemissionen ("Blinklichter" zur Kennzeichnung für die Luftfahrt).[2] Tiere und Pflanzen können durch Veränderungen ihres Lebensraums aufgrund der Errichtung von Anlagen und deren Betrieb direkt beeinträchtigt werden (z. B. durch Abholzung oder Geräuschemissionen).[3-5]

Auch können z. B. Vögel oder Fledermäuse mit den Anlagen kollidieren – die tatsächlichen Totschlagzahlen sind schwer zu ermitteln.[6-7] Verglichen mit den durch die Kollision mit Glasscheiben von Gebäuden,[8,9] dem Autoverkehr oder den von Hauskatzen getöteten Tieren,[10] ist es jedoch nur ein winziger Bruchteil. Allerdings werden vor allem in Waldgebieten auch bedrohte Tierarten durch Windenergieanlagen beeinträchtigt (z. B. Auerhühner).[7] Um diese Probleme möglichst gering zu halten, gelten in vielen Ländern strenge Genehmigungsverfahren, in denen z. B. Brutstätten, Flugrouten und Nahrungshabitate von Tieren sowie Abstände zu Wohngebäuden berücksichtigt werden.[11,12] Onshore-Anlagen haben zudem den Vorteil, dass sie Energie nahe am Verbraucher produzieren können – so werden Transportwege verkürzt.[2]

Durchschnittliche Stromgestehungskosten aller im Jahr 2020 in Betrieb genommenen Windenergieanlagen weltweit[14]

onshore ca. **4,5 ct/kWh**

Wenn Anlagen auf See gebaut werden, sind die anfänglichen Investitionskosten höher als an Land.[13] Die Herausforderungen liegen vor allem in der Verankerung der Fundamente, der Anbindung an ein Stromnetz sowie darin, dass die Anlagen den raueren Umgebungsbedingungen standhalten müssen – z. B. den hohen Windgeschwindigkeiten, dem Wellengang und der salzhaltigen Luft.[1,2,13] Daher sind hier die Stromgestehungskosten höher als bei Windenergieanlagen an Land.[2,14] Auf der anderen Seite gibt es jedoch kaum eine Beeinträchtigung von Anwohnern.[2] Offshore-Windenergieanlagen wurden in den letzten Jahren in immer tieferen Gewässern (10–55 m) bei immer größeren Entfernungen zum Land von teils sogar über 100 km errichtet.[15]

Ein großer Vorteil der Offshore-Windenergie ist, dass der Wind auf See deutlich stärker und stetiger weht als an Land.[16] Dadurch lässt sich die mit den Anlagen produzierte Menge an Energie deutlich besser prognostizieren und so die Kosten für ein rein erneuerbares System geringhalten (S. 42).[17]

Windenergieanlagen ergänzen sich im Zeitpunkt der Energieerzeugung gut mit Photovoltaikanlagen (S. 19)[18] und spielen damit eine wichtige Rolle, um in einem erneuerbaren Energiesystem eine zuverlässige und kostengünstige Energieversorgung zu gewährleisten (S. 42).

Schwimmende Windenergieanlagen helfen, neue Standorte (große Tiefen) zur Nutzung von Offshore-Windenergie zu erschließen.[19]

offshore ca. **7,5 ct/kWh**

PHOTOVOLTAIK I

Die direkte Umwandlung von Sonnenlicht in Elektrizität bezeichnet man als Photovoltaik (PV).[1]

In über 90 % der heute installierten Anlagen bestehen Photovoltaikmodule hauptsächlich aus einzelnen rechteckigen Silizium-Solarzellen („Silizium-Scheiben").[2] Die Erdkruste besteht auf das Gewicht bezogen zu etwa 28 % aus Silizium, was damit quasi unbegrenzt zur Verfügung steht; es wird hauptsächlich aus Quarzgestein gewonnen.[3,4] Für die Herstellung der Zellen wird aber auch ein kleiner Anteil Aluminium und Silber benötigt, wobei letzteres in absehbarer Zeit weitestgehend durch Kupfer ersetzt werden kann.[2]

In den Solarzellen wird die Energie des Sonnenlichts von Silizium absorbiert und in elektrische Energie umgewandelt. Dabei gilt: Je intensiver die Sonnenstrahlung ist, desto größer die von der PV-Anlage produzierte Strommenge (S. 20).[1,4] Aktuell im Handel erhältliche Spitzenmodule (Modul = viele Solarzellen zusammengeschaltet) haben einen Wirkungsgrad von über 20 % – das bedeutet, dass mehr als 20 % der auf die Photovoltaikmodule auftreffende Sonnenenergie in Elektrizität umgewandelt wird.[2] Werden im Vergleich dazu zur Bioenergie genutzte Pflanzen verstromt, so beträgt der auf die Sonnenstrahlung bezogene Wirkungsgrad deutlich weniger als 1 % (S. 23).[1,5] Je nach Technologie und Standort aktueller Photovoltaikanlagen (Anlage = viele Module zusammengeschaltet) haben diese deshalb bereits nach etwa 5 bis 18 Monaten meist so viel Energie erzeugt, wie für ihre Herstellung, den Betrieb und die Entsorgung benötigt wird.[6]

Einsatzmöglichkeiten von PV-Zellen
Schematische Darstellung

PV-Module funktionieren auch bei leichter Bewölkung, nur eben mit geringerer Leistung.[14]

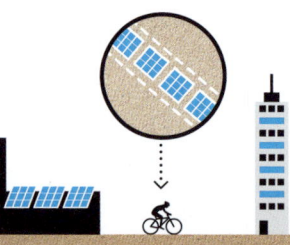

Die Lebensdauer aktueller PV-Module beträgt durchschnittlich etwa 25 bis 30 Jahre.[7] Auch können schon heute 96 % der festen Stoffe in PV-Modulen recycelt werden;[8] in der EU müssen Anlagenhersteller alle Module kostenlos zurücknehmen und zu mindestens 85 % recyceln.[2,9]

Einer der großen Vorteile von PV-Anlagen ist die vielfältige Einsatzweise, welche besonders auch dem modularen Aufbau aus vielen kleinen Solarzellen zu verdanken ist.[1] Insbesondere die Möglichkeit, PV-Anlagen auf bereits genutzten Flächen wie Dächern zu verwenden, ist in Anbetracht der zunehmenden Flächenknappheit ein weiterer Vorteil.[2] Zudem werden Mensch, Tier und Pflanzenwelt im Vergleich zu anderen erneuerbaren Energien deutlich geringer beeinträchtigt.[10, 11]

Im Jahr 2020 neu installierte Anlagen haben weltweit Elektrizität meist zu 5 (große PV-Parks) bis 11 (kleine Anlagen auf Hausdächern) Cent pro Kilowattstunde erzeugt.[12] In sehr sonnigen Regionen mit niedrigen Betriebs-, Installations- und Finanzierungskosten – wie in Teilen der USA, Brasiliens,[2] aber auch Portugals[13] – liefern große PV-Anlagen bereits Strom für unter 2 Cent pro kWh. Damit gehört PV zu den günstigsten Möglichkeiten, Strom zu erzeugen (S. 16).[12]

Aufgrund der vielfältigen Einsatzmöglichkeiten, den günstigen Gestehungskosten, ausreichender Rohstoffe und einer hohen Recyclingquote wird davon ausgegangen, dass der Großteil des weltweiten Strombedarfs in Zukunft durch Photovoltaik erzeugt werden kann.[2]

PHOTOVOLTAIK II

Um PV-Module zu vergleichen, werden sie unter standardisierten Bedingungen im Labor getestet und die dabei gemessene Leistung in der Einheit Watt-peak (Wp) angegeben.[1] Aktuelle Module mit einem Wirkungsgrad von ca. 20 % benötigen für eine Leistung von 1 kWp auf einer Freifläche in Deutschland etwa zehn Quadratmeter. In Deutschland optimal ausgerichtete Anlagen mit einer Leistung von 1 kWp produzieren je nach Standort etwa 800-1.100 kWh elektrische Energie pro Jahr[2] – etwa ein Viertel des durchschnittlichen privaten elektrischen Energieverbrauchs einer vierköpfigen Familie in Deutschland (ca. 4.000 kWh).[3]

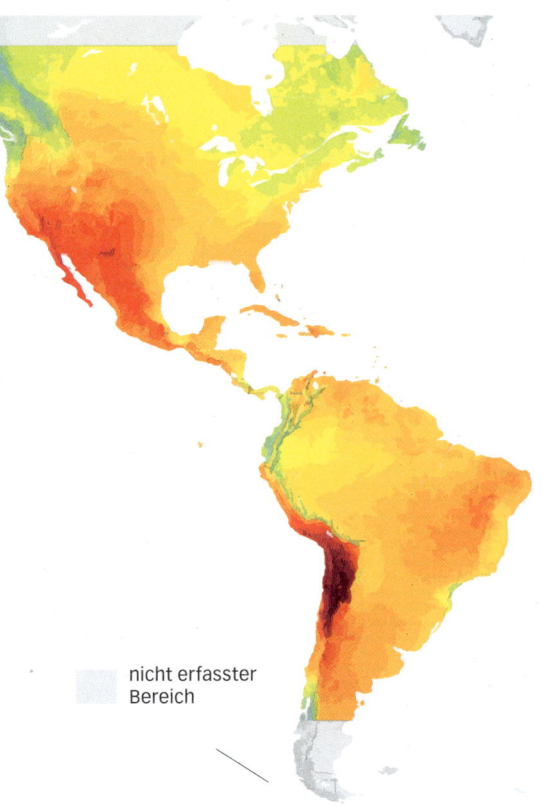

nicht erfasster Bereich

Die dargestellte Weltkarte zeigt den jährlichen regional unterschiedlichen Energieertrag pro kWp bei optimaler Ausrichtung der PV-Anlage weltweit. Allgemein gilt: Je höher die Sonneneinstrahlung, desto größer der Energieertrag.[4,5]

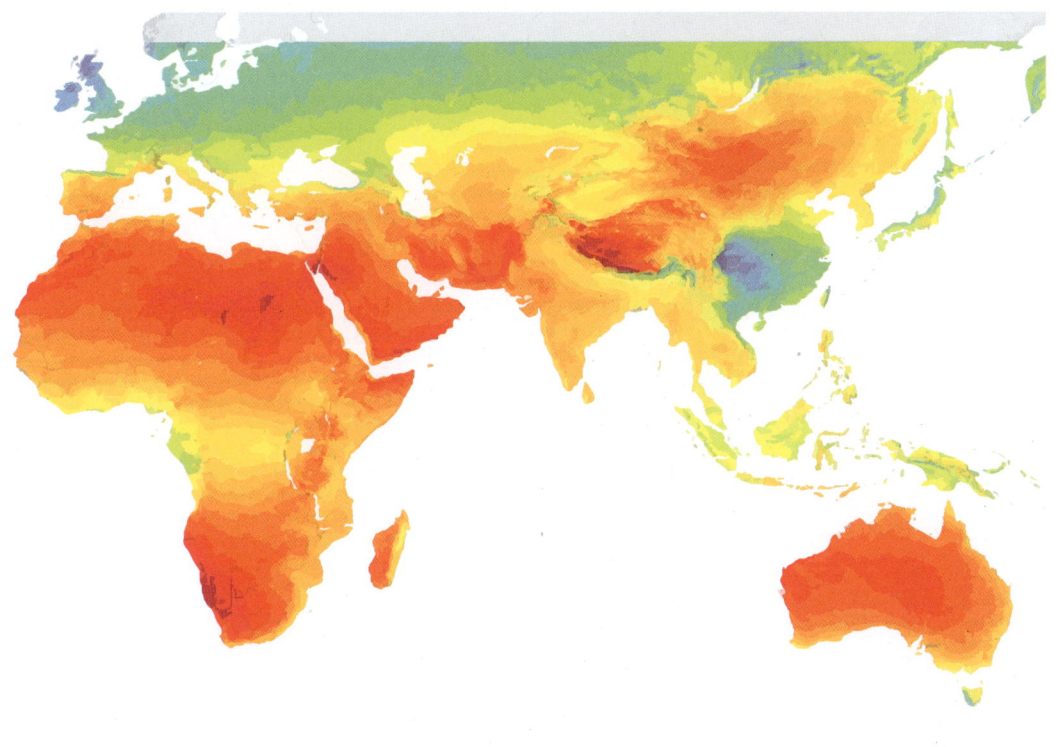

ungefährer Jahresertrag in kWh/kWp

| 730 | 876 | 1022 | 1168 | 1314 | 1461 | 1607 | 1753 | 1899 | 2045 | 2191 | 2337 |

Quelle: nach www.globalsolaratlas.info

WASSERKRAFT

Wasserkraftwerke nutzen die Energie des Wassers, um z. B. mithilfe einer Turbine oder eines Wasserrads einen Generator anzutreiben und so Elektrizität zu erzeugen. Je größer die Fallhöhe und je größer die Menge des durchströmenden Wassers, desto mehr Energie kann umgewandelt werden.[1,2]

Wasserkraft hat mit über 60 % den größten Anteil an der im Jahr 2019 weltweit produzierten erneuerbaren Elektrizität.[3,4,5] Am wirtschaftlichsten und am weitesten verbreitet sind Laufwasser- [1], Speicher- [2] und Pumpspeicherkraftwerke [3];[6] letztere werden jedoch hauptsächlich zur Zwischenspeicherung von Energie betrieben.[7]

Daneben werden auch die Gezeiten [4] sowie die Energie der Wellen [5] bereits zur kommerziellen Elektrizitätserzeugung genutzt. Sogar Anlagen zur Nutzung des unterschiedlichen Salzgehaltes zwischen Meer- und Süßwasser an Flussmündungen (sog. Osmosekraftwerke) [6] befinden sich aktuell in Erprobung.[8] Die Leistung von Wasserkraftwerken reicht von wenigen Watt in kleinen Bächen bis zum größten Kraftwerk der Welt: Die Wasserkraftanlage an der Drei-Schluchten-Talsperre in China erzeugt jährlich etwa so viel Elektrizität wie 13 Kernkraftwerke.[9,10,11]

Herausforderungen entstehen besonders bei der Realisierung großer Talsperren: Einerseits können diese Flussökosysteme schädigen sowie eine Umsiedelung der Anwohner erzwingen.[12] Andererseits ergeben sich auch positive Aspekte: ein Speichersee kann als regulierbare Frischwasserquelle, dem Schutz vor Überschwemmungen und bei Trockenheit als Wasserreserve dienen sowie die Fischerei und den Tourismus durch Erholungsaktivitäten am, in und auf dem Wasser fördern.[13] Weitere Herausforderungen liegen in den sehr hohen Anfangsinvestitionen, langen Refinanzierungszeiten sowie ebenfalls meist langen Genehmigungs- und Bauzeiten großer Wasserkraftwerke.[14]

Sind die Kraftwerke jedoch einmal errichtet, können diese über eine sehr lange Lebensdauer Elektrizität kostengünstig produzieren.[15]

Ein großer Vorteil von Laufwasserkraftwerken ist die zeitlich relativ konstante Umwandlung von Energie sowie bei Speicherkraftwerken die Möglichkeit, die durchfließende Wassermenge und damit die Menge der umgewandelten Energie zu steuern.[8] Speicher- und Pumpspeicherkraftwerke können darüber hinaus sehr schnell auf Schwankungen im Netz reagieren und in kürzester Zeit große Energiemengen bereitstellen (S. 37).[7,8]

BIOENERGIE I

Organische – also auf Kohlenstoff basierende – Stoffe nicht fossilen Ursprungs bezeichnet man als Biomasse: beispielsweise Holz oder Pflanzen wie Energiemais, Ernterückstände wie Stroh, aber auch tierische und menschliche Exkremente, Schlachtabfälle und Biomüll. Die energetische Nutzung von Biomasse nennt man Bioenergie.[1,2]

Bioenergie ist klimafreundlich, da bei der energetischen Verwertung von Pflanzen (z. B. beim Verbrennen) nur so viel CO_2 entsteht, wie zuvor beim Wachstum aufgenommen wurde (S. 93). Dies gilt allerdings nur, wenn lediglich so viel Biomasse entnommen wird, wie nachwächst, und wenn durch Anbau und Ernte – wie beim Betrieb forst- bzw. landwirtschaftlicher Geräte – sowie der Nutzung der Biomasse möglichst wenig zusätzliche Treibhausgasemissionen entstehen.[2,3]

Art der Bioenergienutzung 2018 weltweit[11]

87,5 %
in fester Form

besonders in Afrika und Asien als Brennholz und Holzpellets zum Kochen und heizen

2,5 %
als Biogas

aus anaerober (ohne Sauerstoff) Fermentation von z. B. Gülle, Ernteresten oder Energiepflanzen wie Mais – vor allem zur Elektrizitäts- und Wärmeerzeugung sowie dem Einsatz in Gasfahrzeugen

Bioenergie ist aktuell die größte Quelle erneuerbarer Energie weltweit: Sie stellte 2017 etwa 70 % der erneuerbaren Energie bereit – ca. 96 % der erneuerbaren Wärme und 9 % der erneuerbaren Elektrizität.[4] Im Jahr 2020 in Betrieb gegangene Anlagen können Elektrizität meist zu etwa 7 bis 13 Cent pro kWh erzeugen (S. 16).[5]

Mehr als die Hälfte der 2019 weltweit genutzten Bioenergie wurde in Entwicklungsländern verwendet,[6] hauptsächlich in traditioneller Form zum Kochen[7] mit Holzfeuer oder Herd.[8] Damit ist Bioenergie besonders in entlegenen und meist nicht an eine andere Energieversorgung angeschlossenen Regionen ein wichtiger Energielieferant.[4] Problematisch ist jedoch, dass oft mehr Biomasse (z. B. Feuerholz) entnommen wird, als nachwächst.[9,10]

7,5 %
als flüssige Biokraftstoffe

vor allem Bioethanol und Biodiesel aus Zuckerrohr und Mais, z. B. zur Beimischung in fossile Kraftstoffe im Verkehr

2,5 %
direkte Nutzung von Siedlungs- und Industrieabfällen

zur Erzeugung von Elektrizität und Wärme

BIOENERGIE II

Der Anbau von Biomasse zur rein energetischen Nutzung wird sowohl auf dem Feld (Energiepflanzen) als auch im Wald (Holz) sehr kritisch gesehen:

Zum einen können lokale Ökosysteme zerstört oder verdrängt werden.[1] Zum anderen steht der Anbau oft in direkter Flächenkonkurrenz mit der Nahrungs- und Futtermittelproduktion sowie der stofflichen Verwertung von Biomasse (z. B. Baustoffe, biobasierte Kunststoffe, Chemikalien etc.). Dadurch ist es oft unvermeidbar neue Flächen zu erschließen, wodurch weitere Emissionen entstehen können (S. 71) und sich die Klimabilanz der Bioenergie verschlechtert.[2] Im Jahr 2008 wurden weltweit etwa 55 Millionen Hektar – etwas mehr als 1 % der globalen Landwirtschaftsfläche – für den reinen Anbau von Bioenergiepflanzen genutzt.[3] Auch hat Bioenergie aus extra dafür angebauten Pflanzen im Vergleich zu anderen klimafreundlichen Energien den größten Flächenverbrauch pro Energieeinheit.[4] Dieses Problem der Flächenkonkurrenz kann minimiert werden, indem brachliegendes Land für den Anbau genutzt wird.[5,6] Der permanente Anbau auf diesen Flächen hat zusätzlich den Vorteil, dass aufgrund der Aufnahme von CO_2 beim Wachstum der Pflanzen (besonders Bäume) der Atmosphäre dauerhaft CO_2 entzogen wird (S. 93).[5]

Werden zur Bioenergie genutzte Pflanzen verstromt, so beträgt der auf die Sonnenstrahlung bezogene Wirkungsgrad deutlich weniger als 1 %.[7] Aktuelle Photovoltaikanlagen haben einen Wirkungsgrad von über 20 % (S. 19) und können damit auf der gleichen Fläche deutlich mehr Strom erzeugen als Energiepflanzen.[8] Dem gegenüber steht die einfache Handhabung und damit auch die Nutzung von Bioenergie In wenig entwickelten, entlegenen Regionen.[9] Zusätzlich haben fast alle Bioenergieträger den Vorteil, gelagert werden zu können, wodurch Energie dann erzeugt werden kann, sobald diese benötigt wird (S. 40).[10]

Eine fast immer unproblematische Möglichkeit der Nutzung von Bioenergie ist die Verwertung unvermeidbarer Abfallstoffe wie Gülle aus der Tierhaltung (S. 68). Ebenfalls können Reststoffe aus dem Anbau von z. B. Mais, Reis oder anderem Getreide verwendet werden[9] – jedoch nur teilweise, da diese auch zur Aufrechterhaltung von Nährstoffkreisläufen oder zur Humusbildung (S. 94) benötigt werden.[6,12]

Die Verwertung unvermeidbarer Rest- und Abfallstoffe sowie der Anbau von Biomasse auf brachliegendem Land minimiert die Konfliktpotentiale der Bioenergie. Richtig angewandt kann Bioenergie so zu einer klimafreundlichen Energieversorgung beitragen.[6]

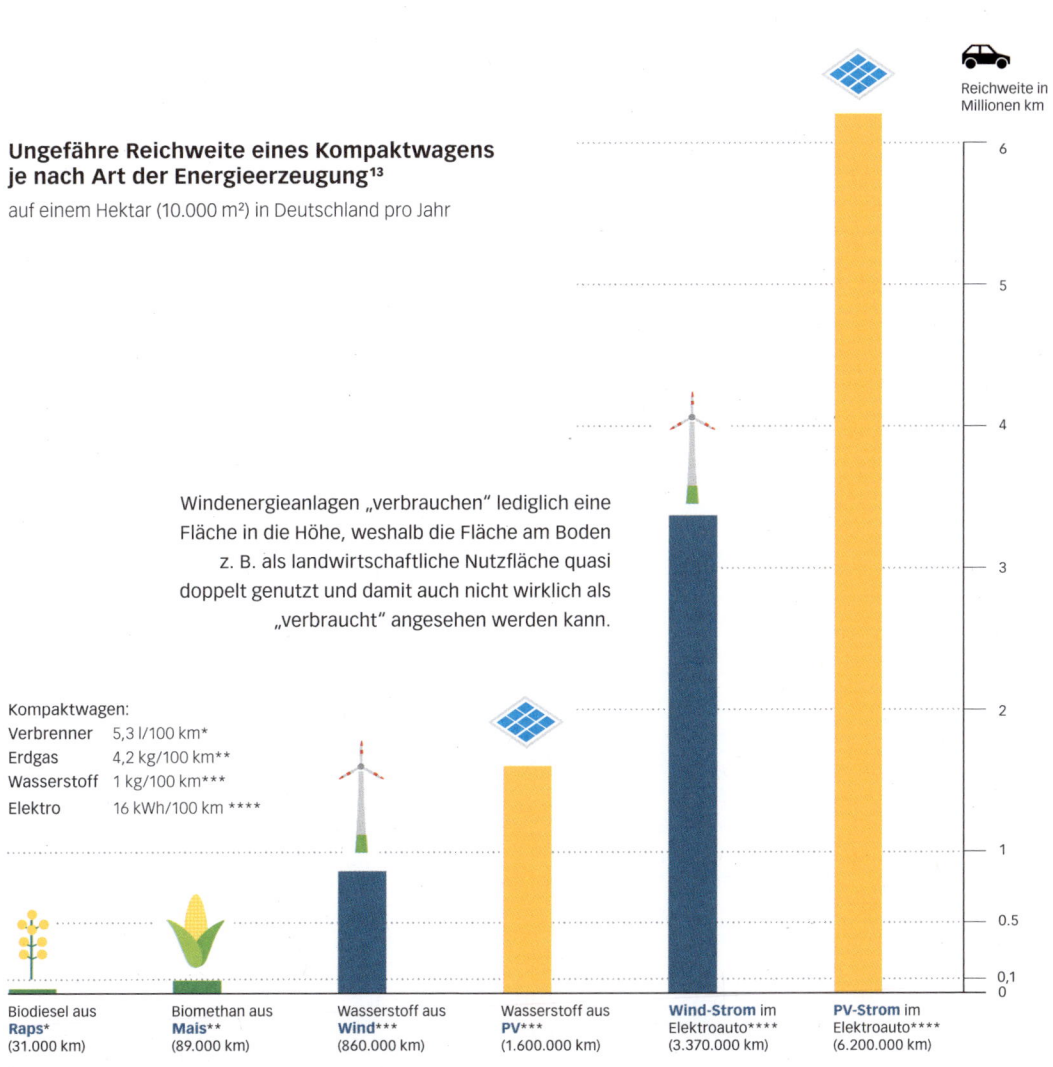

Ungefähre Reichweite eines Kompaktwagens je nach Art der Energieerzeugung[13]

auf einem Hektar (10.000 m²) in Deutschland pro Jahr

Reichweite in
Millionen km

Windenergieanlagen „verbrauchen" lediglich eine Fläche in die Höhe, weshalb die Fläche am Boden z. B. als landwirtschaftliche Nutzfläche quasi doppelt genutzt und damit auch nicht wirklich als „verbraucht" angesehen werden kann.

Kompaktwagen:
Verbrenner   5,3 l/100 km*
Erdgas   4,2 kg/100 km**
Wasserstoff   1 kg/100 km***
Elektro   16 kWh/100 km ****

6

5

4

3

2

1

0,5

0,1
0

Biodiesel aus
Raps*
(31.000 km)

Biomethan aus
Mais**
(89.000 km)

Wasserstoff aus
Wind**
(860.000 km)

Wasserstoff aus
PV**
(1.600.000 km)

Wind-Strom im
Elektroauto****
(3.370.000 km)

PV-Strom im
Elektroauto****
(6.200.000 km)

KERNENERGIE I

Atomkerne werden von einer Energie zusammengehalten, die als Bindungs- bzw. Kernenergie bezeichnet wird.[1] In heutigen Kernkraftwerken kann diese mittels Kernspaltung zur Energieerzeugung genutzt werden:[2] Hierbei werden Atomkerne (aktuell hauptsächlich Uran[3]) durch die Aufnahme eines Teilchens (Neutron) zur Spaltung in zwei Bruchstücke angeregt.[1] Dabei werden auch neue Neutronen freigesetzt,[1] wodurch eine Kettenreaktion ausgelöst wird, die sich selbst in Gang halten kann.[3] Die bei der Spaltung freigesetzte Energie erwärmt und verdampft ein Kühlmittel (in der Regel Wasser), das eine Turbine mit Generator antreibt und so Elektrizität erzeugt.[1]

Bei der Kernspaltung entstehen keine Treibhausgase,[4] Energie kann witterungsunabhängig erzeugt werden[5] und der Flächenverbrauch ist gering.[6] Jedoch entstehen radioaktive Abfallstoffe, welche durch ihre energiereiche Strahlung unter anderem Krebs sowie bei Nachkommen Fehlbildungen erzeugen können.[3] Wichtig ist es daher, radioaktive Abfallstoffe so zu entsorgen, dass diese eine möglichst geringe Gefahr für Mensch und Umwelt darstellen. Viele Länder setzen darauf, die Abfallstoffe mehrere hunderttausend Jahre sicher einzuschließen, bis diese eine deutlich geringere Radioaktivität aufweisen – z. B. in tiefe Gesteinsschichten.[5,7]

Daneben werden aber auch alternative Entsorgungsmöglichkeiten diskutiert und erforscht: Beispielsweise könnte es mit der sogenannten Transmutation in Zukunft möglich sein, einen Großteil der langlebigen Abfallstoffe in kurzlebigere Abfallstoffe umzuwandeln und die notwendige Lagerzeit damit zu verkürzen.[8] Aufgrund verschiedener Vor- und Nachteile sowie offener Fragen, z. B. hinsichtlich der technischen Realisierbarkeit sowie Kosten und Risiken einzelner Handlungsoptionen, besteht jedoch noch Uneinigkeit über den bestmöglichen Umgang mit radioaktiven Abfallstoffen.[9] Zudem besteht die Gefahr eines Unfalls (wenn auch unwahrscheinlich), der Sabotage sowie eines Terror- oder Cyberanschlages. Dies hätte weitreichende Folgen für Mensch und Umwelt[3,4] – bis hin zur Unbewohnbarkeit großer Flächen.[10] Das Risiko eines Unfalls, die Möglichkeit der militärischen Nutzung der Technologie zur Herstellung von Atomwaffen sowie radioaktive Abfallstoffe sind die Hauptgründe, weshalb die Kernenergie von einem großen Teil der Weltbevölkerung abgelehnt wird.[4,11]

Da der Klimawandel mit seinen globalen Folgen jedoch eine so große Gefahr darstellt, raten viele Wissenschaftler dazu, erst auf den aktuellen Bestand an Kernkraftwerken zu verzichten, wenn genügend Energie aus erneuerbaren Quellen zur Verfügung steht.[3,12] Nur so muss deren Wegfall nicht durch fossile Brennstoffe kompensiert werden.[12]

Durchschnittliche Anzahl an Todesfällen durch Unfälle und Luftverschmutzung pro erzeugter Terawattstunde Energie[13]

Da es sehr schwierig ist, alle Todesfälle zu erfassen – besonders auch solche durch Spätfolgen – und unterschiedliche Methoden zur Berechnung verwendet werden, sollte die Abbildung lediglich zur Einordnung ungefährer Verhältnisse interpretiert werden.

Aufgrund der Unwahrscheinlichkeit von Unfällen gehört die Kernenergie zu den Energieerzeugungsarten mit den geringsten gesundheitlichen Auswirkungen. Dies ist jedoch nur einer der zu bewertenden Aspekte, denn schwere Unfälle in Kernkraftwerken können neben Todesfällen auch zu großen kontaminierten Landflächen und extrem hohen Folgekosten führen. Dieses Problem gibt es z. B. bei Photovoltaik- und Windenergieanlagen nicht.[4]

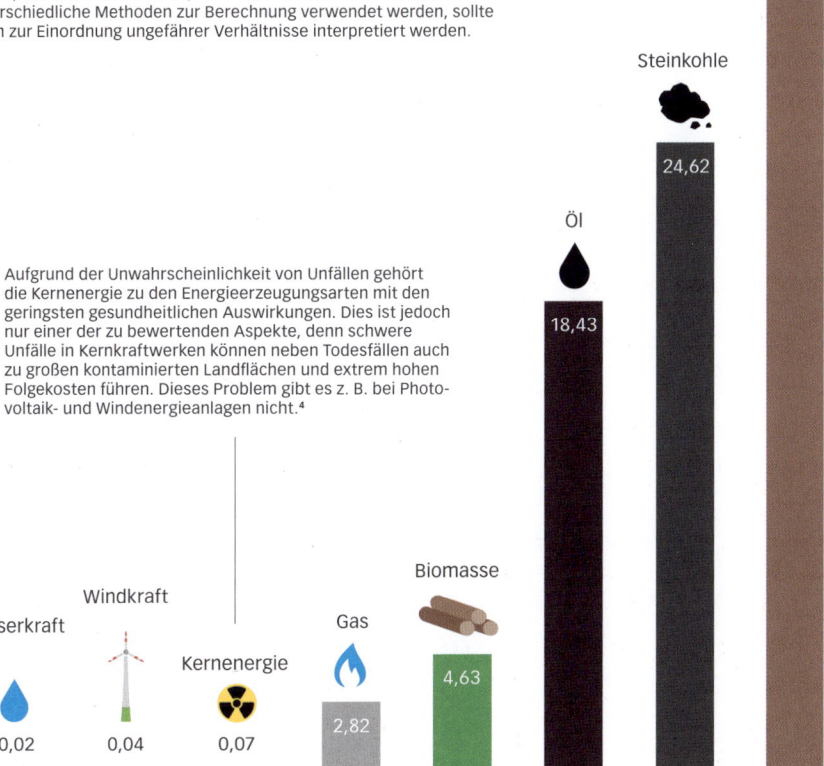

Tote pro TWh

Photovoltaik	0,02	
Wasserkraft	0,02	
Windkraft	0,04	
Kernenergie	0,07	
Gas	2,82	
Biomasse	4,63	
Öl	18,43	
Steinkohle	24,62	
Braunkohle	32,72	

KERNENERGIE II

Die größten Herausforderungen neuer Kernenergie-projekte sind die immensen Anfangsinvestitionen, lange Bauphasen sowie das Wissen um mögliche unvorhersehbar steigenden Kosten währenddessen. Auch stellt sich die Frage, ob die Kernenergie in Zukunft aufgrund immer günstigerer erneuerbarer Energien überhaupt noch wettbewerbsfähig sein wird. Zusätzlich stehen Betreiber vor der Un-sicherheit künftiger politischer Entscheidungen – beispielsweise ein Verbot der Kernenergie.[1] Daneben müssen bestehende Anlagen auch an die Folgen des Klimawandels angepasst werden – beispiels-weise an stärkere Wetterextreme –[1] und die Sicher-heit besonders älterer Kraftwerke sollte an heutige Standards angeglichen werden.[2,3]

Hauptziel von Forschungsprojekten ist es daher immer, die Sicherheit, Wirtschaftlichkeit und Nach-haltigkeit (z. B. weniger radioaktive Abfälle) zu erhöhen.[2,4] Neben Maßnahmen an bestehenden Reaktoren wird seit Jahrzehnten auch an neuartigen Reaktorkonzepten zur Kernspaltung gearbeitet – beispielsweise an sogenannten schnellen Brut-reaktoren, Flüssigsalz- oder Hochtemperatur-Re-aktoren.[4,5] Einige dieser Konzepte könnten zwar tat-sächlich einzelne Fortschritte erzielen, jedoch nicht gleichzeitig alle Probleme lösen. Hinzu kommt, dass sie aufgrund hoher technischer Hürden frühestens in einigen Jahrzehnten einsatzbereit sein werden.[4]

Ende 2019 waren weltweit etwa 450 Kernkraftwerke in Betrieb mit einer durch-schnittlichen Leistung von ca. 890 MW.[8] Diese erzeugten fast zehnmal mehr Elektrizi-tät, als alle privaten Haushalte in der EU benötigten,[9,10] und hatten damit einen Anteil von ca. 10 % an der weltweit erzeugten Elektrizität im Jahr 2019.[11]

Neben dem aktuellen Einsatz der Kernspaltung existiert eine weitere Methode zur Gewinnung von Kernenergie: sogenannte Kernfusionsreaktoren.[6] Diese sollen die Energieerzeugung der Sonne durch Kernfusion auf der Erde nachbilden,[2] was jedoch technisch sehr schwierig ist – unter anderem werden Temperaturen von etwa 100 Millionen Grad Celsius für die Reaktionen benötigt. Trotz möglicher Vorteile wie deutlich weniger radioaktiven Abfällen werden diese Reaktoren daher vermutlich frühestens Mitte des Jahrhunderts kommerziell einsatzbereit sein.[7]

Neue Reaktorkonzepte verringern die Probleme aktueller Kernreaktoren, bringen jedoch viele technische Hürden mit sich und werden daher nicht in absehbarer Zeit einsatzbereit sein.[7]

Die Kosten neu fertiggestellter aktueller Kernenergieprojekte variieren von Land zu Land sehr stark – u. a. aufgrund verschiedener politischer Rahmenbedingungen.[12] Über die gesamte Lebensdauer von ca. 40 Jahren betrachtet[1] liegen die Kosten zur Elektrizitätserzeugung von im Jahr 2020 in Betrieb gegangenen Kernkraftwerken meist bei etwa 4,5 bis 6,5 ct pro kWh.[12]

NEUE KOHLEKRAFTWERKE

Die Sorge über die Netzstabilität, das Setzen auf bekannte Technologien zur Deckung des steigenden Energiebedarfes, vorhandene Kohlereserven sowie mangelnder politischer Fokus auf Klimaschutz sind die Hauptgründe, weshalb in über 60 Ländern weltweit immer noch neue Kohlekraftwerke geplant und gebaut werden.[1,2] Hauptsächlich geschieht dies in China und Indien, aber auch in Indonesien, Vietnam oder der Türkei.[1] Würden alle Kraftwerke realisiert werden, die sich aktuell in Planung, in einem Genehmigungsverfahren oder bereits im Bau befinden, so würde dies die weltweit installierte Leistung von Kohlekraftwerken im Jahr 2021 um etwa 25 % steigern (+ca. 500 GW).[3]

Allein die neu hinzukommenden Kraftwerke würden damit bis an ihr Lebensende etwa ein Fünftel des seit Anfang 2020 noch verbleibenden CO_2-Budgets zur Einhaltung des 1,5 Grad Zieles verbrauchen.[4]

Die „einfachste" Möglichkeit, diese Emissionen zu verringern, ist es, die neuen Projekte zu stoppen. Besonders in der Planungs- und Genehmigungsphase ist dies oft noch möglich.[1] So wurden zwischen 2016 und 2021 etwa 779 GW der geplanten Kraftwerkskapazität abgesagt.[5] Hauptgründe waren politische Entscheidungen, das Abspringen privater Investoren aufgrund immer wettbewerbsfähigerer erneuerbarer Energien sowie teils öffentliche Proteste.[5,6] Knapp zwei Drittel der sich in Planung befindlichen Kraftwerke sind aktuell noch nicht im Bau und können damit theoretisch verhindert werden.[4,5]

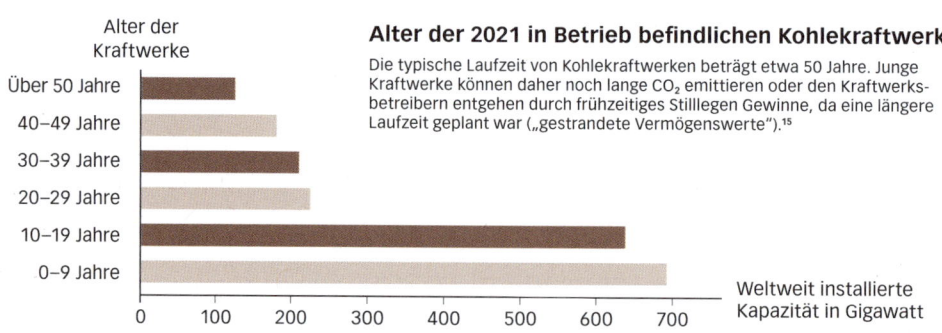

Alter der Kraftwerke

Alter der 2021 in Betrieb befindlichen Kohlekraftwerke[3]

Die typische Laufzeit von Kohlekraftwerken beträgt etwa 50 Jahre. Junge Kraftwerke können daher noch lange CO_2 emittieren oder den Kraftwerksbetreibern entgehen durch frühzeitiges Stilllegen Gewinne, da eine längere Laufzeit geplant war („gestrandete Vermögenswerte").[15]

Weltweit installierte Kapazität in Gigawatt

Da es jedoch nicht gelingen wird, alle Projekte zu stoppen, und auch die aktuellen Kraftwerke große Mengen Treibhausgase produzieren, wird besonders oft das Abscheiden („Herausfiltern") des bei der Verbrennung fossiler Rohstoffe entstehenden CO_2 vorgeschlagen:[7,8]

Dazu soll beispielsweise eine Art Filter in die Kohlekraftwerke eingebaut werden, wodurch im Idealfall bis zu etwa 90 % des entstehenden CO_2 aus der Abluft entfernt werden kann.[7] Dieses muss anschließend transportiert und zur dauerhaften Entfernung sicher gespeichert werden.[7,9] Je nach verwendeter Technologie und Einsatzland variieren die Kosten pro abgeschiedener Tonne CO_2 – im weltweiten Schnitt liegen diese aktuell bei etwa 78 USD pro Tonne.[10]

Ausgehend davon würde dies die Kosten der Elektrizitätserzeugung aus Kohlekraftwerken um etwa 5 Cent pro Kilowattstunde steigen lassen[11] – u.a. da zur Abscheidung des CO_2 große Mengen Energie benötigt werden.[12] Damit wäre Kohlestrom aktuell nicht mehr wettbewerbsfähig, weshalb Unternehmen nicht freiwillig diese Filter einbauen werden.[13] Bis zum Jahr 2030 könnten sich diese Kosten jedoch aufgrund von Lern- und Skaleneffekten etwa halbieren.[14] Aufgrund von Lern- und Skaleneffekten wir jedoch eine Halbierung der Kosten bis etwa 2030 für möglich gehalten.[14]

Weltweit werden immer noch Kohlekraftwerke geplant. Durch das Abscheiden und sichere langfristige Speichern von CO_2 können die daraus entstehenden Emissionen stark reduziert, jedoch nicht komplett vermieden werden. Die einzige Möglichkeit, die Emissionen aus der Verbrennung fossiler Energieträger komplett zu vermeiden, besteht darin keine fossilen Brennstoffe mehr zu verbrennen.

Status aktueller und geplanter Kohlekraftwerke 2021[3]

in Gigawatt (GW)

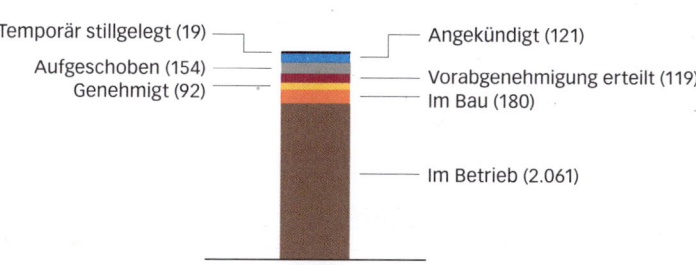

Temporär stillgelegt (19)
Aufgeschoben (154)
Genehmigt (92)
Angekündigt (121)
Vorabgenehmigung erteilt (119)
Im Bau (180)
Im Betrieb (2.061)

ZWISCHENFAZIT

Die vorherigen Seiten haben gezeigt, dass es zahlreiche Möglichkeiten gibt, Elektrizität bereits heute klimafreundlich zu erzeugen. Daneben wird weltweit an vielen weiteren Optionen geforscht. Die untenstehende Abbildung zeigt einige Beispiele aktueller Forschungsprojekte und Pilotanlagen.

Eine klimafreundliche Erzeugung von Elektrizität ist bereits heute in großem Maßstab kostengünstig und weltweit realisierbar.

27

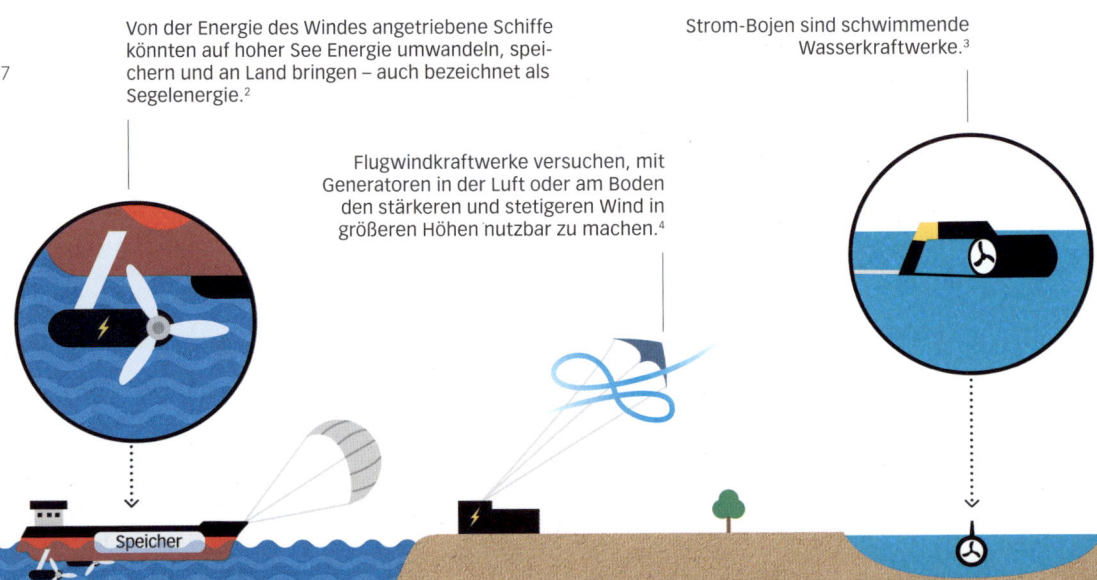

Von der Energie des Windes angetriebene Schiffe könnten auf hoher See Energie umwandeln, speichern und an Land bringen – auch bezeichnet als Segelenergie.[2]

Strom-Bojen sind schwimmende Wasserkraftwerke.[3]

Flugwindkraftwerke versuchen, mit Generatoren in der Luft oder am Boden den stärkeren und stetigeren Wind in größeren Höhen nutzbar zu machen.[4]

Speicher

... SO GEHT ES WEITER

Klimafreundliche Energie bedeutet nicht nur klimafreundliche Elektrizität, denn etwa die Hälfte der weltweit eingesetzten Energie ist Wärmeenergie.[1] Ob zum Heizen von Gebäuden oder als Prozesswärme in der Industrie – überall muss diese in Zukunft klimafreundlich erzeugt werden.

Was dabei zu beachten ist und welche Möglichkeiten der klimafreundlichen Wärmeerzeugung vorhanden sind, zeigen die folgenden Seiten.

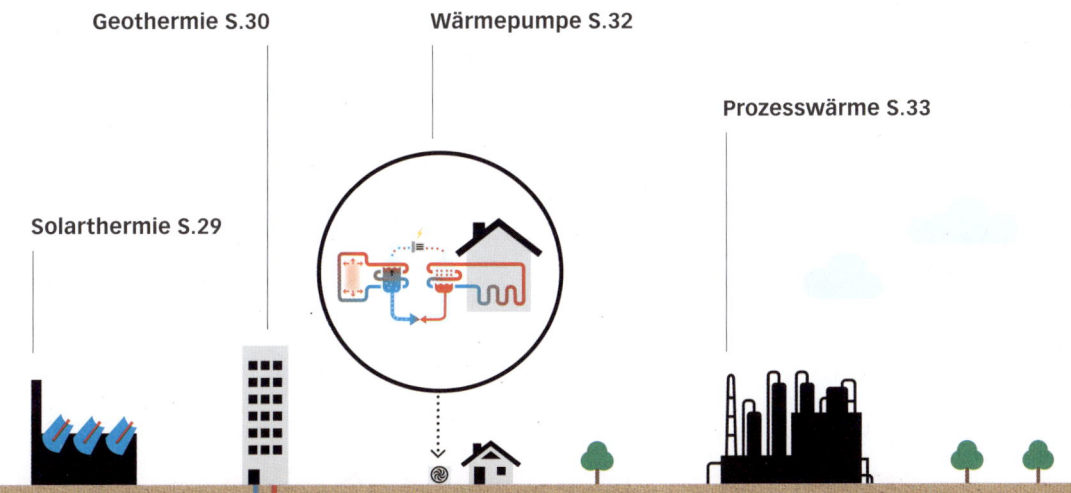

Geothermie S.30

Wärmepumpe S.32

Prozesswärme S.33

Solarthermie S.29

ENERGIE
WÄRME

Etwa die Hälfte der 2018 weltweit genutzten Energie war Wärmeenergie.[1] Die Erzeugung von Wärme war so für etwa 40 % der energiebedingten CO_2-Emissionen 2018 verantwortlich.[2]

Geothermie, Solarthermie und Bioenergie sind die verbreitetsten Möglichkeiten, klimafreundliche Wärme direkt, also ohne Elektrizität, zu erzeugen.[3]

Im Hinblick auf die zukünftige Bereitstellung klimaneutraler Wärme wird der Hauptenergieträger, aufgrund von Kostenvorteilen in allen Sektoren, jedoch erneuerbare Elektrizität sein – direkt oder in umgewandelter Form.[4] Eingesetzt zum Betrieb einer Wärmepumpe (S. 32) kann Elektrizität damit zur Bereitstellung von Wärme, zum Heizen von Gebäuden und zur Erwärmung von Trinkwasser verwendet[5] oder aber über Widerstandsheizungen[6] oder „Power-to-X"-Technologien (S. 38) in Prozesswärme für industrielle Hochtemperaturanwendungen umgewandelt werden.[6]

Ungefähre Zusammensetzung des weltweiten Wärmebedarfs 2018[1]

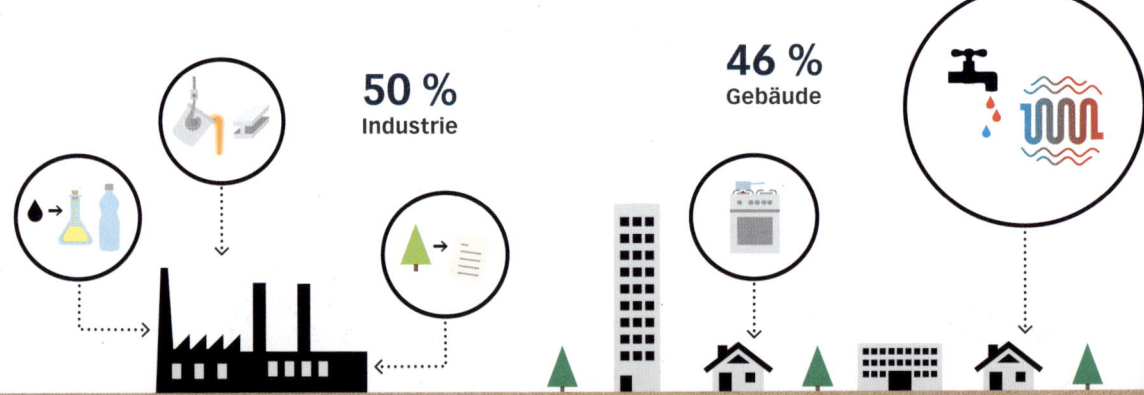

50 % Industrie

46 % Gebäude

Diese Möglichkeiten werden auf den folgenden Seiten genauer vorgestellt.

Wärme kann sowohl dezentral am Ort des Bedarfs erzeugt werden als auch von einem großen zentralen Wärmeerzeuger, um die Wärmeenergie anschließend über ein Leitungssystem zu den Verbrauchern zu transportieren.[7]

Da der Transport von Wärme zusätzliche Kosten und Energieverluste verursacht, sind Wärmenetze meist nur bei einer großen Anzahl von Wärmeabnehmern auf engem Raum wirtschaftlich – beispielsweise in Städten oder Gemeindezentren – oder wenn große Mengen Wärme als Nebenprodukt (Abwärme) in thermischen Kraftwerken oder industriellen Prozessen anfallen.[8,9]

4 %
Landwirtschaft

SOLARTHERMIE

Treffen Sonnenstrahlen auf ein Medium – z. B. auf Wasser –, so geben sie einen Teil ihrer Energie an dieses ab, wodurch sich das Medium erwärmt.[1] Die Nutzung einer solchen Umwandlung von Sonnenenergie in Wärme bezeichnet man als Solarthermie.[2]

Erwärmen Sonnenstrahlen ein Medium, ohne dabei von Spiegeln gebündelt zu werden, so spricht man von nicht konzentrierender Solarthermie. Hierbei können Temperaturen bis zu etwa 150 °C erreicht werden.[2,3] Besonders die Einspeisung der Wärme in ein Wärmenetz ist dabei interessant, da so die umgewandelte Energie praktisch vollständig genutzt werden kann [1].[2,4]

Aber auch die Erwärmung von Trink- [2] und Heizwasser [3] direkt an Gebäuden ist damit genauso möglich wie z. B. das Heizen von Schwimmbädern [4].[2,5] Im Kontext der Gebäudeheizung und Trinkwassererwärmung eignet sich der Einsatz einer Solarthermieanlage besonders zur Ergänzung anderer Heizungstypen wie Pellets- oder Hackschnitzelheizungen.[2,6] Damit die erzeugte Energie auch nachts und bei schlechtem Wetter genutzt werden kann, werden Solarthermieanlagen häufig mit Wärmespeichern kombiniert (S. 36).[6]

Wird einfallende Sonnenenergie mit Spiegeln oder Linsen gebündelt (sog. konzentrierende Solarthermie), lassen sich Temperaturen von über 1.000 °C erzeugen [5].[2]

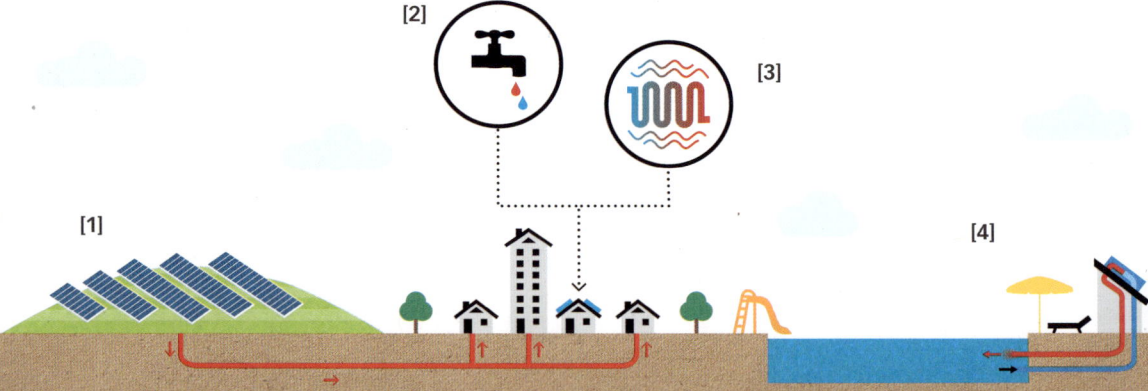

Die so erzeugte Wärme kann als industrielle Prozesswärme eingesetzt oder z. B. über Wärmekraftmaschinen in sog. Sonnenwärmekraftwerken [6] zur Erzeugung von Elektrizität verwendet werden.[2] Mittels eines Wärmespeichers kann die tagsüber gewonnene Energie auch nachts zur Elektrizitätserzeugung verwendet werden und so zu einer Grundversorgung mit elektrischer Energie beitragen.[2,9] Ein wirtschaftlich sinnvolle Einsatz ist jedoch nur in sehr sonnenreichen Gebieten mit hoher direkter Sonneneinstrahlung gegeben.[2]

Solarthermieanlagen können vielfältig genutzt werden: Sie eignen sich von der klimafreundlichen Erzeugung von Wärme für Gebäude und Wärmenetze bis hin zur Erzeugung industrieller Prozesswärme und Elektrizität.

[5]

[6]

GEOTHERMIE I

Die Nutzung der in der Erdkruste gespeicherten Wärmeenergie bezeichnet man als Geothermie.[1]

Die in der Erdkruste enthaltene Wärme kann durch Wasser, Dampf oder eine Wärmeträgerflüssigkeit an die Oberfläche transportiert werden.[1,2] Generell gilt dabei: je tiefer eine Bohrung, desto höher die Temperatur. Energie aus oberflächennahen Systemen wird aufgrund niedrigerer Temperaturen oft zur Nutzung auf ein höheres Temperaturniveau gehoben – z. B. mittels einer Wärmepumpe (S. 32) – und daher hauptsächlich zur Erzeugung von Wärme verwendet [1].[3] Die Wärmeenergie von Wasser mit hoher Temperatur aus tiefliegenden Grundwasserleitern (Aquifer) [2] kann über einen Wärmetauscher in ein Fernwärmenetz eingespeist werden.[4]

Bei Temperaturen über ca. 120 °C entweder aus tiefen Schichten oder in Regionen vulkanischer Aktivität lässt sich auch Elektrizität erzeugen [3].[1,5]

Tiefer liegende Grundwasserleiter können auch als saisonaler Wärmespeicher genutzt werden, beispielsweise indem im Sommer überschüssige Wärme z. B. aus Kraft-Wärme-Kopplungs-Anlagen (S. 40) als warmes Wasser dem Grundwasserleiter zugeführt und im Winter wieder entnommen wird.[3,4]

Erdwärme lässt sich nicht nur als klimafreundliche Wärme, sondern auch zur Kühlung im Sommer und zur Elektrizitätserzeugung nutzen.[1]

30

Erdwärmekollektor

bis ca. 5 m Tiefe
ca. 8-15 °C

[1]

Zweibrunnensystem
entnimmt Energie oberflächennahem Grundwasser

bis ca. 15 m Tiefe
ca. 8-15 °C

[1]

Schematische Darstellung der häufigsten Geothermie Systeme[6]
Temperaturbereiche für Mitteleuropa

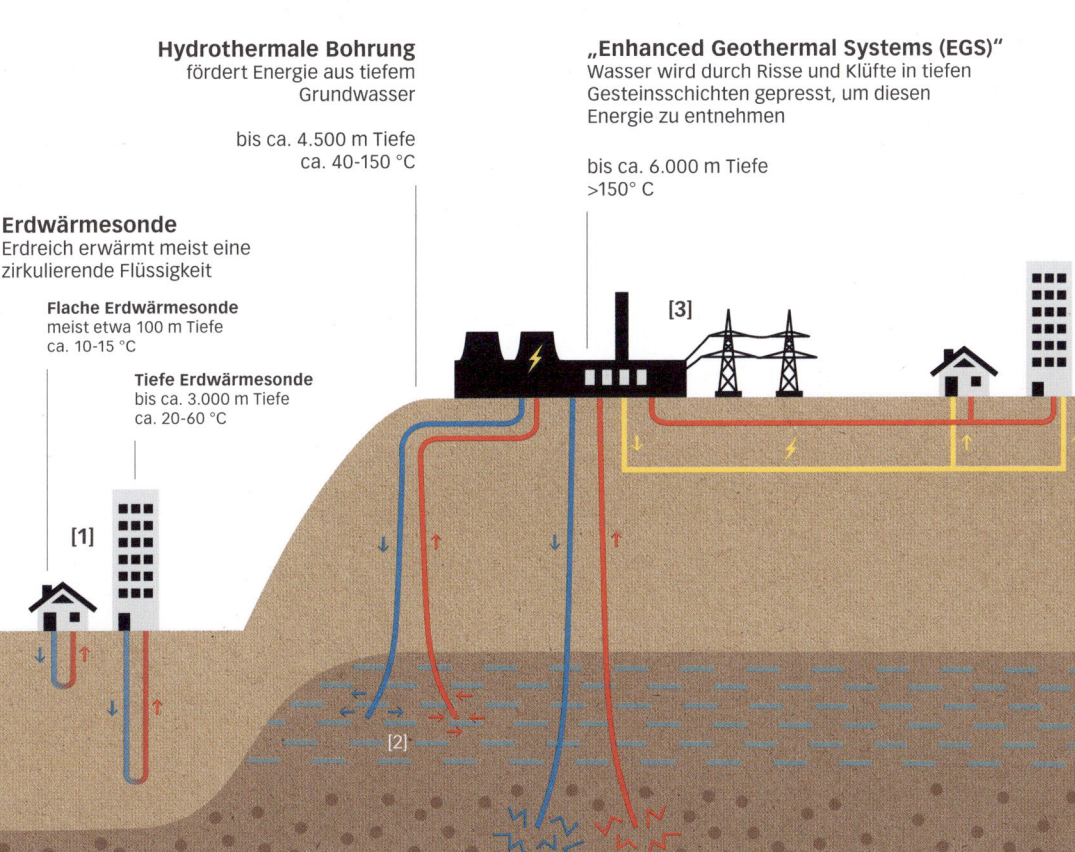

Hydrothermale Bohrung
fördert Energie aus tiefem
Grundwasser

bis ca. 4.500 m Tiefe
ca. 40-150 °C

„Enhanced Geothermal Systems (EGS)"
Wasser wird durch Risse und Klüfte in tiefen
Gesteinsschichten gepresst, um diesen
Energie zu entnehmen

bis ca. 6.000 m Tiefe
>150° C

Erdwärmesonde
Erdreich erwärmt meist eine
zirkulierende Flüssigkeit

Flache Erdwärmesonde
meist etwa 100 m Tiefe
ca. 10-15 °C

Tiefe Erdwärmesonde
bis ca. 3.000 m Tiefe
ca. 20-60 °C

[1]

[2]

[3]

GEOTHERMIE II

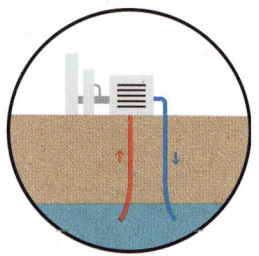

<u>Tiefe</u> Erdwärmebohrungen (EGS, S. 30) sind mit einigen Herausforderungen verbunden:

Tiefere Schichten, die kein Grundwasser führen, sind fast immer weniger porös und daher kaum wasserdurchlässig. Um die Durchlässigkeit zu erhöhen, werden deshalb bei „EGS-Verfahren" meist durch Druck (hydraulisch) oder zusätzlich chemisch bereits vorhandene Kluftsysteme geweitet bzw. kleinere Risse erzeugt. Dabei kann es zu geringer seismischer Aktivität („Erdbeben") kommen. Ziel ist es, diese immer unter der Spürbarkeitsschwelle zu halten. Es gibt allerdings Fälle, bei denen dies nicht gelang und es z. B. zu Rissen an Gebäuden, jedoch noch nie zu Personenschäden kam.[1,2]

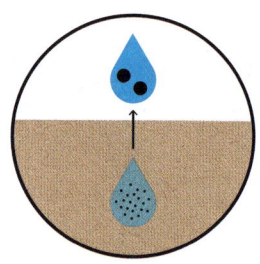

Aus dem meist hochmineralisierten Tiefenwasser können sich Minerale abscheiden (sog. Ausfällung, Sinter), wenn sich der Druck oder die Temperatur beim Aufstieg ändern oder es z. B. in Kontakt mit Sauerstoff gerät. Diese abgeschiedenen Mineralien würden zu Ablagerungen in Rohrleitungen und damit auch zur Beschädigung von Komponenten wie Wärmetauschern führen. Deshalb muss das Tiefenwasser übertage in geschlossenen Systemen geführt sowie u. a. ein starker Druckabfall vermieden und zusätzlich Hemmstoffe zur Minimierung der Ausfällungen zugesetzt werden.[2,3]

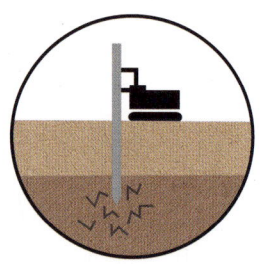

Da das übertägige System geschlossen ist, wird auch der Austritt von im Tiefenwasser möglicherweise enthaltenen Gasen (z. B. Schwefelwasserstoff) sowie ggf. giftiger Inhaltsstoffe (wie Blei, Arsen oder Quecksilber) vermieden. Für eine umweltgerechte Entsorgung wird das Tiefenwasser deshalb mit einer zweiten Bohrung (Injektionsbohrung) wieder rückgeführt, was vor allem aber auch der Aufrechterhaltung des Systems und damit auch der Vermeidung von Landabsenkungen dient.[2,3]

Eine weitere Herausforderung ergibt sich dadurch, dass Tiefenwasser u. a. radioaktive Stoffe enthalten kann, welche sich z. B. an Pumpen oder im Wärmeüberträger ablagern können (sog. Sinterbeläge) – diese müssen daher ggf. z. B. bei einem Pumpenwechsel entsprechend entsorgt werden.[2,3]

Die Kosten für Geothermie sind stark abhängig vom Standort und der Art der Anlage.[1] Geringen Betriebskosten stehen meist hohe Anfangsinvestitionen für die Erkundung des Untergrunds und insbesondere für die Tiefbohrungen gegenüber.[4] Letztere sind oft die größte Herausforderung, da zu diesem Zeitpunkt noch nicht sicher ist, ob die erhoffte thermische Leistung vollumfänglich erschlossen werden kann.[1,4] Die Gestehungskosten von im Jahr 2020 fertiggestellten Geothermieprojekten zur Elektrizitätserzeugung liegen meist zwischen etwa 7,5 bis 9,5 Cent pro Kilowattstunde.[5]

Ein großer Vorteil der Geothermie ist neben dem geringen Flächenverbrauch, dass das Energieangebot unabhängig vom Wetter ist und weltweit Tag und Nacht ganzjährig zur Verfügung steht. Damit kann die Nutzung der Erdwärme zur permanenten Wärmeversorgung beitragen.[2,4]

WÄRMEPUMPE

Wärmepumpen sind Anlagen, welche mit Hilfe von zugeführter Energie (meist elektrisch) Umweltwärme nutzbar machen.[1] Wie die verbreitetste Kompressions-Wärmepumpe funktioniert, zeigt die nebenstehende Abbildung. Als Wärmequellen dienen dabei meist die Umgebungsluft, das Erdreich oder das Grundwasser; es können aber auch industrielle Abwärme oder Abwasser genutzt werden.[1]

Das Vielfache dessen, was im Jahresschnitt als Wärmeenergie aus der zugeführten Antriebsenergie gewonnen wird, wird als Jahresarbeitszahl bezeichnet.[2] Diese ist umso größer, je höher die Temperatur der nutzbaren Umweltwärme und je niedriger die benötigte Heiztemperatur ist.[3] In Mitteleuropa werden so für Heizsysteme Jahresarbeitszahlen von etwa 3 bis 5 erreicht;[4] Wärmepumpen sind somit deutlich effizienter als reine Elektroheizungen.[5]

Problematisch ist, dass die in Wärmepumpen eingesetzten Kältemittel besonders in der Vergangenheit mehrere hundert Male klimaschädlicher als CO_2 waren – ein Austreten z. B. bei der Installation oder Entsorgung muss deshalb verhindert werden.[1] Neuere Kältemittel wie Propan sind in diesem Punkt deutlich besser, haben jedoch das Problem der Brennbarkeit.[6]

Das Prinzip der Wärmepumpe kann auch in umgekehrter Richtung genutzt und so – ähnlich wie bei einem Kühlschrank – zur Raumklimatisierung verwendet werden: Wärme wird aus dem Haus nach draußen abgeführt.[7]

Wärmepumpen ermöglichen die Nutzung von Wärmequellen, welche eine niedrigere Temperatur haben als die gewünschte Nutztemperatur.[1,7] Der Einsatzbereich reicht von kleinen Anlagen zum Heizen von Gebäuden (S. 49) und der Trinkwassererwärmung, bis zu großen Wärmepumpen mit mehreren Megawatt z. B. zur Einspeisung von Wärme in Fernwärmenetze oder zur Erzeugung von industrieller Prozesswärme (S. 33).[3]

2. Verdichtung

Angetrieben durch einen Elektromotor verdichtet ein Kompressor den entstandenen Kältemittel-Dampf, wodurch die Gasteilchen schneller schwingen und sich die Temperatur erhöht – ähnlich wie bei einer Fahrradpumpe.

3. Wärmeabgabe

Der heiße Dampf kann nun zur Erwärmung eines Heizkreislaufes verwendet werden, wodurch das Kältemittel abkühlt und flüssig wird.

1. Wärmeaufnahme

Im sog. Verdampfer der Wärmepumpe herrscht ein niedriger Druck, wodurch das Kältemittel eine tiefe Siedetemperatur von z. B. unter 0 °C hat. Nimmt es bei dieser niedrigen Siedetemperatur Wärme aus der Umgebung – z. B. der Luft, der Erde oder dem Grundwasser – auf, so verdampft es.

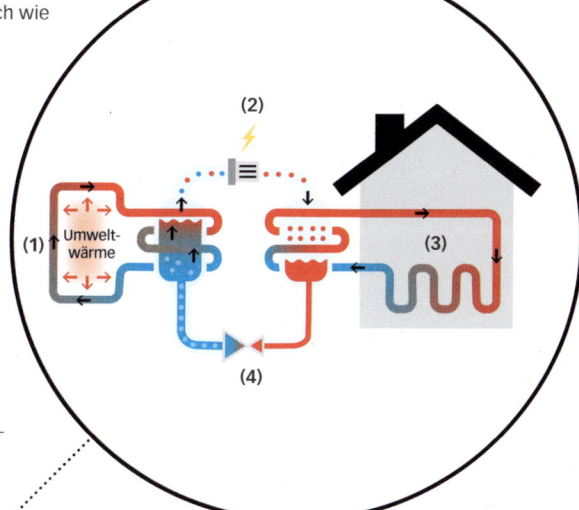

4. Entspannung

Durch ein Entspannungsventil sinkt der Druck und so die Temperatur des Kältemittels. Damit schließt sich der Kreislauf und das Kältemittel kann erneut Umweltenergie aufnehmen.[8]

PROZESSWÄRME

Im Jahr 2017 machte Wärmeenergie fast 90 % der von der Industrie benötigten Energie aus.[1,2] Dabei wird meist Wärme benötigt, deren Temperatur deutlich über denen zum Beheizen von Gebäuden und der Warmwasserversorgung liegt. Besonders bei der Erzeugung und Bearbeitung von Metallen, der Glas- und Zementherstellung, aber auch in der chemischen Industrie werden oft Temperaturen von über 1.000 Grad Celsius benötigt.[3] Diese hohen Temperaturen werden aktuell größtenteils noch durch die Verbrennung von Kohle, Öl und Gas erzeugt.[4] Dadurch ist die Bereitstellung von Prozesswärme für etwa 10 % der weltweiten CO_2-Emissionen verantwortlich.[5] Wie die nebenstehende Abbildung zeigt, lassen sich jedoch alle benötigten Temperaturbereiche auch mit klimafreundlicher Prozesswärme abdecken – sogar direkt mittels Elektrizität:

Dazu kann Elektrizität beispielsweise durch einen Leiter mit großem elektrischem Widerstand geleitet werden; dies bedeutet, dass die Elektrizität (also Elektronen) nicht ungehindert durch den Leiter dringen können. Dadurch übertragen die Elektronen einen Teil ihrer Energie auf die Atome des Leiters, wodurch diese stärker schwingen; somit steigt die Temperatur des Leiters und Wärmeenergie wird freigesetzt – wie in einem Wasserkocher.[6]

Solche Anlagen zur direkten Umwandlung von Elektrizität in Heizwärme bezeichnet man daher auch als Widerstandsheizung;[7] auch weitere Verfahren wie induktives Heizen – wie bei einem Induktionskochfeld – sind möglich.[8] Bei niedrigen Heiztemperaturen sind Wärmepumpen vorzuziehen, da diese deutlich weniger Elektrizität zur Bereitstellung der gleichen Menge Wärmeenergie benötigen (S. 32).

Die Herausforderungen in der Anwendung liegen in der teils notwendigen Umrüstung von Prozessen[9] sowie den oft höheren Preisen von klimafreundlichen Energieträgern (etwa von erneuerbarem Wasserstoff oder synthetischem Methan).[10] Deshalb sind zur tatsächlichen Umsetzung besonders politische Maßnahmen wie finanzielle Anreize entscheidend (S. 101).[11]

Sowohl der Bedarf an niedrigen als auch sehr hohen Temperaturen für industrielle Prozesse kann klimafreundlich gedeckt werden.[12]

Erzeugung klimafreundlicher Prozesswärme
Erreichbare Temperaturbereiche ausgewählter Beispiele[12]

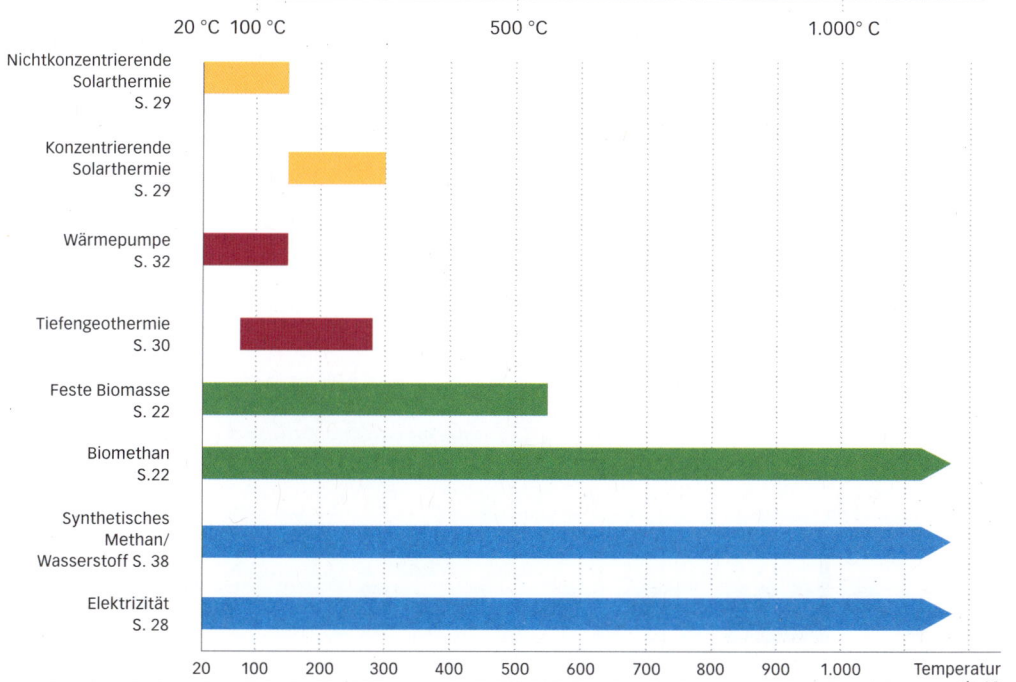

Zusammensetzung Wärmebedarf Industrie in der EU 2012 sowie die größten Verbraucher

0–100 °C:
26 % – Lebensmittel-, Chemie- und Papierindustrie, aber auch Textilindustrie und Holzverarbeitung; inkl. Raumwärme & Warmwasser

100–500 °C:
21 % – Lebensmittel-, Papier- und Chemieindustrie

500–1.000 °C:
19 % – Chemieindustrie, Gewinnung und Verarbeitung von Steinen und Erden (z. B. Zementherstellung), Stahlerzeugung

Über 1.000 °C:
34 % – Stahlerzeugung, Gewinnung und Verarbeitung von Steinen und Erden (z. B. Zementherstellung)

20 °C   100 °C   500 °C   1.000° C

Nichtkonzentrierende Solarthermie S. 29

Konzentrierende Solarthermie S. 29

Wärmepumpe S. 32

Tiefengeothermie S. 30

Feste Biomasse S. 22

Biomethan S.22

Synthetisches Methan/ Wasserstoff S. 38

Elektrizität S. 28

20   100   200   300   400   500   600   700   800   900   1.000   Temperatur in °C

ZWISCHENFAZIT

Die letzten Seiten haben gezeigt, dass es verschiedene Möglichkeiten gibt, sowohl Raumwärme als auch sehr hohe Temperaturen für industrielle Prozesse klimafreundlich bereitzustellen.

… SO GEHT ES WEITER

Klimafreundliche Energie z. B. aus Photovoltaik- oder Windkraftanlagen kann nicht auf Knopfdruck erzeugt werden. Eine ausschließlich klimafreundliche Energieversorgung kann daher nur dann funktionieren, wenn es neben der Erzeugung von klimafreundlicher Elektrizität und Wärme auch gelingt, diese zu jedem Zeitpunkt bereitzustellen.

Neben den bereits erklärten Flexibilitätsoptionen (Anpassung von Energieerzeugung und -verbrauch) inklusive der Möglichkeit, Energie über Netze zu transportieren, werden hierzu weitere Komponenten benötigt. Außerdem muss die erzeugte Elektrizität zur Nutzung in anderen Sektoren wie der Industrie teils in andere Energieträger (z. B. Wasserstoff) umgewandelt werden.[1] Diese Komponenten und Umwandlungsmöglichkeiten werden auf den folgenden Seiten dargestellt.

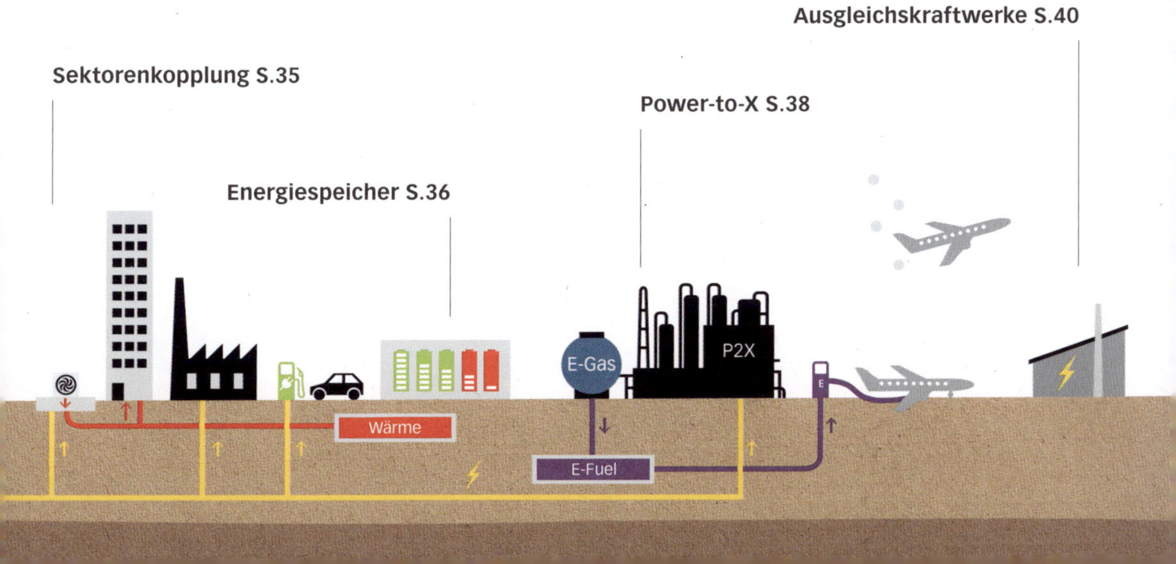

Ausgleichskraftwerke S.40

Sektorenkopplung S.35

Power-to-X S.38

Energiespeicher S.36

E-Gas

P2X

E

Wärme

E-Fuel

SEKTORENKOPPLUNG

Die Verbindung der Sektoren Strom, Wärme, Verkehr und nicht-energetischem Verbrauch fossiler Rohstoffe (z. B. Herstellung von Kunststoffen) bezeichnet man als Sektorenkopplung.[1]

Klimafreundliche Energien hatten 2019 einen Anteil von etwa 36,7 % an der weltweit erzeugten Elektrizität;[2] jedoch nur einen etwa halb so großen Anteil an der insgesamt weltweit verwendeten Energie.[2,3] Ziel der Sektorenkopplung ist es deshalb, mittels klimafreundlicher Elektrizität fossile Rohstoffe auch in anderen Sektoren zu ersetzen.[1]

Beispielsweise, indem diese dazu genutzt wird, um Wärmepumpen zur Wärmbereitstellung zu betreiben [1] (S. 32) oder aber mittels Energiewandlern Elektrizität in die benötigten Energieformen umzuwandeln – z. B. mit Elektrolyseuren [2] (S. 38) in Kraftstoffe. Da diese gespeichert werden können [3], ist deren Verfügbarkeit nicht von der aktuellen Elektrizitätserzeugung abhängig.[1] Energiewandler und -speicher sind damit die Basis, um klimafreundliche Energie ganzjährig sektorenübergreifend nutzen zu können.[1,4,5] Darüber hinaus trägt die Umwandlung von Elektrizität in andere Energieträger zu einer stabilen Stromversorgung bei, indem gespeicherte Energie bei Bedarf wieder in Elektrizität umgewandelt werden kann; beispielsweise über Ausgleichskraftwerke [4] (S. 40).[1,6,7]

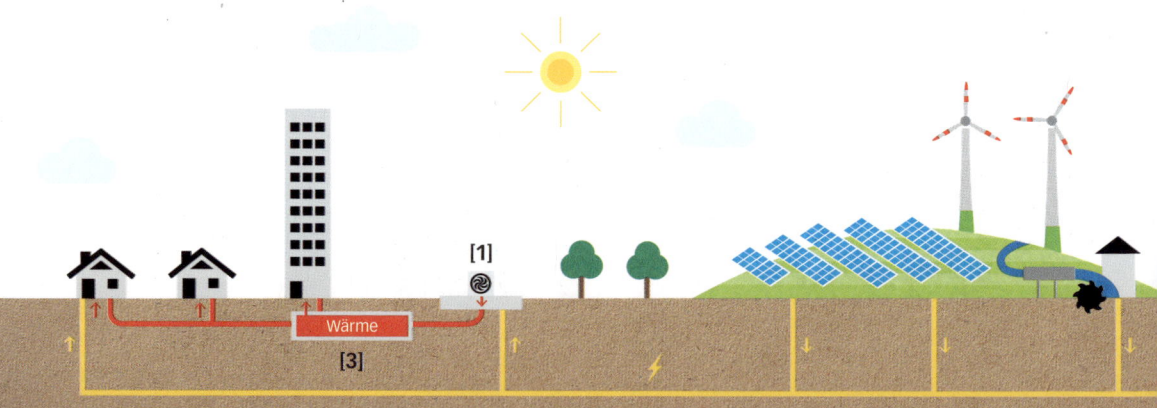

Die Sektorenkopplung ermöglicht es, mittels Energiewandlern und -speichern fossile Energieträger auch außerhalb des Stromsektors dauerhaft durch klimafreundliche Alternativen zu ersetzen.

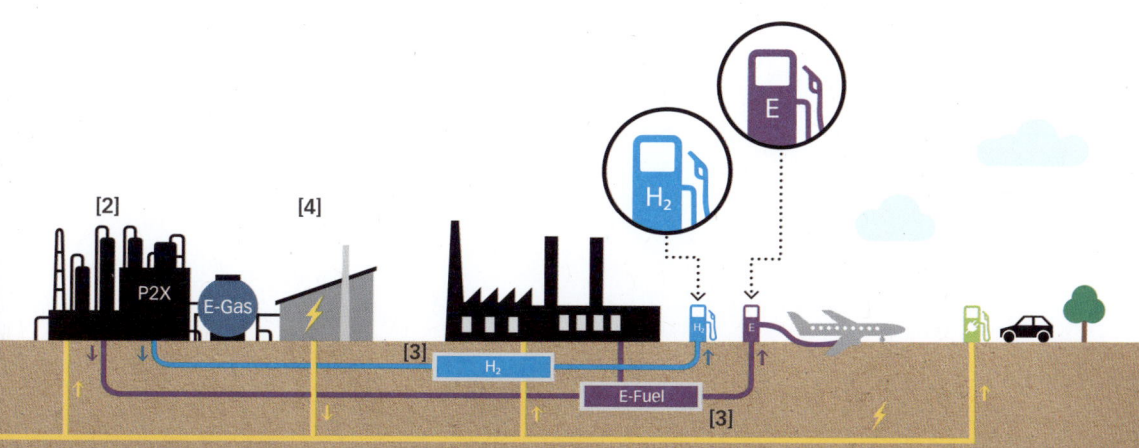

ENERGIESPEICHER I

Energiespeicher ermöglichen es, den Zeitpunkt der Elektrizitäts-, Wärme- und Kraftstofferzeugung vom Zeitpunkt des Verbrauchs zu entkoppeln. Speicher können so Schwankungen der Energieerzeugung und -nachfrage ausgleichen.[1,2]

Die Speicherkapazität in einem rein erneuerbaren Energiesystem muss groß genug sein, um auch zum Zeitpunkt der niedrigsten Energieerzeugung den tatsächlichen Energiebedarf zu decken [1]. Zusätzlich sollte bei einem Überschuss an Energieerzeugung möglichst viel Energie aufgenommen werden können [2].[1,3] Um alle Energieüberschüsse aufzunehmen, müsste die Speicherleistung jedoch sehr groß sein, weshalb es insgesamt kostengünstiger ist, bei deutlich zu viel erzeugter Energie die erneuerbaren Energien abzuregeln (drosseln, abschalten) [3].[4]

Um die Gesamtkosten eines erneuerbaren Energiesystems möglichst gering zu halten, ist es entscheidend, den Ausbau von Speichern durch Flexibilitätsoptionen gering zu halten (Anpassung der Energieerzeugung und -nachfrage z. B. durch die Steigerung des Energieverbrauchs in der Industrie bei einem Überschuss).[1,5,6]

Danach ist die kostengünstigste und effizienteste Maßnahme die Integration des Wärmesektors in den Stromsektor: Dies gelingt über die Erzeugung und Speicherung von Wärme bei hohem Stromangebot, womit überschüssige Energie aufgenommen und zu einem späteren Zeitpunkt genutzt werden kann. Sie sollte daher vor dem Ausbau anderer Speichersysteme vorangetrieben werden.[1]

Energiespeicher entkoppeln den Zeitpunkt der Energieerzeugung vom Zeitpunkt des Verbrauchs. Die günstigste und effizienteste Möglichkeit, Energie zu speichern, ist die Integration des Wärmesektors in den Stromsektor.

Einsatz von Speichern im Energiesystem

Weitere Flexibilitätsoptionen wurden vernachlässigt; schematische Darstellung

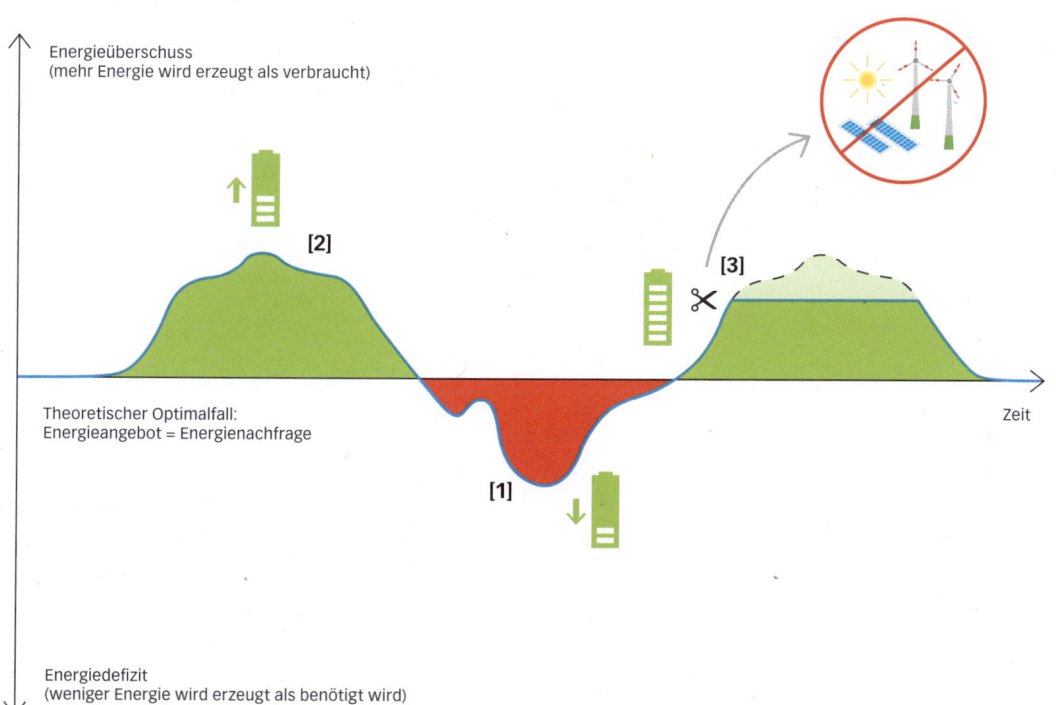

Energieüberschuss
(mehr Energie wird erzeugt als verbraucht)

[2]

[3]

[1]

Theoretischer Optimalfall:
Energieangebot = Energienachfrage

Zeit

Energiedefizit
(weniger Energie wird erzeugt als benötigt wird)

ENERGIESPEICHER II

In einem rein erneuerbaren Energiesystem müssen kurz- und langfristige sowie unterschiedlich große Energieschwankungen ausgeglichen werden.[1,2] Damit dies möglichst effektiv gelingt, gibt es nicht den einen universellen Energiespeicher für alle Zwecke, sondern es kommen unterschiedliche Speichersysteme zum Einsatz: Beispielsweise können kurzfristige Schwankungen wie ein Kraftwerksausfall mit Batteriespeichern ausgeglichen werden. Diese eignen sich genauso wie Pumpspeicherwerke auch für einen Tag-Nacht-Ausgleich bei der Nutzung von Solarenergie. Zur Überbrückung großer und länger andauernder Schwankungen wie Windflauten, geringen Wassermengen in Flüssen oder bei geringer Sonnenstrahlung können beispielsweise Ausgleichskraftwerke gespeicherten Wasserstoff zur Energiebereitstellung umwandeln (S. 40).[1-4]

Die Kosten verschiedener Speichersysteme lassen sich aufgrund unterschiedlicher Ziele nur schwer miteinander vergleichen.[5] Lediglich zur Erfüllung desselben Zwecks ist dies möglich: Beispielsweise sind Lithium-Batteriespeicher zur Überbrückung von Zeiträumen bis zu einigen Stunden, Pumpspeicher im Bereich bis zu einem halben Tag[1] – werden jedoch hier in absehbarer Zeit durch Batteriespeicher abgelöst[6] – und mit klimafreundlichen Energien erzeugte Kraftstoffe (S. 38) für Zeitspannen länger als eine Woche die aktuell kostengünstigsten Speichertechnologien.[1,7]

Wie bereits in den letzten Jahren mit fortschreitender Speicherentwicklung und -installation geschehen, werden die Kosten zur Energiespeicherung immer weiter sinken, womit sich ggf. auch die jeweils günstigste Speichertechnologie ändern kann.[8]

Einsatz von Energiespeichern[1,2]

Dargestellt ist der Einsatzbereich einiger Energiespeicher, der künftig in Deutschland wahrscheinlich ökonomisch am sinnvollsten ist. Übergänge zwischen Speichergröße und Entladedauer sind fließend und schematisch dargestellt; sie können sich durch den technischen Fortschritt verändern. Die Entladedauer ⊕ gibt die Zeit bis zum vollständigen Entladen bei maximaler Energieentnahme an.[1,2] Vereinfacht gilt: Je größer ein Energiespeicher, desto länger kann dieser große Energiemengen zur Verfügung stellen.[2]

Große Mengen Energie können in Form gasförmiger oder flüssiger Energieträger über mehrere Jahre gespeichert werden – z. B. klimafreundlich hergestellter Wasserstoff oder daraus produzierte Energieträger. Zur kostengünstigen Lagerung könnten natürliche oder künstlich geschaffene Hohlräume untertage dienen – sog. Untergrundspeicher.[9]

Langzeit

■ ■ ■

Pump- und saisonale Wasserspeicher stellen aktuell etwa 97 % der weltweiten Elektrizitätsspeicherleistung.[10]

< 1 Woche

Batterien lassen sich vielfältig einsetzen.[11]

< 1 Tag

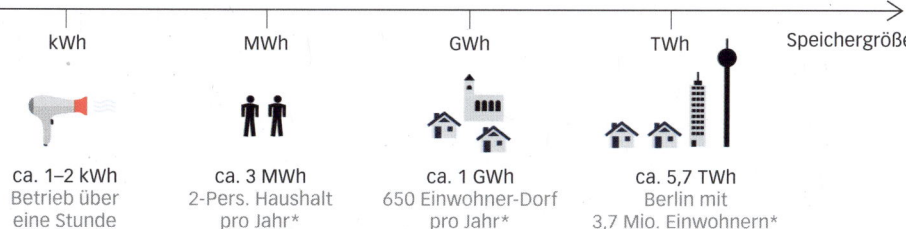

kWh	MWh	GWh	TWh	Speichergröße
ca. 1–2 kWh	ca. 3 MWh	ca. 1 GWh	ca. 5,7 TWh	
Betrieb über eine Stunde	2-Pers. Haushalt pro Jahr*	650 Einwohner-Dorf pro Jahr*	Berlin mit 3,7 Mio. Einwohnern*	

*Basierend auf dem durchschnittlichen jährlichen Strombedarf privater Haushalte in Deutschland[12]

POWER-TO-X I

„Power-to-X" (P2X) bedeutet so viel wie „Strom zu Irgendwas" und ist ein Sammelbegriff für die Umwandlung von Strom in Wärme, Gase, Flüssigkeiten oder Rohstoffe für den nichtenergetischen Verbrauch in der Industrie (z. B. zur Herstellung von Chemikalien).[1]

Die Grundlage zur Herstellung vieler klimafreundlicher gasförmiger (Power-to-Gas, P2G) und flüssiger Energieträger (Power-to-Liquid, P2L) ist die Produktion von Wasserstoff mittels Elektrizität.[2] Dazu wird Wasser mit Hilfe von klimafreundlichem Strom in Wasserstoff und Sauerstoff aufgespalten; dieser Prozess wird als Wasserelektrolyse bezeichnet bzw. die Anlagen als Elektrolyseur.

Der so hergestellte Wasserstoff kann nun direkt verwendet[3] – z. B. zur klimafreundlichen Stahlerzeugung (S. 86) – oder unter zusätzlichem Energieaufwand z. B. durch die Verbindung mit Kohlenstoff oder Stickstoff in Energieträger wie Methan, Methanol, Diesel, Benzin, Kerosin oder Ammoniak weiterverarbeitet werden.[4] Alle mit Elektrizität erzeugten flüssigen und gasförmigen kohlenstoffhaltigen Energieträger werden auch als Elektro-Kraftstoffe (manchmal auch E-Fuels) bezeichnet.[5] Damit sowohl Wasserstoff als auch die daraus hergestellten Kraftstoffe klimafreundlich sind, muss die zur Herstellung benötigte Elektrizität jedoch klimafreundlich erzeugt werden und bei kohlenstoffhaltigen Kraftstoffen (also den E-Fuels) der eingesetzte Kohlenstoff (C) aus der Umgebungsluft (CO_2, S. 95) oder aus Biomasse stammen (S. 22).

So wird durch die Verbrennung der E-Fuels wieder genau so viel CO_2 emittiert, wie zuvor der Atmosphäre entnommen wurde. Dadurch entsteht ein CO_2-Kreislauf [1] und damit ein klimafreundlicher Kraftstoff.[6] Zum Transport großer Mengen Wasserstoff können bestehende Gaspipelines umgerüstet oder eigene Wasserstoffpipelines errichtet werden.[7] Wasserstoff kann durch Kühlung auf unter minus 253 Grad Celsius aber auch verflüssigt und so per Schiff transportiert werden.[8,9]

Wasserstoff wird in einem rein erneuerbaren Energiesystem sowohl als Endenergieträger (z. B. für Ausgleichskraftwerke, S. 40), zur stofflichen Verwertung in Prozessen (z. B. in der Chemieindustrie) als auch zur Umwandlung in andere klimafreundliche Kraftstoffe benötigt.[1,7] Da bei der Umwandlung von Elektrizität zu Wasserstoff jedoch mindestens 20 % der eingesetzten Energie verloren geht,[1,10] sollte daher zur energetischen Nutzung – wann immer effizient und transporttechnisch möglich – Strom als direkter Energielieferant Wasserstoff (und allen daraus gefertigten Kraftstoffen) vorgezogen werden.[11,12]

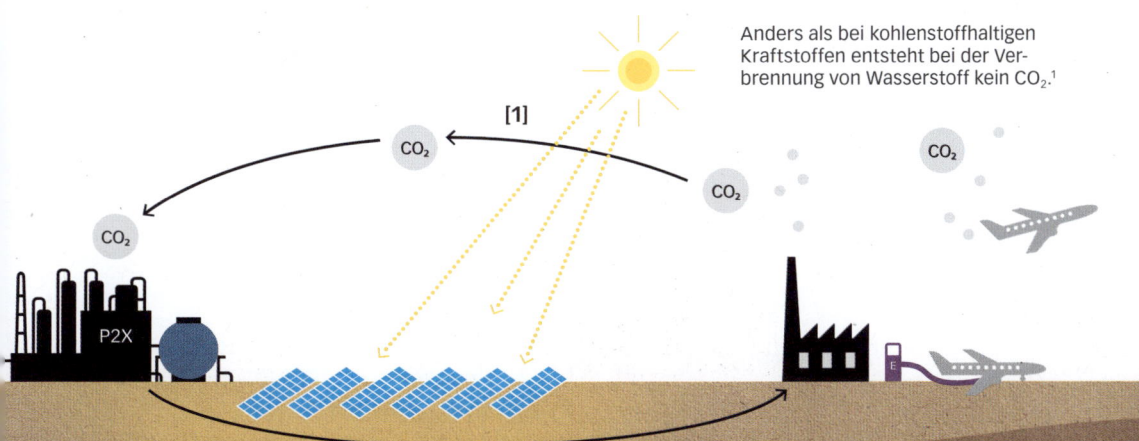

[1]

Anders als bei kohlenstoffhaltigen Kraftstoffen entsteht bei der Verbrennung von Wasserstoff kein CO_2.[1]

POWER-TO-X II

Aufgrund des hohen Bedarfes an Elektrizität[1] – sowie zu einem kleinen Teil der Kosten für die Errichtung der Anlagen – ist die klimafreundliche Herstellung von Wasserstoff und daraus gefertigter Kraftstoffe teurer als die fossiler Kraftstoffe.[2] Für eine möglichst kostengünstige Erzeugung sind daher sehr günstige Strompreise und eine hohe Auslastung, also fast ganzjähriger Betrieb der Anlagen, besonders entscheidend.[3] Die reine Umwandlung von Stromspitzen (S. 36) scheidet daher zur kostengünstigen Erzeugung aus, da dadurch keine hohe Auslastung möglich ist.[4] Günstiger können große Mengen Kraftstoff in Regionen mit ganzjährig hoher Sonneneinstrahlung (S. 20) [1] oder hohem Windangebot erzeugt und anschließend in Regionen mit weniger vorteilhaften Bedingungen [2] transportiert werden – dies ist schematisch unten dargestellt.[1,4,5] Abhängig von verschiedenen Rahmenbedingungen (z. B. Verfügbarkeit von Kohlenstoff) können sowohl direkt die final benötigten Kraftstoffe hergestellt und transportiert werden oder erst Zwischenprodukte wie Wasserstoff oder daraus hergestelltes Methanol, welche dann im Zielland weiterverarbeitet werden.[6]

Neben den Strompreisen und der Auslastung bestimmt besonders die technologische Entwicklung sowie die Produktion in großem Maßstab zukünftige Kosten.[5,7] Grob wird davon ausgegangen, dass es im Jahr 2050 möglich ist, einen Liter synthetisch hergestelltes „Rohöl" zum Preis von etwa einem Euro zu erzeugen.[7] Im Vergleich dazu lag der durchschnittliche Rohölpreis der letzten zehn Jahre an der Börse bei etwa 40 Cent pro Liter.[8]

[1]

Trotz höherer Erzeugungskosten und geringerer Effizienz sind CO_2-neutrale Kraftstoffe dort unersetzlich, wo es kaum Alternativen zu fossilen Kraftstoffen gibt; so können z. B. Luft- und Schiffsverkehr klimafreundlich realisiert werden oder mit Hilfe von Wasserstoff die Stahlerzeugung und die chemische Industrie.[1,7,9]

Daneben eignen sich CO_2-neutrale Kraftstoffe u. a. aufgrund der einfachen Lagerung zur langfristigen Speicherung großer Energiemengen und tragen damit zur Versorgungssicherheit im Stromsektor bei (S. 37).[1,3] Wird klimafreundlicher Wasserstoff mit einer Brennstoffzelle rückverstromt, so kann bis zur Hälfte der zur Wasserstofferzeugung eingesetzten Elektrizität zurückgewonnen werden; bei Verbrennung von E-Methan in Gas- und Dampfkraftwerken bis zu ca. 40 %.

Dem Vorteil der langfristigen einfachen Speicherung großer Energiemengen steht damit ein relativ großer Energieverlust gegenüber. Deshalb wird zur kurzfristigen Speicherung kleiner Energiemengen auf andere Energiespeicher zurückgegriffen (S. 37).[3]

Klimafreundliche Kraftstoffe können große Mengen Energie langfristig einfach speichern, tragen damit zur Versorgungssicherheit im Stromsektor bei und sind als Kraft- und Rohstoff unerlässlich, um den Luft-, Schiff- und Schwerlastverkehr sowie Teile des Industriesektors klimafreundlich zu stellen.

[2]

AUSGLEICHSKRAFTWERKE

Ausgleichskraftwerke können einen Brennstoff (meist gelagert) verbrennen [1], um einen Generator anzutreiben [2] und damit quasi auf Knopfdruck Elektrizität zur Verfügung stellen.[1,2] Damit helfen sie nicht nur, die Energieversorgung zu stabilisieren, sondern diese auch in sehr seltenen Fällen langanhaltender Schwankungen der Energieerzeugung zu gewährleisten – z. B. bei meteorologischen oder geologischen Extremereignissen.[2] Dazu können beispielsweise in einem Gaskraftwerk die auf den vorherigen Seiten beschriebenen gasförmigen Kraftstoffe wie klimafreundlich hergestellter Wasserstoff verbrannt werden (S. 38).[2,3]

Je nach geplantem Zweck kann es sich um unterschiedliche Kraftwerkstypen handeln:[4] Zum Ausgleich von reinen Nachfragespitzen könnten Gasturbinen verwendet werden;[5] bei längerer Betriebsdauer kann zusätzlich die Nutzung der bei der Verbrennung freiwerdenden Wärme sinnvoll sein [3].[6]

Solche Anlagen werden als Kraft-Wärme-Kopplungs-Anlagen bezeichnet (KWK-Anlagen).[5] Entscheidend ist es, diese mit einem Wärmespeicher zu kombinieren [4]: Wird während der Erzeugung von Elektrizität keine Wärme nachgefragt, kann sie so gespeichert werden und geht nicht verloren. Wird zu einem späteren Zeitpunkt Wärme benötigt, aber keine Elektrizität, kann die Wärmeenergie durch den Speicher direkt bereitgestellt werden, ohne dass das Kraftwerk eingeschaltet werden muss.[7] Somit können der Strom- und Wärmesektor gekoppelt und dadurch der Gesamtenergiebedarf gesenkt werden.[8]

Ausgleichskraftwerke können Elektrizität flexibel erzeugen und tragen damit zu einer stabilen Energieversorgung bei.[2]

Funktionsweise eines Gaskraftwerks mit Nutzung der Abwärme

Vereinfachte schematische Darstellung. Je nach Nutzung und Brennstoff existieren verschiedene Aufbauten von Ausgleichskraftwerken.

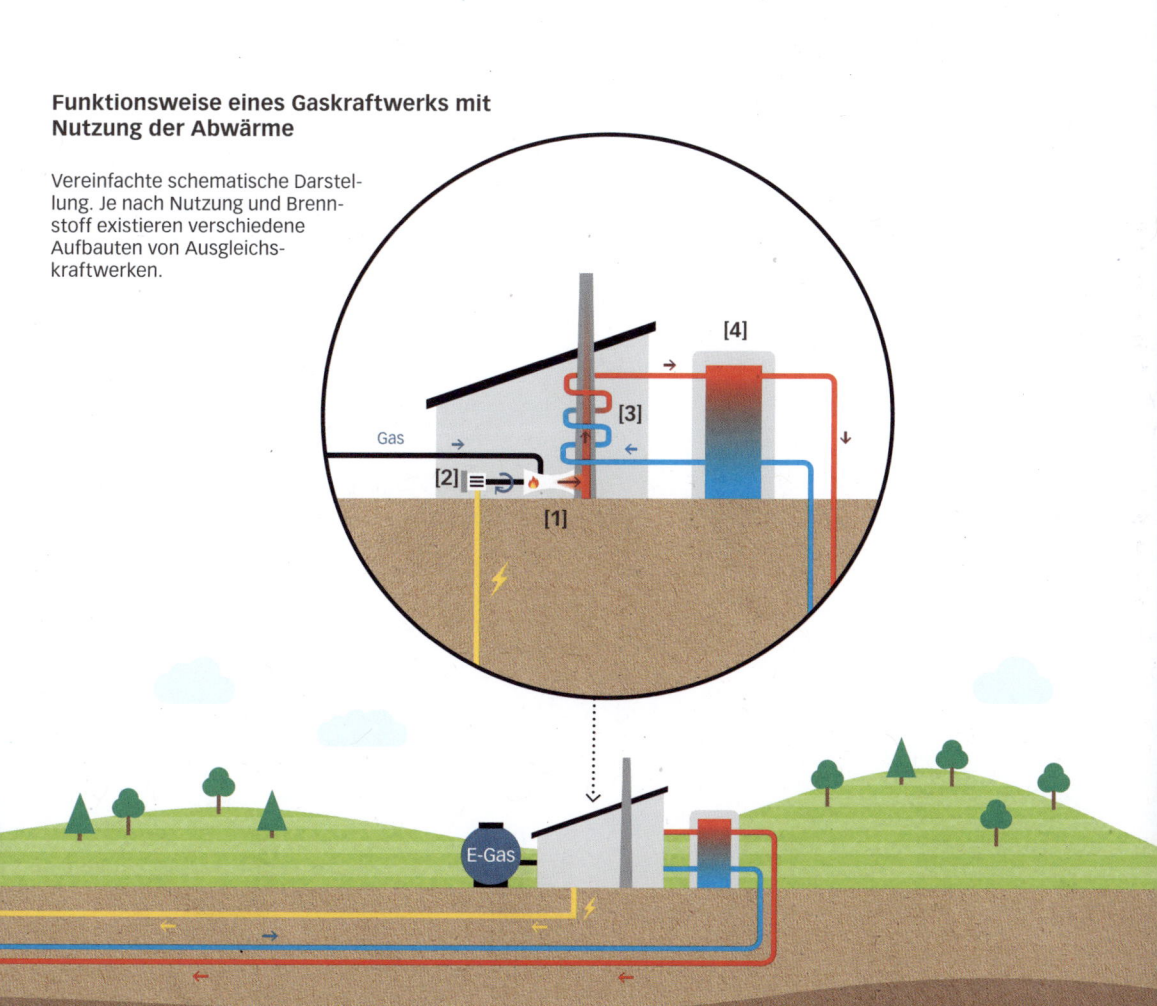

ZWISCHENFAZIT

Energiespeicher und -wandler ergänzen verbraucherseitige Flexibilitätsoptionen, Netze und die Kombination verschiedener klimafreundlicher Energien, womit eine klimafreundliche und stabile Energieversorgung dauerhaft ermöglicht wird. Außerdem kann klimafreundliche Energie durch die Umwandlung von Elektrizität mittels Power-to-X auch dort eingesetzt werden, wo diese weiterhin in flüssiger oder gasförmiger Form benötigt wird – z. B. in der Industrie.

Ein klimafreundliches Energiesystem funktioniert genauso zuverlässig wie ein herkömmliches und kann Energie dauerhaft in unterschiedlichen Energieformen an alle Sektoren liefern.

… SO GEHT ES WEITER

Damit ein klimafreundliches Energiesystem jedoch tatsächlich aufgebaut wird, ist nicht nur die technische Machbarkeit entscheidend: Neben den Kosten spielt besonders auch die Akzeptanz der Gesellschaft für die einzelnen Komponenten eines klimafreundlichen Energiesystems eine wichtige Rolle.

Kosten S.42

Soziale Akzeptanz S.43

KOSTEN DES ENERGIESYSTEMUMBAUS

Wie viel die Umstellung auf ein vollständig auf klimafreundlichen Energien basierendes Energiesystem kosten wird, ist aufgrund des erheblichen Änderungsbedarfes in vielen verschiedenen Bereichen sowie des langen für diesen Wandel benötigten Zeitraums schwierig abzuschätzen.[1-3]

Die reine Erzeugung erneuerbarer Elektrizität ist bereits heute in vielen Regionen der Welt wettbewerbsfähig (S. 16).[4] Zu den Gestehungskosten kommen jedoch weitere Kosten für Komponenten hinzu, welche für eine sichere dauerhafte Versorgung aller Sektoren notwendig sind – beispielsweise unterschiedliche Energiewandler und -speicher.[5]

Beispielhafte Maßnahmen zur Minimierung der Kosten der globalen Energiewende

Der tatsächliche Mehrwert einzelner Maßnahmen ergibt sich nicht allein aus den Kosten der einzelnen Komponenten, sondern auch dadurch, wie diese die Kosten des gesamten Energiesystems verändern:[14] Eine Unterseeleitung zum Transport von Energie zwischen Ländern wie Deutschland und Norwegen mag beispielsweise sehr teuer erscheinen.

Die Kosten für das gesamte Energiesystem können sich dadurch jedoch verringern, da z. B. weniger teure Speicheroptionen zum Ausgleich von Energieschwankungen in Deutschland benötigt werden.[15]

Einsatz von Flexibilitätsoptionen

Vorausschauende Planung

Effizienz- und Suffizienzmaßnahmen (S. 49, 119)
zur Reduzierung des Energiebedarfs

Kombination verschiedener Anlagen zur Umwandlung erneuerbarer Energien, die sich im Zeitpunkt der Energieerzeugung ergänzen

Die tatsächlichen Kosten hängen daher zum einen von der technologischen Entwicklung ab. In der Vergangenheit konnten die Kosten für Anlagen zur Umwandlung erneuerbarer Energien bereits drastisch gesenkt werden: Die Stromgestehungskosten für große Photovoltaikanlagen sanken von 2010 bis 2018 um 77 % im weltweiten Durchschnitt, die für Onshore-Wind um 35 % und die Kosten für Batteriespeicher im selben Zeitraum um etwa 85 %.[5,6] Eine weitere Abnahme der Kosten von Anlagen und Komponenten zur Nutzung erneuerbarer Energien wird auch in Zukunft erwartet.[5] Zum anderen sind die Gesamtkosten von der benötigten Energiemenge sowie besonders von der Ausgestaltung des Energiesystems und damit auch von politischen Entscheidungen abhängig:[7]

Es ist wichtig, verschiedene erneuerbare Energien so zu kombinieren, dass sich diese im Zeitpunkt der Energieerzeugung gut ergänzen – z. B. Photovoltaik und Windkraft, da im Winter mehr Windenergie zur Verfügung steht und im Sommer mehr Solarenergie.[8,9]

In Kombination mit Flexibilitätsoptionen auf der Verbraucherseite und Netzen reduziert dies beispielsweise den Einsatz von Speichern und Ausgleichskraftwerken, wodurch die Gesamtkosten gesenkt werden können.[10] Aber auch Maßnahmen wie länderübergreifende Zusammenarbeit zum Abgleich von Energieerzeugung und -verbrauch reduzieren den Bedarf für Ausgleichsmaßnahmen und verringern so die Gesamtkosten.[9]

Die Kostenschätzungen für den Umbau des globalen Energiesystems sind mit hohen Unsicherheiten verbunden.[1-3] Viele Untersuchungen kommen jedoch zu dem Ergebnis, dass der Umstieg auf ein klimafreundliches Energiesystem langfristig günstiger ist, als die Schadenskosten, die durch eine ungebremste Erwärmung entstehen würden[11,12] – z. B. durch Extremwetterereignisse und den Meeresspiegelanstieg.[13]

Länderübergreifende Zusammenarbeit
z. B. Ausbau länderübergreifendes Stromnetz

SOZIALE AKZEPTANZ I

Die technische Umsetzung der Energiewende gelingt nur, wenn diese von der Bevölkerung akzeptiert wird.[1] Auch wenn in Ländern wie Deutschland, den USA oder Japan über 80 % der Menschen erneuerbare Energien befürworten,[2] werden die konkreten Maßnahmen deshalb nicht automatisch akzeptiert.[1] Denn die einhergehenden Veränderungen können vor Ort oft z. B. aus Angst vor Verlust an Lebensqualität zunächst zu skeptischen Haltungen führen.[3]

Aufgrund der Komplexität und den unterschiedlichen Gegebenheiten vor Ort gibt es in freiheitlichen Demokratien kein Patentrezept zur Bildung von Akzeptanz.[1] Vielmehr sollten möglichst viele der u. a. auf den folgenden Seiten vorgestellten Maßnahmen umgesetzt und auf die lokale Situation angepasst werden.[1,4] Außerdem müssen diese Maßnahmen über die gesamte Zeitspanne durchgeführt werden, da Akzeptanz kein Dauerzustand ist – sowohl bei der Energiewende als Ganzes als auch bei Einzelprojekten vor Ort.[5] Wichtig ist dabei immer zu beachten, dass Akzeptanz nicht durch Überreden, sondern durch Überzeugung entsteht.[6,7]

Dies schließt wirtschaftliche Aspekte nicht aus, denn diese können besonders stark mit der Bildung von Akzeptanz verbunden sein – z. B. durch das Aufzeigen wirtschaftlicher Vorteile für eine Region oder einer direkten finanziellen Kompensation bzw. Beteiligung an Anlagen zur Umwandlung erneuerbarer Energien.[4]

Klar ist aber auch, dass Akzeptanz nicht alleiniges Entscheidungskriterium zur Ausgestaltung eines Energiesystems sein kann und eine 100 %ige Zufriedenheit unwahrscheinlich ist. Allerdings ist sie ein wichtiger Gradmesser für die gesellschaftliche Stimmung – ohne Akzeptanz kann eine Energiewende nicht gelingen.[1]

Zustimmung zu Erneuerbare-Energien-Anlagen in der Umgebung des eigenen Wohnorts in Deutschland 2020[8]

Zur Stromerzeugung in der Nachbarschaft finden eher gut bzw. sehr gut ...

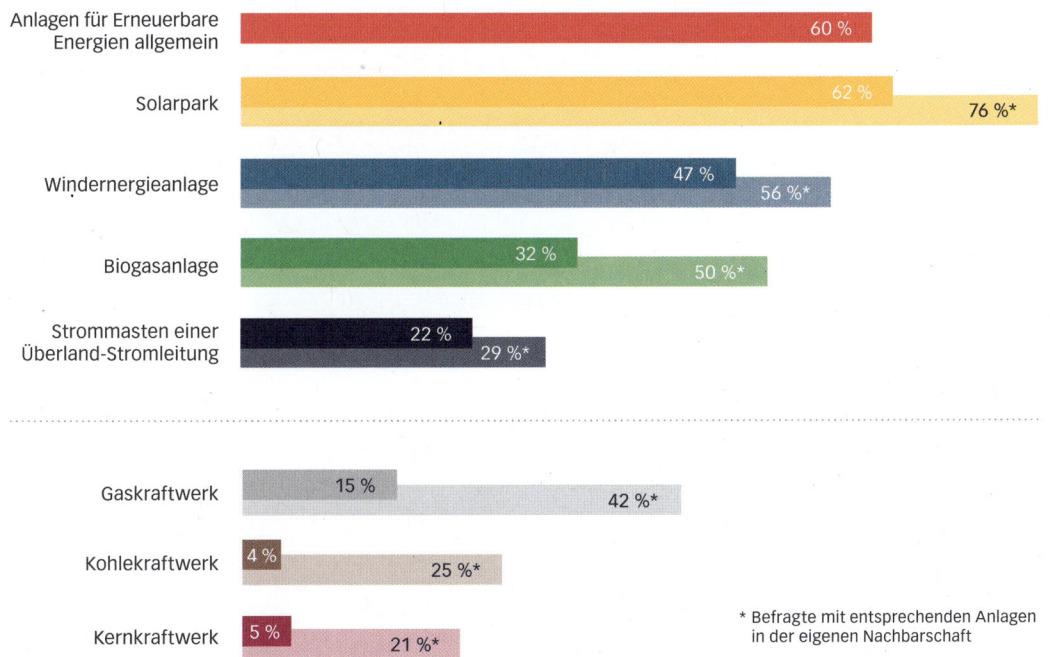

Anlagen für Erneuerbare Energien allgemein — 60 %

Solarpark — 62 % / 76 %*

Windenergieanlage — 47 % / 56 %*

Biogasanlage — 32 % / 50 %*

Strommasten einer Überland-Stromleitung — 22 % / 29 %*

Gaskraftwerk — 15 % / 42 %*

Kohlekraftwerk — 4 % / 25 %*

Kernkraftwerk — 5 % / 21 %*

* Befragte mit entsprechenden Anlagen in der eigenen Nachbarschaft

Quelle: angepasst mit freundlicher Genehmigung der © Agentur für Erneuerbare Energien e.V. (2020)

SOZIALE AKZEPTANZ II

Zur effizienten Bildung von Akzeptanz sollten akzeptanzbildende Maßnahmen sowohl auf nationaler, regionaler als auch lokaler Ebene durchgeführt werden:

Auf nationaler Ebene ist es wichtig, für den Klimawandel zu sensibilisieren. Dadurch kann ein grundlegendes Verständnis geschaffen werden, warum Veränderungen notwendig sind.[1] Dies erhöht gleichzeitig die Bereitschaft, selbst Klimaschutz im Alltag umzusetzen (S. 119).[2]

Informationen über die Funktionsweise sowie Vor- und Nachteile einzelner Technologien ermöglichen es den Bürgern, selbst eine Risiko-Nutzen-Abwägung zu treffen und so Maßnahmen vor Ort eher aus Überzeugung zu akzeptieren.[1] Es wird also flächendeckende Bildung und Aufklärung benötigt.

Wichtigste Maßnahmen zur Steigerung der Akzeptanz
Maßnahmen auf nationaler, regionaler und lokaler Ebene ergänzen sich, um eine möglichst hohe Akzeptanz der Energiewende und einzelner Projekte vor Ort zu erzielen.

Nationale Ebene
Sensibilisierung für den Klimawandel und allgemeine Informationen zur Energiewende

Regionale Ebene
Betrachtung der Vorteile für eine Region

Da bei der Meinungsbildung vor allem auch subjektive Aspekte ausschlaggebend sind, muss bei der Kommunikation besonders auf soziale Bedürfnisse (z. B. Arbeitsplatzsicherheit und Erhalt unberührter Natur), moralische Abwägungen (z. B. Beeinträchtigung lokaler Arten durch Windkraftanlagen vs. Auswirkungen auf Tiere und Pflanzen durch den fortschreitenden Klimawandel) und Emotionen (z. B. Identifikation als Energieregion) geachtet werden.[3] Außerdem muss die Bedeutung lokaler Projekte für die Gesamtstrategie der Energiewende vermittelt werden, damit auch unpopuläre Maßnahmen eingeordnet und akzeptiert werden können.[1]

Auf regionaler Ebene sollte zusätzlich der Nutzen für die Region, aber auch die damit verbundenen Belastungen hervorgehoben werden. Eine regionale Zielsetzung zur Identifikation kann die Umsetzung unterstützen – z. B. von der Kohle- zur Sonnenenergieregion.[1]

Nationale und regionale Sensibilisierung erleichtert die Umsetzung von Maßnahmen vor Ort, da z. B. nicht jedes Mal von Neuem die Notwendigkeit von Maßnahmen und deren übergeordnetem Nutzen beantwortet werden muss.[1]

Experten einzubeziehen oder sich auf wissenschaftliche Erkenntnisse zu berufen, unterstützt zwar glaubwürdig die Notwendigkeit der Maßnahmen, reicht jedoch allein meist nicht aus, um die gewünschte Akzeptanz zu erreichen.[1] Für eine erfolgreiche Umsetzung konkreter Projekte vor Ort sind deshalb die auf der folgenden Seite dargestellten Maßnahmen meist unerlässlich.

Lokale Ebene
Emotionale Identifikation und Partizipation der ansässigen Bevölkerung

AKZEPTANZ VOR ORT

Relevante Informationen frühzeitig der Allgemeinheit zur Verfügung zu stellen, kann Konflikte vermeiden und so gerichtliche Auseinandersetzungen und Verzögerungen verhindern.[1]

Informationen darüber, warum ein Vorhaben durchgeführt werden soll, ermöglicht der Bevölkerung das Projekt selbst abzuwägen. Wenn bei der Kommunikation das geringe Risiko herausgestellt wird, kann damit automatisch ein hoher Nutzen verbunden werden.[1]

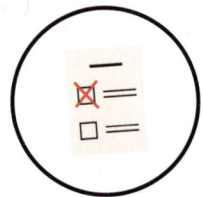

Frühzeitige Mitbestimmung gibt die Möglichkeit, das eigene Umfeld mitzugestalten. Nicht nur Selbstverpflichtung und Verantwortungsbewusstsein sind die Folge, sondern auch insgesamt robustere und ausgewogenere Entscheidungen.[1] Beispielsweise kann darüber abgestimmt werden, wie Belastungen durch Projekte für die lokale Bevölkerung ausgeglichen werden sollen: z. B. finanzielle Kompensation oder Projekte wie ein Erholungspark.[2]

Fairness erhöht die Akzeptanz. Auch Vorbereitungs- und Entscheidungsprozesse müssen deshalb offen und transparent geführt werden und die vorgebrachten Vorschläge, Änderungswünsche und Bedenken von Entscheidungsträgern wahrgenommen werden. Das heißt aber auch, dass zu Beginn die Rahmenbedingungen und Grenzen der Mitbestimmung aufgezeigt werden müssen, um eine spätere Frustration zu verhindern.[1]

Alle Personengruppen müssen einbezogen werden, um Widerstände bei fortgeschrittenem Planungsstand zu verhindern.[3]

Eine finanzielle Beteiligung der Bürger oder der Kommune steigert die Identifikation mit dem Projekt. Eine besonders hohe aktive Akzeptanz kann durch eine der stärksten Formen der Einbindung erreicht werden: In einer Bürgerenergiegenossenschaft schließen sich Bürger finanziell zusammen, um beispielsweise eine Windenergieanlage zu errichten.[1,4]

Entscheidungsträger sollten ein hohes Vertrauen vor Ort genießen – welches auch während des Planungsprozesses gewonnen und vertieft werden kann – damit von ihnen beschlossene Maßnahmen eher akzeptiert werden.[3]

Über den persönlichen Austausch z. B. in der Familie und den Sozialen Medien kann jeder zum Gelingen der Energiewende beitragen, da sich hier Stimmungen bilden.[1]

FAZIT

Der weltweite Energiebedarf ist derzeit für über zwei Drittel der globalen Treibhausgasemissionen verantwortlich[1] – eine klimafreundliche Energieversorgung ist daher der wichtigste Baustein des Klimaschutzes. Die Erzeugung von Elektrizität aus klimafreundlichen Energien ist die Voraussetzung, damit fossile Energieträger in allen Sektoren ersetzt werden können. Wie schnell der Aufbau eines klimafreundlichen Energiesystems gelingt, hängt von der regionalen Ausgestaltung des aktuellen Energiesystems, technischen, finanziellen, aber besonders auch politischen Rahmenbedingungen und der sozialen Akzeptanz ab.[2-4]

Wie ein klimafreundliches Energiesystems genau gestaltet wird, kann daher je nach Situation vor Ort unterschiedlich sein. Grundsätzlich benötigt jedoch jedes klimafreundliche Energiesystem folgende Komponenten:[5,6]

- **Anlagen zur Umwandlung klimafreundlicher Energiequellen** in Elektrizität und Wärme **[1]**

- **Anlagen zur Umwandlung elektrischer Energie in andere Energieformen,** vor allem um diese in weiteren Sektoren nutzen zu können **[2]**

- **Flexible Verbraucher [3], Energiespeicher [4] und Ausgleichskraftwerke [5],** um Unterschiede zwischen Erzeugung und Verbrauch auszugleichen

- **Netze,** um Energie räumlich zu transportieren **[6]**

46

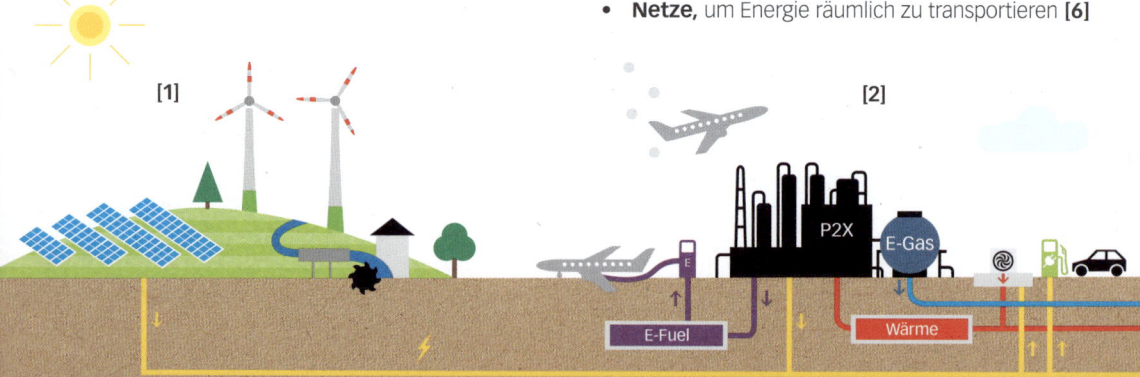

[1]

[2]

P2X

E-Gas

E-Fuel

Wärme

Klimaschutzmaßnahmen wie der Wechsel von Verbrennern zu Elektroautos, das Heizen von Gebäuden mittels Wärmepumpen, die Herstellung von flüssigen und gasförmigen Kraftstoffen mit klimafreundlichen Energien zum Ersetzen fossilbasierter Kraftstoffe oder aber Elektrifizierung in der Industrie werden die Nachfrage nach Elektrizität in Zukunft stark steigen lassen.[7] Deshalb ist es auch so wichtig, Energie nicht nur klimafreundlich zu erzeugen, sondern effizienter zu nutzen – z. B. durch optimierte industrielle Prozesse (S. 81), energetische Sanierung von Gebäuden (S. 49) und Verhaltensveränderungen (S. 119).[8,9]

Nur so kann verhindert werden, dass aufgrund der großen Energienachfrage fossile Energien noch deutlich länger benötigt werden.[10]

Ein klimafreundlicher und stabiler Energiesektor ist technisch möglich und kann Energie in unterschiedlichsten Formen zuverlässig an alle Sektoren liefern.[11-16]

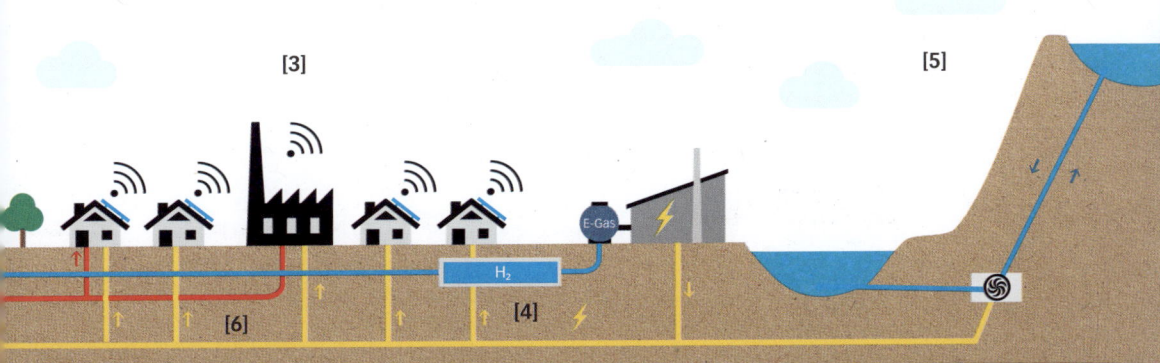

KAPITEL 3

GEBÄUDE

Der Burj Khalifa in Dubai ist mit **829,8 Metern** das höchste Gebäude der Welt,[1] das New Century Global Center in China mit einer Nutzfläche von etwa **1,8 Millionen m²** das größte[2] und das Terminal 3 des Beijing Capital International Airports in China mit einer **Länge von 3,2 km** das längste Gebäude.[3]

Aber nicht nur die Ausmaße mancher Gebäude sind gigantisch, sondern auch deren unzählige Nutzungsmöglichkeiten: ob als Wohngebäude, Lagerhalle oder aber Fußballstadion – überall wo Menschen ansässig sind, prägen Gebäude das Landschaftsbild. Jedoch entstehen vor allem durch den Bau und bei der Nutzung von Gebäuden Treibhausgase. Alle Gebäude der Welt verursachen damit zusammen aktuell insgesamt mehr als ein Fünftel der weltweiten Treibhausgasemissionen.[4]

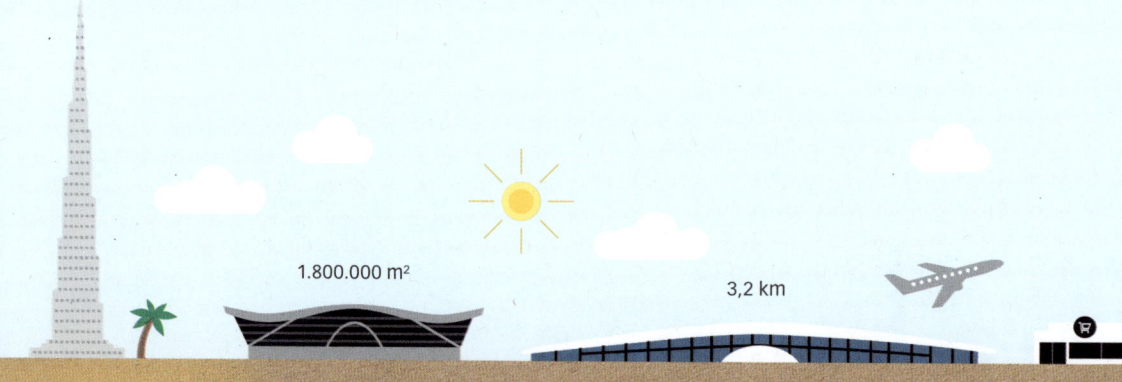

829 m

1.800.000 m²

3,2 km

TREIBHAUSGASEMISSIONEN

Der Gebäudesektor war 2018 für etwa 21 % aller weltweiten Treibhausgasemissionen verantwortlich.[1] Sie entstanden zum einen durch die Verwendung fossiler Rohstoffe zur Energieerzeugung – sowohl direkt am Gebäude (z. B. mittels Öl- und Gasheizungen)[2] als auch durch den Bezug von Energie (z. B. Elektrizität oder Fernwärme aus Braunkohle).[3] Zum anderen entstanden Emissionen durch die zum Bau verwendeten Materialien (z. B. Zement, S. 87) bei deren Produktion, Transport und Einbau; zusätzlich durch Instandhaltungsmaßnahmen während der Betriebsphase und durch den Abriss der Gebäude. Der Gebäudesektor wird dabei meist in Wohn- und Nichtwohngebäude unterteilt – letztere sind beispielsweise Büros, Geschäfte oder Lagerhallen.[1]

Weltweit steigen die Emissionen des Gebäudesektors. Ursache für den Emissionsanstieg der Wohngebäude ist in Industrieländern in den letzten Jahrzehnten hauptsächlich der starke Anstieg der Wohnfläche pro Kopf und der damit verbundene höhere Energiebedarf. In Entwicklungsländern hingegen ist die Ursache vor allem das Bevölkerungswachstum – hauptsächlich in Afrika – und die dadurch steigende Anzahl neuer, meist ineffizienter Gebäude.[1,4,5]

Des Weiteren nehmen auch die Größe und Anzahl technischer Geräte und Anlagen aufgrund des zunehmenden Wohlstands weltweit immer weiter zu – besonders Informations- und Kommunikationstechnik sowie Klimaanlagen.[6]

Die Emissionen der Nichtwohngebäude steigen hauptsächlich dadurch, dass weltweit immer mehr Güter produziert und Dienstleistungen nachgefragt werden.[7] Dazu werden immer mehr Gebäude – beispielsweise zur Fertigung und Lagerung von Gütern – gebaut, wodurch die Emissionen steigen.[8]

Klimaschutzmaßnahmen im Gebäudesektor adressieren die beiden großen Emissionsquellen: Erzeugung und Verbrauch von Energie sowie die eingesetzten Baumaterialien.[9]

Zusammensetzung der Emissionen des Gebäudesektors im Jahr 2018 (etwa 12 GtCO$_2$e)[1]

Dargestellt sind die energiebedingten Treibhausgasemissionen zum Betrieb der Gebäude, sowie die bei der Herstellung verschiedener Baustoffe, dem Bau und der Instandhaltung anfallende Emissionen. Je nach Berechnung können die indirekten Emissionen durch die Erzeugung von Energie, aber auch dem Energiesektor zugeschrieben werden und die der Baustoffe dem Industriesektor.

Baustoffe sowie der Bau und die Instandhaltung
Hauptsächlich Herstellung von Zement und Stahl

18 %

7 %

Direkte Emissionen Nichtwohngebäude
Fossile Energieträger zur Erzeugung von Raumwärme

Indirekte Emissionen Nichtwohngebäude
Bezug von Elektrizität und Wärme aus fossilen Energieträgern

21 %

20 %

Direkte Emissionen Wohngebäude
Fossile Energieträger zum Heizen und Kochen sowie Bioenergie (z. B. Feuerholz, S. 22)

Indirekte Emissionen Wohngebäude
Bezug von Elektrizität und Wärme aus fossilen Energieträgern

33 %

Aufgrund von Rundung summieren sich die Werte nicht auf 100 %

ÜBERSICHT DER MAßNAHMEN

Folgende vier Bausteine werden benötigt, um sowohl Wohn- als auch Nichtwohngebäude klimafreundlich zu gestalten:[1]

1. **Erneuerbare Energien** müssen den gesamten Energiebedarf decken; sowohl beim externen Bezug als auch bei der direkten Erzeugung am Gebäude.[1]

2. Die **Steigerung der Energieeffizienz** reduziert den Energiebedarf und damit die Nachfrage nach fossilen Brennstoffen.[1-3] Damit aufgrund z. B. effizienterer Haushaltsgeräte und damit geringerer Ausgaben für Energie nicht wieder mehr Energie verbraucht wird (sog. Rebound-Effekt),[4] ist es wichtig, gleichzeitig Suffizienzmaßnahmen (Punkt 4) umzusetzen.[5]

3. Einsatz **klimafreundlicher Baustoffe (S. 50).**[1]

4. **Suffizienzmaßnahmen** sind nichttechnische Maßnahmen, die zur Reduzierung des Energie- und Rohstoffbedarfs beitragen – z. B. durch Verhaltensveränderungen und Reduktion der Wohnfläche.[5]

> *Die wichtigsten Beispiele dieser Maßnahmen werden in der nebenstehenden Abbildung vorgestellt.*

Wechsel des Energielieferanten
Bezug von Elektrizität und Wärme aus klimafreundlichen Energien (Kapitel 1)[6]

Einsatz energiesparender intelligenter Haushaltsgeräte

- Effiziente Haushaltsgeräte sind in Europa mit der Kategorie „A" des EU-Energielabels gekennzeichnet.[7]
- Smart Home Systeme ermöglichen die Abstimmung der Haushaltsgeräte auf das aktuelle Energieangebot und geben eine Orientierung für den Einfluss des eigenen Verhaltens auf den Energieverbrauch.[8]

Energetische Sanierung

- In Deutschland kann meist Energie besonders durch eine emissionsarme Dämmung – z. B. Holzfaser- oder Hanfdämmung – der Fassade, einem Austausch alter Fenster und einer Dämmung des Daches sowie der Kellerdecke eingespart werden.[9] Große energetische Sanierungen sollten vor einem Heizungswechsel stattfinden, um den Einbau überdimensionierter Heizsysteme zu verhindern.[10]

Erzeugung eigener Elektrizität

- Photovoltaikanlagen ermöglichen die klimafreundliche Erzeugung von Elektrizität am Ort des Verbrauchs (S. 19).[1]

Änderung des Nutzerverhaltens

- Bekleidung den Jahreszeiten anpassen, um die Temperierung (Heizen und Kühlen) auf einem angemessenen Maß zu halten (warme Kleidung im Winter, luftige im Sommer)[11]
- Beim Stoßlüften die Heizkörper ausschalten[12]
- Lichter ausschalten und Wasserhahn zudrehen, wenn diese nicht benötigt werden[11]
- Kürzer duschen[13]
- Waschmaschine nur voll anschalten und Wäsche lufttrocknen[12]
- Elektrische Geräte komplett ausschalten und nicht nur auf Stand-by schalten[11]
- Geräte bei hohem Energieangebot nutzen – z. B. Waschmaschine untertags bei hohem Angebot von PV-Strom[14]

Effiziente Nutzung von Wohnraum

- Reduzierung der Wohnfläche verringert den Energiebedarf[15]
- Räume gemeinschaftlich nutzen – beispielsweise ein Hobbyraum mit Nachbarn, gemeinsame Büroräume, vermieten ungenutzter Räume[16]

Rohstoffbedarf senken

- Weniger und „einfaches Bauen" (Verzichtbares weglassen)[17]
- Einsatz klimafreundlicher Baumaterialien (S. 50)[1]
- Teilen von Haushaltsgeräten – besonders, wenn diese selten genutzt werden[18]

Austausch der Beleuchtung

- LEDs sind eine der effizientesten Arten, Licht zu erzeugen.[12]
- Nutzung von Tageslicht[19]

Austausch des Heizsystems

- Austausch fossiler Öl- und Gasheizungen durch z. B. Wärmepumpen (S. 32);[20] Nutzung von Sonneneinstrahlung; grüne Fern-/Nahwärme[21,22]
- Verwendung natürlicher Kühle in der Nacht sowie Maßnahmen zur Verschattung, um den mechanischen Kühlbedarf zu reduzieren[1]

BAUMATERIALIEN

Damit der Gebäudesektor klimafreundlich werden kann, müssen auch alle Prozesse rund um die Errichtung, den Betrieb und den Abbau von Gebäuden klimafreundlich sein.[1] Dabei ist der Einsatz klimafreundlicher Energie und die Optimierung bzw. Effizienzsteigerung von Prozessen in der Baubranche genauso wichtig[2] wie die Verwendung klimafreundlicher Baustoffe.[3] Beispielsweise entstanden durch den Einsatz von Stahl und Zement zur Errichtung und Renovierung von Gebäuden 2018 ca. 16 % der insgesamten Treibhausgasemissionen des Gebäudesektors.[4]

Wie die untenstehende Abbildung zeigt, verursachen Naturmaterialien wie Holz oder Lehm generell die wenigsten Treibhausgasemissionen.[3] Wird Holz als Baustoff verwendet, so kann das der Atmosphäre beim Wachstum des Baumes entzogene CO_2 über die Lebenszeit des Gebäudes in diesem gespeichert werden – und damit durch nachwachsende Bäume erneut CO_2 der Atmosphäre entzogen werden (S. 93)[5] Klar ist jedoch auch, dass beispielsweise aufgrund statischer Anforderungen nicht überall rein klimafreundliche Materialien verwendet werden können. Daher muss auch die Erzeugung von z. B. Stahl (S. 86) und Zement (S. 87) möglichst klimafreundlich gestaltet werden.[6,7]

Durchschnittliche Emissionen pro kg Baumaterial bis zur Fertigstellung im Werk[3]
Gezeigt werden in der Literatur angegebene Bereiche

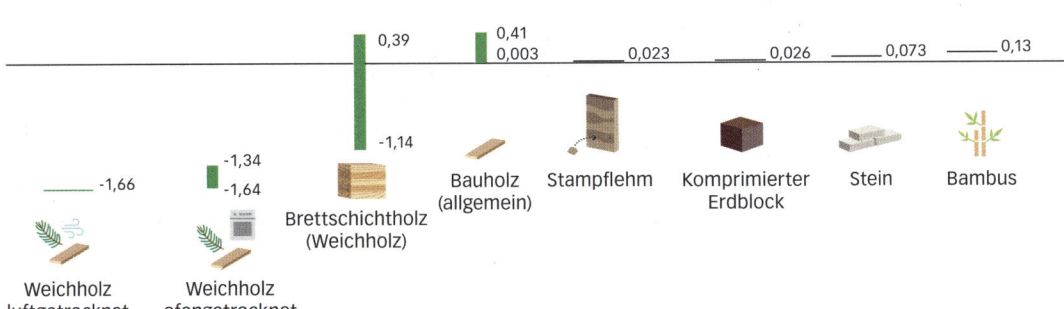

0,39	0,41 / 0,003	0,023	0,026	0,073	0,13		
-1,66	-1,34 / -1,64	-1,14					

Weichholz luftgetrocknet — Weichholz ofengetrocknet — Brettschichtholz (Weichholz) — Bauholz (allgemein) — Stampflehm — Komprimierter Erdblock — Stein — Bambus

Jedoch lassen sich vor allem die Emissionen der Zementherstellung in absehbarer Zeit nicht komplett vermeiden, da hier CO_2 als Folge eines chemischen Prozesses unabhängig von der eingesetzten Energiequelle auftritt (S. 87). Damit ein klimafreundlicher Gebäudesektor geschaffen werden kann, benötigt es deshalb zusätzlich Maßnahmen zur Entfernung von CO_2 (S. 92), um diese verbleibenden Emissionen wieder aus der Atmosphäre zu entfernen.[8]

Der Einsatz klimafreundlicher und nachhaltiger Baustoffe ist zur Erreichung eines klimafreundlichen Gebäudesektors unerlässlich.[3,9]

Um die Emissionen möglichst stark zu reduzieren, muss jedoch auch der Materialbedarf verringert werden, indem z. B. der alte Gebäudebestand erhalten wird sowie anfallende Materialabfälle wiederverwendet bzw. recycelt werden (S. 84).[10]

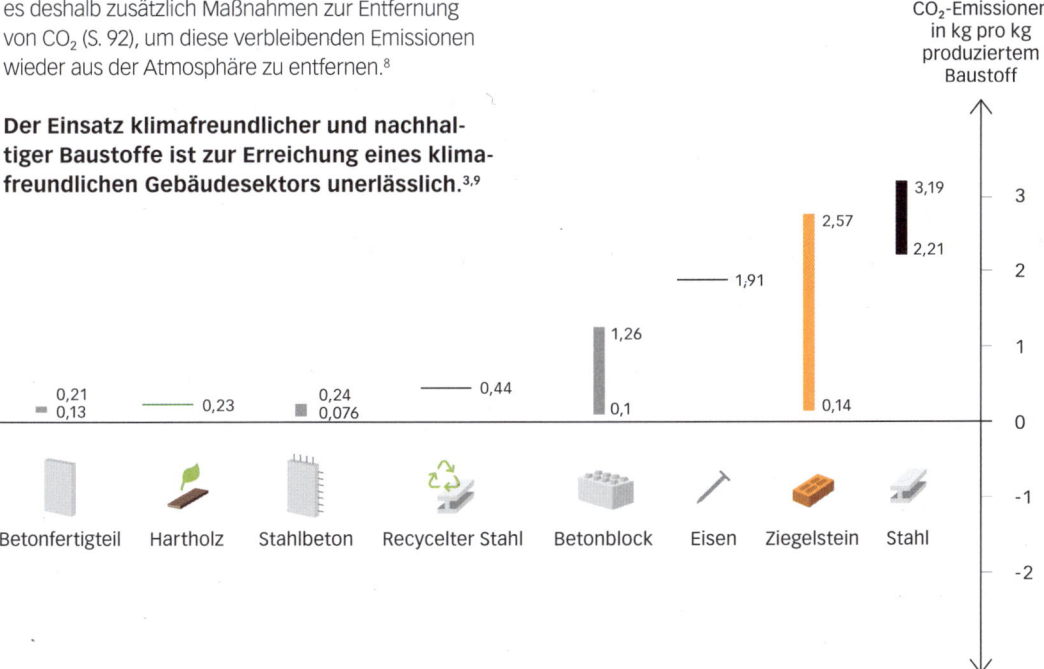

CO_2-Emissionen in kg pro kg produziertem Baustoff

3,19
2,57
2,21
1,91
1,26
0,44
0,24
0,21
0,23
0,13
0,076
0,1
0,14

Betonfertigteil   Hartholz   Stahlbeton   Recycelter Stahl   Betonblock   Eisen   Ziegelstein   Stahl

HERAUSFORDERUNGEN & POLITIKMAßNAHMEN

Gebäude haben eine lange Lebensdauer, weshalb Emissionen – beispielsweise aus einer Ölheizung – für Jahrzehnte vorprogrammiert sind.[1] Sofortiges Handeln ist daher unerlässlich, jedoch oft mit hohen Kosten verbunden.[2] Essenziell sind deswegen Politikmaßnahmen, die die Umsetzung von Klimaschutz an Gebäuden fördern.

Umfangreiche Maßnahmen wie Sanierungen oder der Heizungswechsel sind dann am günstigsten, wenn diese unabhängig von Klimaschutzmaßnahmen aufgrund des Anlagenzustandes oder -alters sowieso anstehen würden.[3] Im Zuge größerer Veränderungen an Gebäuden ist es auch am wahrscheinlichsten, dass Hausbesitzer Anlagen zur Umwandlung erneuerbarer Energie anbringen – z. B. Photovoltaikanlagen.[4] Aufgrund der Dringlichkeit, die Treibhausgasemissionen zu reduzieren, müssen diese Maßnahmen jedoch so schnell wie möglich – also gegen den „natürlichen" Sanierungszyklus – umgesetzt werden.[5,6] Damit dies gelingt, benötigt es eine Kombination verschiedenster Maßnahmen durch die Politik, welche beispielhaft in nebenstehender Abbildung gezeigt werden. Neben regulatorischen Maßnahmen sind finanzielle Anreize weltweit der Hauptanreiz zur klimafreundlichen Gestaltung von Gebäuden.[7]

Problematisch ist, dass die weltweit steigenden Wohnflächen und der damit einhergehende höhere Energieverbrauch pro Person den Einsparungen durch Energieeffizienzmaßnahmen entgegenwirken.[8]

Wichtige Ansatzpunkte zur Emissionsreduzierung sind daher beispielsweise auch die Schaffung von Anreizen für flexiblere Wohnraumnutzung, Unterstützung beim Vermieten, alternative Mietmodelle wie "Wohnen für Hilfe", kleine Wohnungen sowie die effiziente Nutzung (z. B. 24h und auch am Wochenende) und bessere Verteilung von Gebäudeflächen - z. B. durch "Sharing-Konzepte" wie geteilten Büroräumen.[9-12]

Für eine schnelle Umsetzung von Klimaschutz im Gebäudesektor sind sich ergänzende Politikmaßnahmen nötig, welche gleichzeitig Effizienz- und Suffizienzmaßnahmen sowie den Einsatz erneuerbarer Energien und nachhaltiger Baumaterialien fördern (S. 50). Aufgrund weltweit unterschiedlicher Gebäudearten oder Unterschieden zwischen Industrie- und Entwicklungsländern können diese von Region zu Region verschieden sein.[13]

Übersicht beispielhafter politischer Handlungsinstrumente zur Beschleunigung von Klimaschutzmaßnahmen im Gebäudesektor

Regulatorische Maßnahmen

- **Mindeststandards** – z. B. für den Energieverbrauch, Treibhausgasausstoß oder bauliche Standards z. B. der Gebäudehülle oder den verpflichtenden Einsatz von PV-Anlagen. Die meisten Gebäude werden weltweit in Regionen errichtet, in denen es keine Energieeffizienzstandards gibt.[5,14]
- **Gebäudeenergielabel** geben Auskunft über den energetischen Zustand eines Gebäudes und können z. B. als Grundlage für eine Besteuerung dienen.[5]

Preisinstrumente

- **Zuschüsse und Subventionen** – z. B. zur Durchführung von Sanierungsmaßnahmen und für den Einsatz klimafreundlicher Baustoffe[15]
- **Steuern** z. B. auf Wohn- und Büroflächen[15]
- **Günstige Kredite** zur Finanzierung von Klimaschutzmaßnahmen (S. 107)[16]
- **CO_2- Bepreisung** und Verwendung eines Teils der Einnahmen z. B. zur Förderung von Energieeffizienzmaßnahmen (S. 101)[17]

Informationsmaßnahmen

- **Zertifizierungen** (wie auch Mindeststandards) fördern die Effektivität des Markts.[18]
- **Vor-Ort Energieberatungen** können auf individuelle Gegebenheiten eingehen.[19]
- Einsatz von **Smart-Metern** und sogenannten Smart-Home-Systemen (z. B. digital steuerbare und verknüpfte Haushaltsgeräte) ermöglichen ein direktes Feedback des eigenen Energieverbrauchs und dessen Optimierung.[20]
- **Informationskampagnen:** Bei komplexen und eher unbekannten Systemen wie Wärmepumpen – aber auch Holzhäusern – ist die Informationsvermittlung entscheidend für den Einsatz. Diese kann beispielsweise über geschulte Handwerker oder Hausmeister gelingen, deren Wissensstand über die Durchführung und Möglichkeiten von Klimaschutzmaßnahmen auch zentral zur Umsetzung vor Ort ist.[21]

FAZIT

Klimafreundliche Gebäude können bereits heute in allen relevanten Klimazonen der Welt realisiert werden.[1-3] Jedoch werden die weltweiten Treibhausgasemissionen des Gebäudesektors ohne zusätzliche Maßnahmen bis zum Jahr 2050 wahrscheinlich sogar um etwa 30 % steigen.[4]

Um das zu verhindern, ist die wichtigste Aufgabe der Industrieländer, dem Anstieg der pro Kopf Wohnfläche entgegenzuwirken sowie den existierenden Gebäudebestand zu renovieren.[5] Wichtigste Aufgabe der Entwicklungsländer ist es – mit hierzu notwendiger Unterstützung von Industrieländern (S. 109) – den wachsenden Gebäudebestand klimafreundlich zu gestalten.[6]

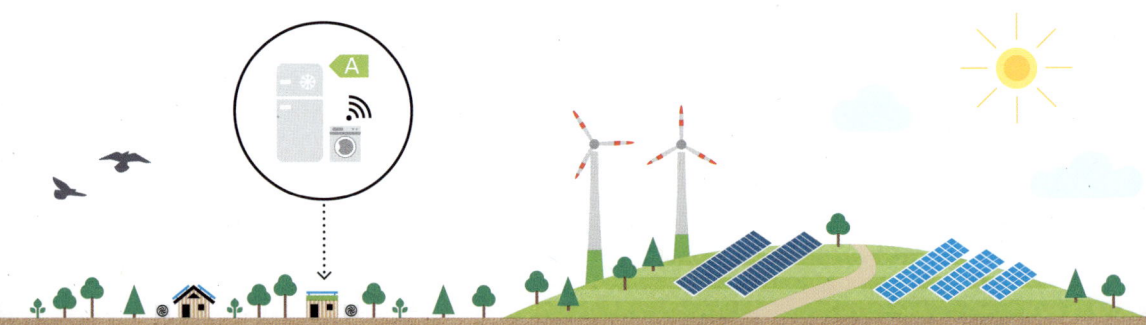

Damit Klimaschutz im Gebäudesektor gelingt, muss
der Energie- und Rohstoffverbrauch mittels Energie-
effizienz- und Suffizienzmaßnahmen gesenkt, weiterhin benötigte Energie klimafreundlich erzeugt und
beim Bau nachhaltiges Material verwendet werden.

**Durch die Kombination dieser Maßnahmen
lässt sich der Gebäudesektor klimafreundlich
gestalten.**

KAPITEL 4

VERKEHR

Durch die Globalisierung und den zunehmenden Wohlstand wächst das weltweite Verkehrsaufkommen.[1] Dadurch ist der Treibhausgasausstoß des Verkehrssektors seit 1990 um fast 80 % angestiegen – so stark wie in keinem anderen Sektor.[2-4] Im Jahr **2018 entstanden etwa 15 % aller globalen Treibhausgasemissionen durch den Verkehr.**[5]

Daran hat der Straßenverkehr mit Abstand den größten Anteil [1].[6-8] Wie die Emissionen des Verkehrs – trotz der möglichen Verdreifachung des globalen Personen- und Güterverkehrs bis 2050 – reduziert werden können, wird auf den folgenden Seiten dargestellt.[9,10]

[1] Aufteilung der CO$_2$-Emissionen im Verkehrssektor in 2018[6-8]

Rest wie Kraftstofftransport 2,2 %

Personen 45,1 % Fracht 29,4 % Personen 9,4 % Fracht 10,1 %

Fracht 2,2 % Personen 0,5 %

Straße 74,5 %

Luft 11,6 %

Wasser 10,6 %

Schiene 1 %

PERSONENVERKEHR

Im Jahr 2017 wurden etwa 40 % der globalen, motorisierten Personenkilometer mit dem PKW zurückgelegt, gefolgt von Bussen mit 23 % und Flugzeugen mit 14 % [1].[1] Es gibt jedoch große Unterschiede zwischen einzelnen Ländern: Während in der EU der PKW mit etwa 80 % der zurückgelegten Kilometern das wichtigste Verkehrsmittel ist, dominieren in Indien Busse und Züge, die dort zusammen mit 45 % fast die Hälfte des Personenverkehrs ausmachen.[2,3] Grund dafür ist, dass mit steigendem Einkommen meist auch der Anteil des PKW, d. h. des motorisierten Individualverkehrs, zunimmt.[4]

[1] Anteil der Verkehrsmittel an den weltweiten motorisierten Personenkilometern in 2017[1]

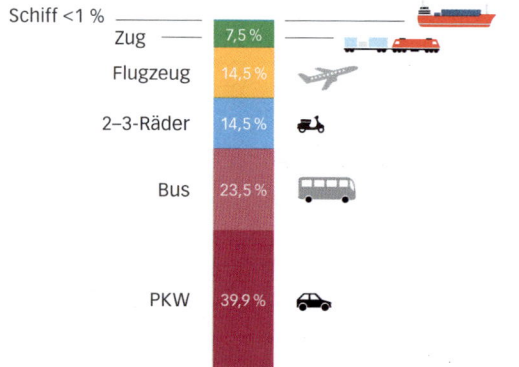

Schiff <1 %
Zug — 7,5 %
Flugzeug — 14,5 %
2–3-Räder — 14,5 %
Bus — 23,5 %
PKW — 39,9 %

Fahrzeuge können CO_2-neutral angetrieben werden, wenn z. B. batterieelektrische PKW mit 100 % klimafreundlicher Elektrizität geladen werden oder Verbrennungsmotoren mit CO_2-neutralen Kraftstoffen (S. 56) fahren.[5] Die Herausforderung besteht jedoch darin, in den nächsten Jahren die dazu notwendigen enormen Mengen an klimafreundlicher Energie zur Verfügung zu stellen.[6] Das kann schneller erreicht werden, indem der Energiebedarf des Verkehrssektors möglichst gering gehalten wird. Vor allem in Industrienationen ist dies höchstwahrscheinlich notwendig, um die selbstgesteckten Klimaziele bis 2030 einzuhalten.[7,8] Der Energiebedarf des Verkehrssektors kann begrenzt werden, indem Verkehr vermieden, Wege verkürzt und Verkehr verlagert wird, z. B. vom PKW – dem energieintensivsten und daher meist klimaschädlichsten Verkehrsmittel an Land – auf den Zug oder das Fahrrad.[9,10] Diese Strategien werden auf den folgenden Seiten dargestellt.

Verkehr wird **vermieden,** wenn z. B. Geschäftsreisen durch Online-Konferenzen ersetzt werden. Pro Meeting könnten so 90 bis 99 % der Emissionen eingespart werden.[11] Da z. B. in Deutschland etwa ein Drittel der startenden Flugpassagiere Geschäftsreisende sind, ist das Potential hier besonders groß.[12]

Ein großer Hebel ist auch die Gestaltung der Umgebung von Menschen. In ländlichen Regionen kann die Notwendigkeit, in entfernte Städte fahren zu müssen, verringert werden, indem z. B. vor Ort Büroräume geschaffen werden, die sich Mitarbeiter von unterschiedlichen Unternehmen teilen – ein sog. Co-working-Space.[13,14] In Städten können vor allem **Wege verkürzt** werden, indem Orte des täglichen Lebens wie Einkaufsmöglichkeiten, Freizeitangebote, Arbeitsplätze und Kitas z. B. durch die gemischte Nutzung von Gebäuden dezentral in der Stadt „verstreut" werden, sodass sie von jeder Wohnung aus über kurze Strecken zu erreichen sind [2].[15-17]

Hierdurch wird zudem die **Verlagerung** auf den Fuß- und Radverkehr unterstützt. Denn z. B. wurden im Jahr 2017 in deutschen Großstädten 60 % der Wege zwischen 1 und 2 km zu Fuß oder mit dem Rad zurückgelegt.[18] Bei längeren Wegen zwischen 2 und 5 km lag der Anteil nur noch bei 33 % und das meistgenutzte Verkehrsmittel wär mit 42 % der PKW.[18] Um Fahrten mit dem PKW weiter zu reduzieren und dadurch den Energiebedarf des Verkehrssektors zu begrenzen, kann – wie auf der nächsten Seite beschrieben – die Verlagerung vom PKW auf andere Verkehrsmittel gefördert werden.

Schaffung von mehreren Zentren (Shopping, Restaurants, usw.) innerhalb der Stadt, z. B. durch Mietzuschüsse für potentielle Ladenbesitzer.

Mehr Erholungsmöglichkeiten und Platz für Freizeitaktivitäten in der Stadt machen die Fahrt an den Rand der Stadt überflüssig.

Verdichtung der Besiedelung, d. h. in die Höhe anstatt in die Breite bauen, verkürzt ebenfalls Wege und schafft mehr Wohnraum in Städten, wodurch lange Pendlerfahrten vom Umland in die Stadt reduziert werden.

[2]

VERKEHRSVERLAGERUNG

Ziel der Verkehrsverlagerung ist es, durch den Wechsel von einem Verkehrsmittel auf ein anderes, den Energiebedarf und damit auch den Treibhausgasausstoß zu reduzieren.[1] Beispielsweise werden beim öffentlichen Verkehr (ÖV) Fahrzeuge von mehreren Menschen geteilt. Im Vergleich zum PKW sind daher der Energiebedarf und demzufolge auch die Treibhausgasemissionen zum Transport einer Person beim ÖV deutlich geringer [1].[2,3] Um die Verlagerung weg vom PKW hin zum ÖV herbeizuführen, muss zum einen der ÖV konsequent ausgebaut und verbessert sowie günstigere Tarife angeboten werden.[4]

Um den Umstieg zu beschleunigen, kann zum anderen die Nutzung des PKW eingeschränkt werden.[5] Beispielsweise wurden in Wien und Brüssel Straßenabschnitte für PKW vollständig gesperrt.[6] In Barcelona wurden sogar bis zu neun Wohnblocks zu „Superblocks" zusammengefasst und die Befahrung der Straßen nur für Lieferwagen und PKW von Anwohnern zu festgelegten Zeiten und mit einer Höchstgeschwindigkeit von 10 km/h zugelassen.[7] Gleichzeitig wurden zusätzliche Haltestellen geschaffen und in Abstimmung mit den Anwohnern auf den freigewordenen Flächen zahlreiche Sitzgelegenheiten, Beete, Cafés, Spielplätze und breite Radwege errichtet.[8] Trotz anfänglicher Skepsis ist die Akzeptanz dieser Maßnahmen bei den Anwohnern, Gastronomen und Ladenbesitzern aufgrund der zahlreichen Vorteile wie einer geringeren Lärm- und Umweltbelastung oder der Belebung der Straßen sehr hoch.[9,10] Daher plant Barcelona in Zukunft über die Hälfte der Straßen nach diesem Konzept umzugestalten.[11]

55

[1] Klimabilanz der Verkehrsmittel in Deutschland im Jahr 2019[3]
in Gramm CO_2e pro Personenkilometer

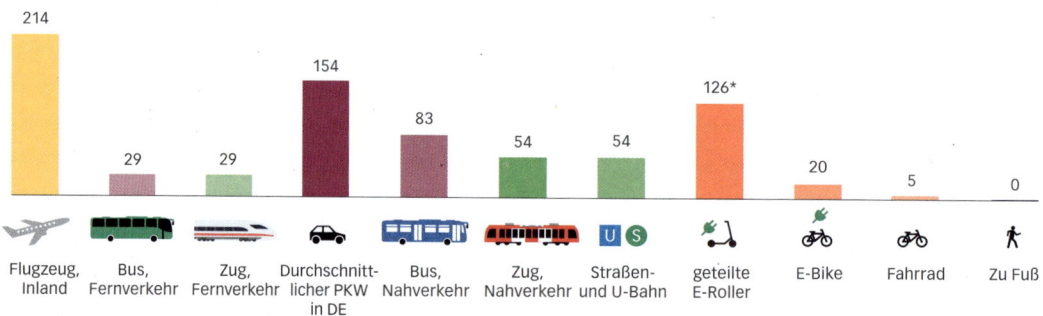

Flugzeug, Inland	Bus, Fernverkehr	Zug, Fernverkehr	Durchschnittlicher PKW in DE	Bus, Nahverkehr	Zug, Nahverkehr	Straßen- und U-Bahn	geteilte E-Roller	E-Bike	Fahrrad	Zu Fuß
214	29	29	154	83	54	54	126*	20	5	0

Bei den Werten handelt es sich um Durchschnitte, die im Einzelfall abweichen. Die Verhältnisse sind jedoch eindeutig.

*Zahl gilt für die USA

Daneben gibt es weitere Maßnahmen, die die Nutzung des PKW deutlich unattraktiver machen. Diese wären für die Einhaltung der kurzfristigen Klimaziele von Industrienationen höchstwahrscheinlich notwendig, gesellschaftlich jedoch sehr umstritten und daher schwierig umzusetzen[12,13]: [2] z. B. hohe Straßenbenutzungs- und Parkgebühren, Geschwindigkeitsbegrenzungen von 30 km/h wie in Paris oder Helsinki – wodurch auch die Verkehrssicherheit erhöht wurde – und ein Überholverbot von Fahrradfahrern auf engen Straßen, damit sich PKW und Fahrradfahrer Straßen ohne Radwege sofort und ohne Umbaumaßnahmen sicher teilen können.[14-18]

Geteilte E-Roller sind wenig klimafreundlich, wenn zum Aufladen einige Kilometer mit Transportfahrzeugen gefahren werden müssen, um sie einzusammeln und anschließend wieder zu verteilen.[19] Zudem geben Nutzer von geteilten E-Rollern an, dass sie ohne den Roller über 70 % der Fahrten zu Fuß oder mit dem ÖV gemacht hätten.[20] Daher entstehen auf diesen Wegen durch die Nutzung der E-Roller sogar zusätzliche Emissionen.[21]

Um das Potential des Radverkehrs zu fördern, muss das Radfahren sicherer und bequemer werden: Ausbau eines lückenlosen Radverkehrsnetzes, farbliche & physische Trennung des Radverkehrs vom motorisierten Verkehr [3], übersichtlichere Kreuzungen, diebstahlgesicherte Abstellmöglichkeiten usw.[22,23] Die Nutzung des Fahrrads kann zudem durch Image-kampagnen und Fahrsicherheitstrainings gesteigert werden.[24] Städte wie Münster, Amsterdam oder Kopenhagen priorisieren und investieren gezielt in den Radverkehr, weshalb dort zwischen 30 und 40 % aller Wege mit dem Rad gefahren werden – mehr als doppelt so viel wie in Stuttgart, Köln oder Hamburg.[25-28] Daher ist dort auch das Unfallrisiko für Radfahrer pro Weg um ein Vielfaches geringer.[29] Ein weiterer Vorteil ist, dass die Instandhaltung der Infrastruktur für Fahrräder im Vergleich zum PKW deutlich günstiger und der Platzbedarf viel geringer ist.[30,31] Zudem fördert Radfahren die Bewegung, erhöht soziale Kontakte und reduziert Lärmbelastungen sowie Luftverschmutzungen.[32]

Mit den beschriebenen Maßnahmen kann der Energiebedarf des Straßenverkehrs reduziert bzw. in Entwicklungsländern, in denen das Verkehrsaufkommen zunimmt, möglichst gering gehalten werden.[33] Dadurch wird der großen Herausforderung entgegengewirkt, ausreichend klimafreundliche Energie, z. B. für batterieelektrische oder wasserstoffbetriebene Fahrzeuge, bereitzustellen.

[3] **Sichere Rad- und Fußwege**

[2]

ALTERNATIVE ANTRIEBE UND KRAFTSTOFFE

Um CO_2-Neutralität im Verkehrssektor zu erreichen, müssen die Antriebe und Kraftstoffe der Fahrzeuge CO_2-neutral werden.[1] Beim PKW gibt es im Wesentlichen drei Optionen, die auf den folgenden Seiten erläutert werden: 1. die Nutzung CO_2-neutraler synthetischer Kraftstoffe im Verbrennungsmotor, 2. der Elektromotor, der durch eine Brennstoffzelle und Wasserstoff angetrieben wird und 3. der Elektromotor, der durch eine Batterie betrieben wird.[2]

Um einen Verbrenner CO_2-neutral zu fahren, können Benzin und Diesel-Kraftstoff anstatt aus Rohöl auch klimafreundlich aus Kohlenstoff (C) und Wasserstoff (H_2) hergestellt werden (S. 38).[3] Zunächst wird dazu Kohlenstoff z. B. in Form von CO_2 aus der Atmosphäre „herausgefiltert" (S. 95) und Wasserstoff z. B. durch die Spaltung von Wasser mittels erneuerbarer Elektrizität (Elektrolyse) erzeugt.[2] Anschließend werden die beiden Stoffe durch ein chemisches Verfahren synthetisiert (verbunden), um einen Kraftstoff wie Diesel herzustellen.[3]

Dieser kann z. B. im PKW eingesetzt werden, wodurch ein direkter CO_2-Kreislauf entstehen würde [1].[4] Diese Kraftstoffe werden oft auch als „CO_2-neutrale synthetische Kraftstoffe" bezeichnet, wobei im Folgenden zur sprachlichen Vereinfachung nur von „synthetischen Kraftstoffen" gesprochen wird. Da bei dem Herstellungsprozess viel Energie verloren geht – vor allem bei der Herstellung von Wasserstoff – ist der Energiebedarf enorm hoch.[3] Daher müssen große Mengen CO_2-freie Elektrizität erzeugt werden, weshalb der Kraftstoff sehr kostenintensiv ist.[5] Für die Produktion wären daher vor allem wind- und sonnenreiche Regionen wie in Nordafrika geeignet, in denen besonders viel Elektrizität günstig erzeugt werden kann.[6] Modellrechnungen schätzen aber, dass selbst dort die Herstellungskosten der synthetischen Kraftstoffe im Vergleich zum fossilen Kraftstoff ca. zwei bis vier Mal so hoch sind.[7-9] Erste Anlagenbetreiber haben sich zum Ziel gesetzt, bis etwa 2030 einen Liter synthetischen Kraftstoff zu Kosten von einem Euro zu produzieren.[10]

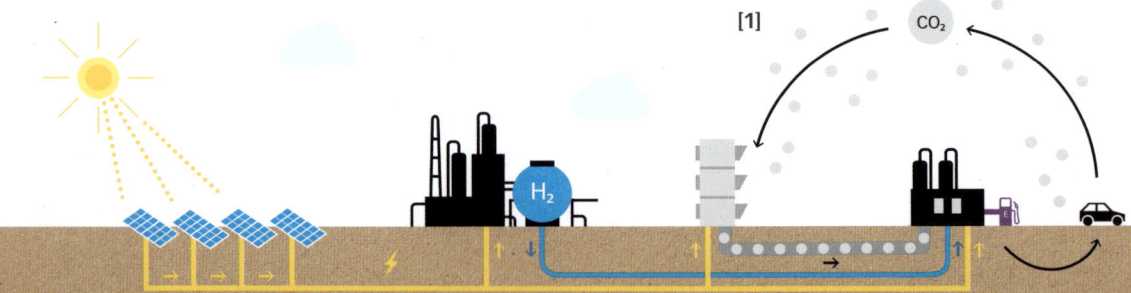

Zum Vergleich: Der Preis für einen Liter Diesel ohne Steuern lag in der EU im Jahr 2020 bei durchschnittlich 48 Cent.[11] Damit synthetische Kraftstoffe wettbewerbsfähig werden, braucht es einen sehr hohen CO_2-Preis (S. 102), der den fossilen Kraftstoff verteuert, oder Steuererleichterungen für synthetische Kraftstoffe.[12]

Der Energiebedarf zur Herstellung der Kraftstoffe kann verringert werden, indem CO_2 direkt dort abgetrennt wird, wo es entsteht – wie z. B. bei der Zementproduktion oder bei Kohlekraftwerken (S. 26).[13] Da das CO_2 nicht aus der Atmosphäre stammt, wäre der CO_2-Kreislauf jedoch nicht geschlossen und zusätzliches CO_2 würde weiterhin in die Atmosphäre gelangen.[14] Übergangsweise könnten Treibhausgasemissionen dadurch aber verringert werden, da durch die „erneute Nutzung" von CO_2 als Kraftstoff in einem Verbrenner weniger Erdöl zur Herstellung fossiler Kraftstoffe gefördert werden müsste.[15]

Auch Biokraftstoffe – hergestellt aus Biomasse wie z. B. Raps – können Verbrennungsmotoren CO_2-neutral antreiben. Ihr Potential ist jedoch u. a. aufgrund der Flächenkonkurrenz mit dem Nahrungsmittelanbau begrenzt (S. 22).[25]

Durch die Umwandlungsprozesse bei der Herstellung synthetischer Kraftstoffe (z. B. bei der Wasserstoffproduktion) geht viel Energie verloren.[3] Um einen Kilometer mit einem PKW zu fahren, der mit diesem Kraftstoff angetrieben wird, müsste daher grob drei Mal mehr Elektrizität erzeugt werden als für einen batterieelektrischen PKW, der diese Elektrizität direkt „tanken" kann.[16-18] Wo heute oder in Zukunft ausreichend CO_2-freie Elektrizität zur Verfügung steht und batterieelektrische Fahrzeuge die Anforderungen – z. B. an Reichweite oder zu transportierendem Gewicht – erfüllen, wäre es daher effizienter, die Elektrizität direkt in batterieelektrischen Fahrzeugen zu nutzen.[19-21] In Regionen und Anwendungsbereichen, in denen dies jedoch nicht der Fall ist, werden CO_2-neutrale synthetische Kraftstoffe zwingend gebraucht.[22] Dazu zählt insbesondere der Flug- und Schiffsverkehr, da dieser kaum zu elektrifizieren ist.[23,24]

Länder wie Großbritannien, Thailand, Kanada und zahlreiche US-Bundesstaaten haben beschlossen, ab 2035 keine neuen PKW mit Verbrennungsmotor mehr zuzulassen – Norwegen schon ab 2025.[26,27] Trotzdem könnte 2050 noch ein Großteil der Fahrzeuge auf den weltweiten Straßen Verbrenner sein, die nur durch energieintensive synthetische Kraftstoffe CO_2-neutral angetrieben werden können.[3]

2050

WASSERSTOFF

In Wasserstoff-Autos (H_2-Autos) befindet sich eine Brennstoffzelle, in der Wasserstoff und Sauerstoff miteinander reagieren. Dadurch entsteht Wärme, Wasser und elektrische Energie, die einen Elektromotor antreibt – CO_2 wird dabei nicht freigesetzt [1].[1]

Weltweit wurden im Jahr 2018 allerdings ca. 95 % des Wasserstoffs aus Erdgas, Erdöl und Kohle hergestellt – also sehr CO_2-intensiv.[2] Eine Alternative ist sog. „blauer Wasserstoff". Dazu wird H_2 aus Erdgas erzeugt, aber das freiwerdende CO_2 wird abgefangen und unterirdisch z. B. in erschöpfte Erdgasfelder verpresst (S. 95).[3] Bis zu 90 % des CO_2 kann dabei abgetrennt werden.[4]

Jedoch entweicht schon bei der Förderung sowie dem Transport ein Teil des Erdgases in die Atmosphäre. Da Erdgas hauptsächlich aus Methan besteht – ein 28 Mal stärkeres Treibhausgas als CO_2 – verstärkt es so den Klimawandel.[5] Trotzdem könnten die Emissionen durch blauen H_2 insgesamt reduziert werden, wenn die benötigte Energie zur Erzeugung des H_2 sowie zur Abtrennung des CO_2 klimafreundlich erzeugt werden.[6] Zahlreiche Länder wie Japan oder die Niederlande treiben die Produktion von blauem Wasserstoff voran; auch Deutschland setzt übergangsweise darauf.[7,8]

Weitgehend CO_2-frei sind H_2-Fahrzeuge, wenn sog. „grüner Wasserstoff" eingesetzt wird [2].[9] Er wird z. B. durch die Spaltung von Wasser mittels erneuerbarer Elektrizität erzeugt (Elektrolyse).[11] Aktuell sind die Herstellungskosten im Vergleich zu blauem H_2 noch etwa doppelt so hoch.[12,13]

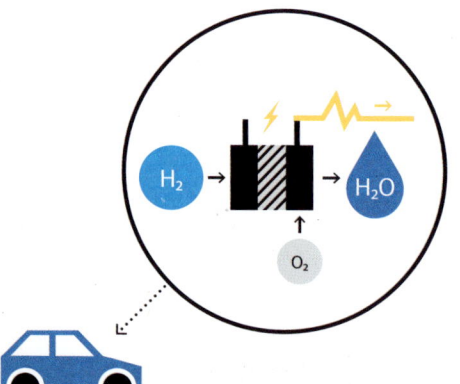

[1] In der Brennstoffzelle wird durch die Reaktion von Wasserstoff (H_2) und Sauerstoff (O_2) elektrische Energie erzeugt.

In Zukunft kann grüner H_2 vor allem in sonnen- und windreichen Regionen wettbewerbsfähig produziert werden, da Elektrizität dort sehr günstig erzeugt werden kann – z. B. in Nordafrika, im Nahen Osten, Spanien, Portugal oder Brasilien, wo Stromgestehungskosten von ein bis drei Cent pro kWh erzielt werden können.[14-16]

Bei der Herstellung von grünem H_2 und der Umwandlung in der Brennstoffzelle geht jedoch viel Energie verloren.[17] Insgesamt wird deutlich weniger als die Hälfte der zu Beginn eingesetzten Energie zur Fortbewegung eines PKW genutzt – beim batterieelektrischen PKW, sind es stattdessen etwa 70 bis 80 %.[18,19] Der Vorteil von H_2 gegenüber Batterien ist aber – wie bei allen flüssigen und gasförmigen Kraftstoffen – seine hohe Energiedichte (Energie pro Masse), womit lange Reichweiten realisiert und schwere Güter transportiert werden können.[17]

Zudem können Wasserstoff-Fahrzeuge in wenigen Minuten getankt werden und damit deutlich schneller als batterieelektrische Fahrzeuge, weshalb sie bei sehr langen Strecken umso attraktiver sind.[20]

Wenn in Zukunft die Infrastruktur aufgebaut wird, um Wasserstoff vor allem in sonnen- und windreichen Regionen zu produzieren und von dort in Länder und Regionen mit großer Nachfrage zu transportieren, dann könnten Wasserstoff-Fahrzeuge dort eingesetzt werden, wo ihre Vorteile entscheidend sind - z. B. im Schwerlastverkehr (LKW).[18,21] Diese Wasserstoff-Infrastruktur wäre nicht nur für den Verkehrssektor essentiell, da Wasserstoff auch in anderen Bereiche wie der Industrie, z. B. zur Stahlerzeugung (S. 86), benötigt wird.[22]

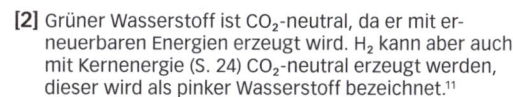

[2] Grüner Wasserstoff ist CO_2-neutral, da er mit erneuerbaren Energien erzeugt wird. H_2 kann aber auch mit Kernenergie (S. 24) CO_2-neutral erzeugt werden, dieser wird als pinker Wasserstoff bezeichnet.[11]

E-AUTOS

PKW, die mit einem Elektromotor und einer Batterie – meist Lithium-Ionen-Akkus – angetrieben werden, werden als batterieelektrische PKW oder E-Autos bezeichnet.[1] Der große Vorteil von E-Autos ist, dass Elektrizität direkt „getankt" werden kann und nicht erst in Wasserstoff oder synthetische Kraftstoffe umgewandelt wird, wobei viel Energie verloren geht.[2] Mit der gleichen Menge an erzeugter Elektrizität kann ein E-Auto daher etwa drei Mal weiter fahren, weshalb deutlich weniger Anlagen zur Erzeugung CO_2-freier Elektrizität installiert werden müssten.[3-5]

Im Vergleich zu einem Verbrenner oder Wasserstoff-Auto, entstehen bei der Fertigung eines batterieelektrischen Autos fast doppelt so viele Treibhausgase – vor allem aufgrund des hohen Energiebedarfs zur Herstellung der Batterie.[6] Denn diese werden fast ausschließlich in Asien produziert, wo ein großer Teil der Elektrizität durch die Verbrennung von Kohle erzeugt wird.[7] Wenn die Batterien in der EU produziert werden würden, wären die Emissionen zur Herstellung dieser um 20 bis 45 % niedriger.[8,9]

Entscheidend für die Klimabilanz von E-Autos ist außerdem, dass sie möglichst mit CO_2-freier Elektrizität geladen werden.[3] Stammt die Elektrizität wie z. B. in Norwegen oder in der Schweiz zu über 95 % aus CO_2-freien Quellen, spart ein E-Auto im Vergleich zum effizientesten Verbrenner über den gesamten Lebenszyklus etwa 60 % der Treibhausgasemissionen ein.[10]

Ähnlich ist das Ergebnis, wenn ein E-Auto mit einer eigenen Photovoltaik-Anlage in Kombination mit einem Batteriespeicher geladen wird; letzterer wird benötigt, um das Auto auch dann mit dem eigens erzeugten Strom zu laden, wenn die Sonneneinstrahlung gering ist.[11-14] Das Diagramm verdeutlicht nochmal wie entscheidend der Strommix für die Klimabilanz eines E-Autos ist [1].

E-Autos sind u. a. aufgrund von finanziellen Förderungen und geringeren Wartungskosten schon heute oft finanziell wettbewerbsfähig mit vergleichbaren Verbrennern.[15] Auch deshalb ist ihr Anteil an allen weltweit verkauften PKW von 1 % in 2016 auf 6 % in 2020 angestiegen; dazu wurden allerdings auch PKW gezählt, deren Verbrennungsmotor mit einer Batterie kombiniert wurde (Hybrid).[16,17] Durch die höheren Produktionsmengen sinken die Herstellungskosten der E-Autos.[18] Wie groß ihr Anteil in Zukunft sein wird, hängt insbesondere von den Maßnahmen der Politik ab. Beispielsweise sind in Norwegen E-Autos seit einigen Jahren beim Kauf von der Mehrwertsteuer befreit, was entscheidend dafür ist, dass dort aktuell über die Hälfte der verkauften PKW batterieelektrisch sind.[19]

Gasförmige oder flüssige Kraftstoffe wie Wasserstoff haben eine hohe Energiedichte.[20] Fahrzeuge, die mit diesen Kraftstoffen angetrieben werden, können daher – im Gegensatz zu einem E-Fahrzeug – ein höheres Gewicht über weitere Strecken transportieren.[21]

Zudem ist die Ladezeit von E-Fahrzeugen deutlich länger als der Tankvorgang bei diesen Kraftstoffen.[20] Der Vorteil von E-Fahrzeugen ist hingegen, dass ihr Energiebedarf etwa drei Mal niedriger ist.[3] In Anwendungsbereichen, in denen die Nachteile der E-Fahrzeuge für die Nutzer nicht entscheidend sind und in Regionen, wo schon jetzt oder in Zukunft ausreichend CO_2-freie-Elektrizität verfügbar ist,

wäre es daher energieeffizienter, die Elektrizität direkt in batterieelektrischen Fahrzeugen zu nutzen.[22] Dadurch müssten insgesamt weniger Anlagen zur Umwandlung erneuerbaren Energien installiert werden.[23,24] Deshalb ist das Potential der E-Mobilität besonders groß bei PKW, Zweirädern und in einigen anderen Bereichen wie dem städtischen Lieferverkehr, bei denen kleine Nutzfahrzeuge kurze Strecken mit geringer Beladung fahren.[25,26]

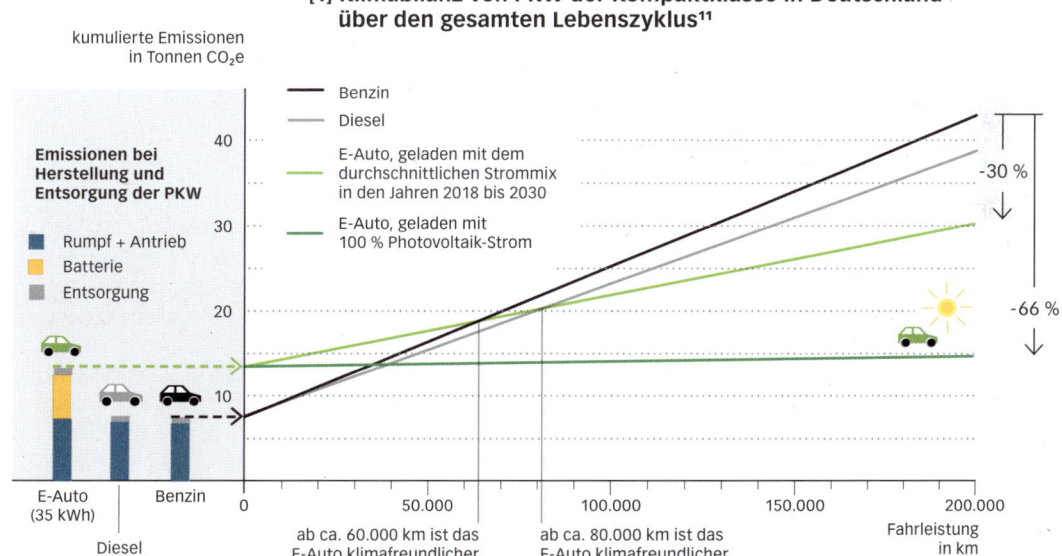

[1] Klimabilanz von PKW der Kompaktklasse in Deutschland über den gesamten Lebenszyklus[11]

kumulierte Emissionen in Tonnen CO_2e

— Benzin
— Diesel
— E-Auto, geladen mit dem durchschnittlichen Strommix in den Jahren 2018 bis 2030
— E-Auto, geladen mit 100 % Photovoltaik-Strom

Emissionen bei Herstellung und Entsorgung der PKW

■ Rumpf + Antrieb
■ Batterie
■ Entsorgung

-30 %
-66 %

E-Auto (35 kWh)   Benzin
Diesel

Fahrleistung in km

ab ca. 60.000 km ist das E-Auto klimafreundlicher als ein Benzin-Fahrzeug

ab ca. 80.000 km ist das E-Auto klimafreundlicher als ein Diesel-Fahrzeug

HERAUSFORDERUNGEN DER E-MOBILITÄT I

Es gibt zahlreiche Vorbehalte und Risiken im Hinblick auf die Realisierbarkeit der E-Mobilität sowie die Auswirkungen auf Mensch und Umwelt. Diese werden auf den folgenden zwei Seiten erläutert.

Wird das Stromnetz überlastet?

Werden z. B. ein Viertel der ca. 48 Millionen PKW in Deutschland elektrisch betrieben, steigt der Elektrizitätsbedarf um etwa 5 %; fahren theoretisch alle Autos in Zukunft elektrisch, um 20 %.[1] Das erneuerbare Energiesystem muss daher zwingend ausgebaut werden und dort, wo große Energiemengen benötigt werden – z. B. bei Logistikzentren oder Schnellladepunkten an Autobahnen – könnten lokale Speichersysteme notwendig werden.[2,3] Um zu verhindern, dass das Stromnetz überlastet wird, wenn zu viele Fahrzeuge mit einer hohen Leistung zur selben Zeit laden, können sie intelligent geladen werden.[4]

Das bedeutet Fahrzeuge werden automatisiert vor allem dann geladen, wenn viel Elektrizität erzeugt wird und tragen damit zur Stabilisierung des Energiesystems bei (S. 15).[5] Da PKW im Durchschnitt über 90 % der Zeit zu Hause oder am Arbeitsplatz stehen, ist intelligentes Laden dort technisch leicht umzusetzen.[6] Zudem zur Erinnerung: Der Energiebedarf von Autos, die mit Wasserstoff und synthetischem Kraftstoff angetrieben werden, ist im Vergleich zu batterieelektrischen Fahrzeugen deutlich höher.[7]

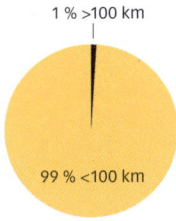

1 % >100 km

99 % <100 km

Reichweite

Die meisten E-Autos haben aktuell im Realbetrieb eine Reichweite von 300 km und mehr; die von Neuwagen im Jahr 2030 wird auf über 600 km geschätzt.[8-10] Da z. B. in Deutschland 99 % der Autofahrten kürzer als 100 km sind, können schon heute fast alle Strecken problemlos mit dem E-Auto gefahren werden.[11,12] Für einige Menschen sind jedoch längere Strecken entscheidend, weshalb Schnell-Ladestationen v. a. an Autobahnen gebaut werden müssen.[13] Alternativ könnten solche Strecken aber auch mit den öffentlichen Verkehrsmitteln statt mit dem PKW zurückgelegt werden.[14]

> 100.000 km

Lebensdauer der Batterie

Da E-Autos noch nicht lange in Betrieb sind, gibt es kaum Langzeitstudien zur Lebensdauer der Batterien.[15] Einzig eine Auswertung von TESLA-Fahrern kam zu dem Ergebnis, dass die Kapazität der Batterien nach 270.000 km noch bei über 90 % lag.[16] Autohersteller gewähren meist eine Garantie von einigen Jahren bzw. 100.000 bis 250.000 km.[17-20] Entscheidend für die Lebensdauer der Batterie ist zudem mit welcher Leistung die Batterie geladen wird. Langsames Laden, z. B. zu Hause oder am Arbeitsplatz, schont die Batterie.[21,22]

Recycling der Batterie

Verfügt eine Batterie nur noch über 75 bis 80 % ihrer Kapazität, wird sie nicht mehr für einen PKW genutzt, sondern kann noch etwa 10 Jahre als Speicher im Energiesystem eingesetzt werden.[23-25] Die Speicherkapazität wird europaweit im Jahr 2060 etwa so hoch geschätzt wie die von allen Pumpspeicherkraftwerken zusammen.[26] Zudem können theoretisch über 95 % der Materialien wieder recycelt werden.[27-30] Um die Wirtschaftlichkeit des Recyclings zu gewährleisten, müssen jedoch die Einsammlung der Batterien koordiniert und Vorgaben zur Recyclingfähigkeit der Batterien gemacht werden.[31]

HERAUSFORDERUNGEN DER E-MOBILITÄT II

Gibt es ausreichend Rohstoffe? Bis zum Jahr 2050 könnte sich die weltweite Anzahl von Fahrzeugen an Land wie PKW, LKW, Busse usw. fast verdoppeln.[1] Wenn in 2050 nur noch Fahrzeuge mit alternativen Antrieben zugelassen werden, von denen etwa zwei Drittel vollelektrisch sind, könnte der jährliche Bedarf an Lithium zur Batterieherstellung für Fahrzeuge von ca. 10.000 Tonnen in 2016 auf bis zu 1,1 Millionen Tonnen ansteigen.[2] Dem gegenüber stehen weltweite Lithium-Ressourcen von 86 Millionen Tonnen [1].[3]

Zudem wird geschätzt, dass 2050 etwa 40 % des verwendeten Lithiums vorher recycelt wurde.[2] Die Lithium-Ressourcen reichen daher theoretisch aus, um den Bedarf für Fahrzeuge zu decken – das gilt ebenso für Nickel und Kobalt.[3-5]

Kobaltabbau und Menschenrechte: Der Großteil des Kobalts wird im industriellen Bergbau gewonnen, der an internationale Standards gebunden ist.[3,6] Jedoch stammten 2018 schätzungsweise 10 % aus unkontrolliertem Kleinbergbau aus dem Kongo.[7-10] Einsturzgefährdete Stollen, unzureichende Bezahlung und schwere Kinderarbeit sind dabei nicht ausgeschlossen.[11,12] Manche Autobauer beziehen Kobalt ausschließlich aus zertifiziertem Abbau oder direkt von den Minenbetreibern anstatt von Zwischenlieferanten, um die Herkunft kontrollieren zu können.[13-15] Privatpersonen, Städte und Kommunen können darauf achten, Autos nur von solchen Herstellern zu kaufen.

86 Mio. t

20 Mio. t

[1]

| geschätzter Bedarf an Lithium bis 2050 summiert[4] | weltweit bekannte Lithium-Ressourcen[3] |

Lithiumabbau und Wasserverbrauch: Etwa die Hälfte des weltweiten Lithiums wird in Australien im Tagebau abgebaut. Weitere 30 % werden in Salzseen und -wüsten in Chile, Argentinien und Bolivien gewonnen.[3] Dieser Anteil wird in Zukunft stark steigen, da dort über 70 % der weltweiten Lithiumressourcen vorkommen.[16] In diesen Regionen wird unterirdisches, lithiumhaltiges Wasser an die Oberfläche gepumpt, durch die Sonneneinstrahlung verdampft das Wasser und Lithium bleibt zurück [2].[17]

Aufgrund des hohen Wasserverbrauchs wird befürchtet, dass der Grundwasserspiegel in diesen ohnehin sehr trockenen Regionen sinkt und lokal Landwirtschaft kaum mehr möglich ist.[18] Dieser Zusammenhang ist jedoch wissenschaftlich noch nicht bestätigt, da der geologische Untergrund zu unbekannt ist und auch der Klimawandel zum Absinken des Grundwasserspiegels beiträgt.[19-22] Dieser Zusammenhang muss schnell erforscht werden, um negative Auswirkungen zu verhindern bzw. zu minimieren. Die Gewinnung von Lithium ist jedoch unerlässlich, da es in Fahrzeug-Batterien auf kurze Sicht nicht durch einen anderen Stoff ersetzt werden kann.[23] Zudem sind die Auswirkungen des Klimawandels deutlich gravierender als die möglichen lokalen Folgen des Lithiumabbaus.[24-26] Der steigenden Nachfrage nach Lithium kann aber durch die bereits beschriebenen Maßnahmen zur Vermeidung und Verlagerung von Verkehr (Bedarf an E-Autos sinkt) sowie durch effektives Recycling entgegengewirkt werden.[27,28]

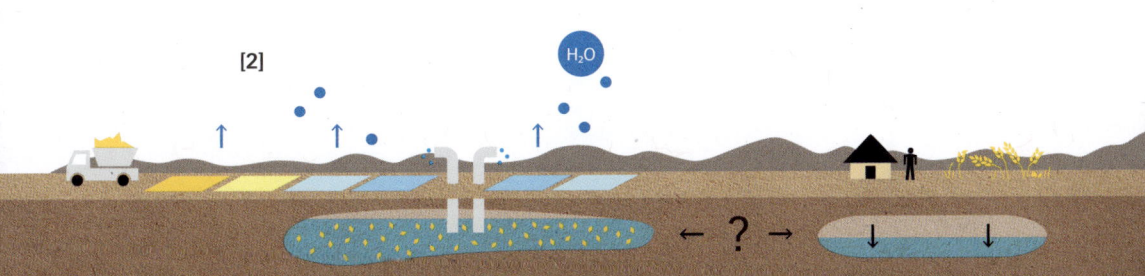

LKWS

Der Anteil von LKW an der weltweiten Güterverkehrsleistung lag im Jahr 2018 bei ca. 20 %, LKW verursachten aber etwa 65 % der CO_2-Emissionen des gesamten Güterverkehrs.[1] Der Grund hierfür ist, dass Schiffe und Züge zum Transport einer Tonne viel weniger Energie benötigen und daher auch weniger CO_2 ausstoßen.[2] Vor allem aufgrund des weltweiten Wohlstandswachstums könnte sich die Güterverkehrsleistung auf der Straße von 2010 bis 2050 mehr als vervierfachen.[3,4]

Die Reichweite aktueller batterieelektrischer LKW – mit einer Nutzlast von ca. 18 Tonnen – liegt bei bis zu 400 km.[5,6] Dementsprechend könnten sie vor allem im städtischen Verteilerverkehr, z. B. zum Transport von Lebensmitteln eingesetzt werden.[7] Allerdings entstanden z. B. im Jahr 2016 in Deutschland fast die Hälfte aller CO_2-Emissionen der LKW durch Fahrzeuge mit einem Gesamtgewicht von etwa 40 Tonnen.[8]

Um auch mit schweren LKW lange Strecken klimafreundlich zu fahren, gibt es mehrere mögliche Antriebstechnologien und Energieträger [1]: Batterieelektrische LKW, die 1. an Hochleistungsladepunkten geladen werden, 2. durch Oberleitungen an Autobahnen und abseits davon durch eine Batterie mit Energie versorgt werden oder 3. deren Batterien ausgewechselt werden.[9-11] 4. LKW mit einem E-Motor, der durch eine Wasserstoffbrennstoffzelle angetrieben wird und 5. LKW mit Verbrennungsmotor, bei dem CO_2-neutrale synthetische Kraftstoffe (S. 38) eingesetzt werden.[12,13]

Aufgrund der hohen Energiedichte von Wasserstoff (H_2) und synthetischen Kraftstoffen können LKW mittels dieser Energieträger schwere Fracht über Strecken von 800 km und mehr transportieren.[14] Daher würden z. B. schon wenige Wasserstofftankstellen ausreichen, um LKW flächendeckend mit Energie zu versorgen – in Deutschland könnten wahrscheinlich mit ca. 140 Tankstellen alle schweren LKW betankt werden.[15] Für synthetische Kraftstoffe kann die bereits existierende Infrastruktur genutzt werden.

Etwa 20 % der Emissionen des weltweiten Frachtverkehrs entstehen durch Lieferungen von kleinen LKW innerhalb von Städten, die schon heute elektrifiziert werden können.[1] Daher diskutieren u. a. Paris und Amsterdam Fahrverbote für kleine Diesel-LKW.[29]

Der Aufbau der Infrastruktur für batterieelektrische LKW ist hingegen aufwendiger und daher kostenintensiver. Im Vergleich zu Wasserstofftankstellen könnte z. B. der Bau von Oberleitungen zur Versorgung von 40.000 LKW etwa doppelt so viel kosten.[8] Denn zusätzlich zur Installation von Oberleitungen oder auch Hochleistungsladepunkten müssten in unmittelbarer Nähe Netze und Speicher installiert werden, um ausreichend elektrische Leistung bereitzustellen.[16] Beim Batteriewechsel wäre die Notwenigkeit des lokalen Netzausbaus geringer, da die Batterien in Batterieladestationen flexibel aufgeladen werden können, z. B. wenn viel erneuerbare Elektrizität erzeugt wird.[17,18]

Produktionsanlagen für grünen Wasserstoff und CO_2-neutrale synthetische Kraftstoffe befinden sich erst im Aufbau.[19] Zudem geht beim Herstellungsprozess viel Energie verloren, weshalb sie sehr energie- und kostenintensiv sind.[20] Um eine Strecke mit einem LKW zu fahren, der diese Energieträger nutzt, müsste daher im Vergleich zu einem batterieelektrischen LKW zwei bis drei Mal mehr Elektrizität erzeugt werden.[19]

Deshalb sind die Betriebskosten von batterieelektrischen LKW wahrscheinlich deutlich günstiger.[20,21]

Bei kurzen Distanzen unter 400 km ist ein batterieelektrischer LKW energieeffizienter und günstiger als alternative CO_2-neutrale Energieträger.[6] Bei der Abschätzung der Systemkosten von schweren LKW, die weite Strecken zurücklegen, existieren jedoch große Unsicherheiten.[8,22-24] Vor allem aufgrund der sehr niedrigen Verkaufszahlen von batterieelektrischen LKW und Wasserstoff-LKW sind die Herstellungskosten der Fahrzeuge noch enorm hoch; etwa drei Mal so teuer wie vergleichbare Verbrenner.[25,26] Einige Strecken des Frachtverkehrs werden routinemäßig gefahren.[15] Gerade hier können sich Logistiker, Fahrzeughersteller und Energielieferanten zusammenschließen, um die benötigte Infrastruktur aufzubauen, den Absatz der Fahrzeuge zu steigern und die Anwendung der Technologien weiterzuentwickeln.[27] Diese Kooperationen finden bereits statt, müssen aber verstärkt werden, damit alternative Antriebe und Kraftstoffe wettbewerbsfähig werden.[28]

[1] Mögliche CO_2-neutrale Antriebstechnologien und Energieträger für schwere LKW

FLUGVERKEHR

Der weltweite Flugverkehr verursachte 2018 ca. 1,6 % der Treibhausgasemissionen, über 80 % davon durch Passagierflüge.[1,2] Die Klimawirkung von Flügen wird allerdings durch sog. „Nicht-CO_2-Effekte" etwa verdoppelt bis verdreifacht.[3]

Aufteilung der Flüge ab europäischen Flughäfen nach Strecke und ihr Anteil an den dadurch entstehenden Emissionen.[36]

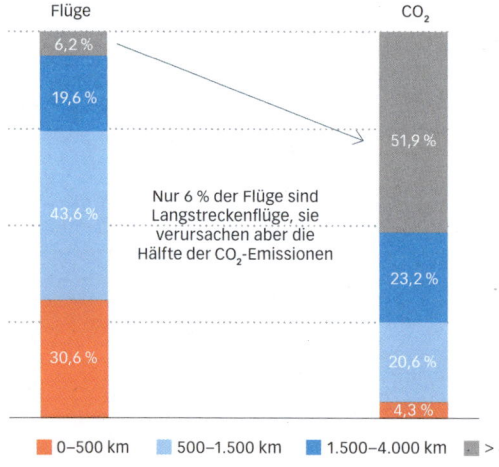

Flüge

6,2 %	
19,6 %	
43,6 %	
30,6 %	

Nur 6 % der Flüge sind Langstreckenflüge, sie verursachen aber die Hälfte der CO_2-Emissionen

CO_2

51,9 %
23,2 %
20,6 %
4,3 %

🟧 0–500 km   🔵 500–1.500 km   🟦 1.500–4.000 km   ⬜ > 4.000 km

Dazu zählen z. B. Kondensstreifen – die den Austritt von Wärmeenergie ins Weltall vermindern und so die Atmosphäre erwärmen [1] – sowie die Bildung von Ozon (ein Treibhausgas) durch Stickoxid-Emissionen.[4] Damit erhöht sich der Anteil des Flugverkehrs an der jährlichen menschengemachten Klimawirkung auf etwa 3,2 bis 4,7 %.[1,3] Da jährlich nur ca. 11 % der Weltbevölkerung fliegen,[5] sollten zudem die Emissionen pro Passagier betrachtet werden: Die Klimawirkung eines Hin- und Rückflugs von München nach Mallorca entspricht ca. 750 kg CO_2e pro Kopf – nach Miami ca. 5,3 Tonnen.[6] Das ist etwa drei Mal so viel wie jährlich durch die Ernährung eines durchschnittlichen Deutschen entsteht und mehr als zwei Inder in einem gesamten Jahr verursachen.[7,8] Daran wird deutlich, wie viele Treibhausgase innerhalb weniger Flugstunden entstehen.

Vor allem durch neue Flugzeugdesigns [2] könnte im Vergleich zu aktuellen Flugzeugen bis 2050 theoretisch 30 bis 50 % Kraftstoff (> 99 % Kerosin) pro Passagier eingespart werden.[9-11] Diese Flugzeugtypen befinden sich jedoch noch in Entwicklung. Zudem werden Flugzeuge durchschnittlich ca. 30 Jahre lang genutzt.[12] Daher dauert es lange, bis solche Effizienzsteigerungen im gesamten Flugzeugbestand bemerkbar werden.[13]

Kurzstreckenflüge bis 300 km könnten ab etwa 2030 mit bis zu 100 Passagieren elektrisch geflogen werden.[37]

Kurzfristig können dem Kerosin Biokraftstoffe beigemischt werden [3].[14] Das Potential ist allerdings begrenzt, da Biokraftstoffe auch in anderen Sektoren wie der Industrie zur Reduktion von Emissionen benötigt werden.[15] Um außerdem Flächenkonkurrenz mit dem Anbau von Nahrung zu vermeiden, sollten Biokraftstoffe vor allem aus Hausmüll oder Abfällen aus der Land- und Forstwirtschaft hergestellt werden.[16] Langfristig kann Kerosin durch synthetische Kraftstoffe (S. 38) ersetzt werden.[17] Aktuell kostet die Herstellung synthetischer Kraftstoffe jedoch noch zwei bis fünf Mal mehr als fossiles Kerosin und die Infrastruktur muss erst aufgebaut werden.[18] Damit sich die Alternativen in Zukunft durchsetzen können, braucht es daher klare Signale von der Politik: z. B. einen steigenden CO_2-Preis, der fossiles Kerosin verteuert, sowie festgelegte und steigende Quoten zur Beimischung von CO_2-neutralen Kraftstoffen, damit Unternehmen Produktionskapazitäten für diese Kraftstoffe aufbauen – solche Quoten wurden 2021 von der EU-Kommission vorgeschlagen.[19-21]

Nicht-CO_2-Effekte wie Kondensstreifen, könnten in Zukunft wahrscheinlich durch den Einsatz synthetischer Kraftstoffe reduziert werden.[22,23]

Aber schon heute kann ein Großteil der Bildung von Kondensstreifen verhindert werden, indem die Flughöhe verringert und Gebiete umflogen werden, in denen Kondensstreifen witterungsbedingt leicht entstehen.[24,26] Wie groß das Potential der Vermeidung von Nicht-CO_2-Effekten insgesamt ist, wird noch erforscht.[27]

Bis 2050 kann sich das Flugverkehrsaufkommen aufgrund des weltweiten Wirtschaftswachstums bis zu verdreifachen.[28] Um den damit verbundenen Treibhausgasausstoß möglichst gering zu halten, braucht es klare Anreize und Vorgaben von der Politik, z. B. zur Verlagerung auf andere Verkehrsmittel wie Züge oder Busse, vor allem aber damit in Zukunft ausreichend CO_2-neutrale synthetische Kraftstoffe hergestellt werden.[19,29] Die verbleibenden Emissionen inklusive der klimatischen Nebeneffekte können durch Maßnahmen zur CO_2-Entfernung aus der Atmosphäre (z. B. Aufforstung, S. 93) kompensiert werden.[30] Es haben sich bereits fast alle Staaten darauf geeinigt, ab 2027 die CO_2-Emissionen des internationalen Flugverkehrs dadurch zu kompensieren.[31] Allerdings werden die Nicht-CO_2-Effekte dabei nicht berücksichtigt und zudem sind die Standards der Kompensationsprojekte umstritten, da einige Projekte keinen tatsächlichen Beitrag zur CO_2-Entfernung leisten.[32-35]

[1]

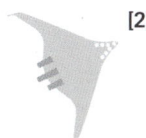
[2]

[3]

SCHIFFSVERKEHR

Durch den weltweiten Schiffsverkehr entstanden 2018 ca. 2,9 % der CO_2-Emissionen; davon entfallen etwa 95 % auf den Gütertransport [1].[1] Insgesamt transportieren Schiffe 70 % aller weltweiten Gütermengen, sie verursachen aber nur 20 % der Emissionen des globalen Frachtverkehrs, da sie aufgrund der hohen Kapazität und Beladung im Vergleich zum LKW pro transportierter Tonne viel weniger Energie benötigen.[2]

Der Personenverkehr verursacht rund 5 % der Schiffsemissionen, der Großteil entsteht durch Kreuzfahrten.[1]

Beispielsweise entstehen bei einer zehntägigen Kreuzfahrt durch den gesamten Energieverbrauch an Bord etwa 550 kg CO_2 pro Person[3] – das sind mehr als bei einer 3.500 km langen Autofahrt mit einem Mittelklassewagen, z. B. von Berlin nach Moskau und wieder zurück.[4,5]

2018 war über 99 % des eingesetzten Kraftstoffs fossiles Schweröl, Marinediesel- und Marinegasöl.[6] Wird stattdessen verflüssigtes Erdgas (LNG) eingesetzt, können die Emissionen um etwa 20 % reduziert werden.[7,8] Dies reicht jedoch bei weitem nicht aus, um CO_2-Neutralität zu erreichen.[9]

[1] Mehr als die Hälfte der Emissionen des Schiffverkehrs entstehen durch drei Schiffstypen[1]

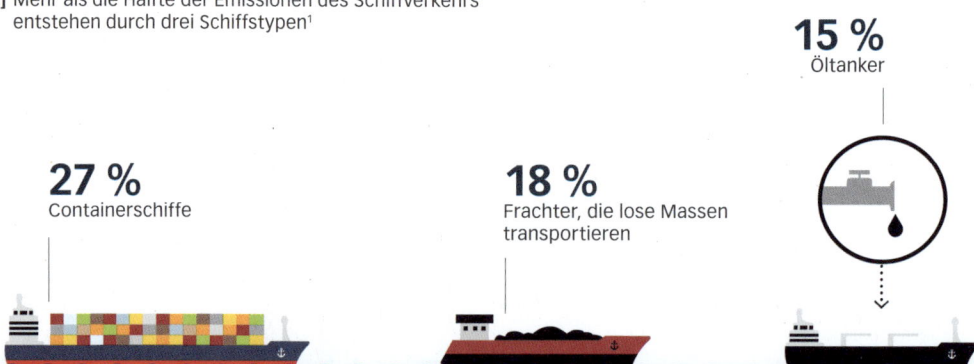

27 %
Containerschiffe

18 %
Frachter, die lose Massen transportieren

15 %
Öltanker

Zudem kann LNG sogar klimaschädlicher sein, wenn sich ein Teil des Erdgases bei der Förderung, dem Transport und der unvollständigen Verbrennung in die Atmosphäre verflüchtigt.[10,11] Denn Erdgas besteht hauptsächlich aus Methan – ein Treibhausgas, das 28 Mal stärker ist als CO_2.[12] Da sich der Schiffsverkehr bis 2050 aufgrund des weltweiten Wohlstandswachstums mehr als verdoppeln könnte, sind vollständig CO_2-freie Antriebe zwingend notwendig.[1]

Insgesamt ist die Situation ähnlich wie beim Flugverkehr: Kurze Strecken wie z. B. von Fähren können in Zukunft elektrifiziert werden, was insbesondere auch die lokale Luftverschmutzung reduzieren würde.[13] Auf längeren Strecken kann der fossile Kraftstoffbedarf kurzfristig durch Effizienzgewinne (z. B. durch die Optimierung des Rumpfes) und die Beimischung von Biokraftstoffen reduziert werden.[14] Um die Emissionen vollständig zu vermeiden, können langfristig CO_2-neutrale synthetische Kraftstoffe (S. 38) eingesetzt werden [2].[1]

Dazu zählt auch Ammoniak (NH_3), das aus Wasserstoff (H_2) und Stickstoff (N_2) hergestellt wird. Da Ammoniak keinen Kohlenstoff (C) enthält, entsteht bei der Verbrennung auch kein CO_2.[14] Allerdings ist Ammoniak schädlich für Mensch und Umwelt, weshalb es u. a. an Bord sicher gehandhabt werden muss.[15] Zur Herstellung von CO_2-neutralen synthetischen Kraftstoffen wird viel Energie benötigt und die ohnehin wenigen Produktionsanlagen befinden sich erst im Aufbau.[16] Diese Kraftstoffe stehen daher in den nächsten Jahren weder günstig noch in ausreichender Menge zur Verfügung.[17] Den Umstieg können Beimischungsquoten und ein hoher CO_2-Preis (S. 102) beschleunigen.[18] Da synthetische Kraftstoffe in Zukunft vor allem in sonnenreichen Regionen wie Nordafrika hergestellt werden können (S. 56), müssen zudem die wirtschaftlichen und politischen Risiken der hohen Investitionen abgesichert werden (S. 110).[19-21]

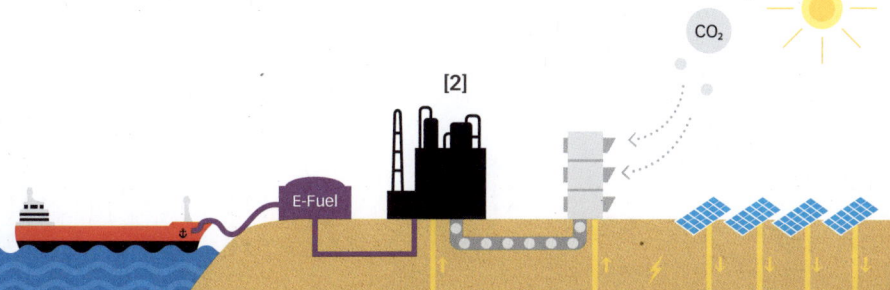

[2]

CO₂

E-Fuel

FAZIT

Im Jahr 2018 entstanden etwa 15 % des weltweiten Treibhausgasausstoßes durch den Verkehrssektor; fast die Hälfte davon durch den Personenverkehr auf der Straße.[1,2]

Die große Herausforderung zur Erreichung von CO_2-Neutralität im Verkehrssektor besteht darin, die enormen Energiemengen für die Fahrzeuge CO_2-neutral bereitzustellen.[3] Dem kann entgegengewirkt werden, indem der Energiebedarf insgesamt möglichst gering gehalten wird.[4] Das ist gerade in Industrienationen notwendig, um die kurzfristigen Emissionsreduktionen für die Klimaziele bis 2030 zu erreichen.[6-8] Entscheidend dafür ist vor allem, den Umstieg vom PKW – dem energieintensivsten Fortbewegungsmittel an Land – auf das Fahrrad oder den ÖV herbeizuführen.[9] Parallel zu der Verbesserung des ÖV kann die Nutzung des PKW unattraktiver gemacht werden: Sperrung von Straßenabschnitten, Geschwindigkeitsbegrenzung von 30 km/h oder Straßenbenutzungsgebühren.[10-12]

Manche Maßnahmen sind gesellschaftlich umstritten, andere werden wiederum aufgrund der positiven Nebeneffekte – z. B. eine Reduzierung der Unfälle, geringere Lärmbelastung und freie Flächen für Parks oder Spielplätze – befürwortet.[13-15]

Aufgrund der höheren Energiedichte von gasförmigen oder flüssigen Kraftstoffen, können Fahrzeuge, die mit Wasserstoff oder synthetischen Kraftstoffen angetrieben werden, im Vergleich zu einem E-Fahrzeug, ein höheres Gewicht über längere Strecken transportieren.[16] Zudem können sie in wenigen Minuten betankt werden.[17] Allerdings ist der Energiebedarf von E-Fahrzeugen pro gefahrenem Kilometer etwa drei Mal niedriger.[18,19] In Anwendungsbereichen, in denen die Nachteile der E-Mobilität für die Nutzer kaum relevant sind und in Regionen, wo schon jetzt oder in Zukunft ausreichend CO_2-freie Elektrizität verfügbar ist, wäre es daher effizienter, die Fahrzeuge direkt mit Elektrizität zu „betanken", sodass möglichst wenig erneuerbare Energien installiert werden müssten.[20-23]

Das Potential der E-Mobilität ist besonders groß beim PKW, Zweirädern und in anderen Bereichen wie dem städtischen Lieferverkehr.[18] In Zukunft könnten verschiedene Antriebe entsprechend ihrer Vor- und Nachteile in unterschiedlichen Bereichen eingesetzt werden.[21,24]

Der Flug- und Schiffsverkehr ist langfristig auf CO_2-neutrale synthetische Kraftstoffe angewiesen.[25] Die Herstellung verbraucht jedoch enorme Energiemengen, weshalb sie sehr kostenintensiv ist und Produktionsanlagen befinden sich erst im Aufbau.[20,28] Demzufolge sind die Emissionen des Luft- und Schiffsverkehrs in diesem Jahrzehnt besonders schwierig zu vermeiden.[29] Zudem können die klimatischen Nebeneffekte eines Fluges – wie die Bildung von Kondensstreifen – z. B. durch die Anpassung der Flugrouten zwar deutlich verringert, aber nicht vollständig vermieden werden.[30]

Daher und um möglichst schnell CO_2-Neutralität zu erreichen, könnten die Emissionen durch die Entfernung von CO_2 aus der Atmosphäre ausgeglichen werden, z. B. durch Aufforstung [1].[31]

Damit in Zukunft CO_2-freie Energie für die Fahrzeuge zur Verfügung gestellt und die dazu benötigte Infrastruktur aufgebaut wird, braucht es klare Anreize von Seiten der Politik: Einen hohen CO_2-Preis, Steuererleichterungen für alternative Antriebe und Kraftstoffe, stark steigende Beimischungsquoten, sodass zukünftig Verbrennungsmotoren nur noch mit CO_2-neutralen synthetischen Kraftstoffen angetrieben werden und Öffentlich-Private-Partnerschaften, um große Infrastrukturprojekte zu realisieren (S. 110).[32-35] Diese Maßnahmen müssen rasch umgesetzt werden, da sich der globale Personen- und Güterverkehr aufgrund des weltweiten Wohlstandswachstums bis 2050 mehr als verdreifachen könnte.[36,37]

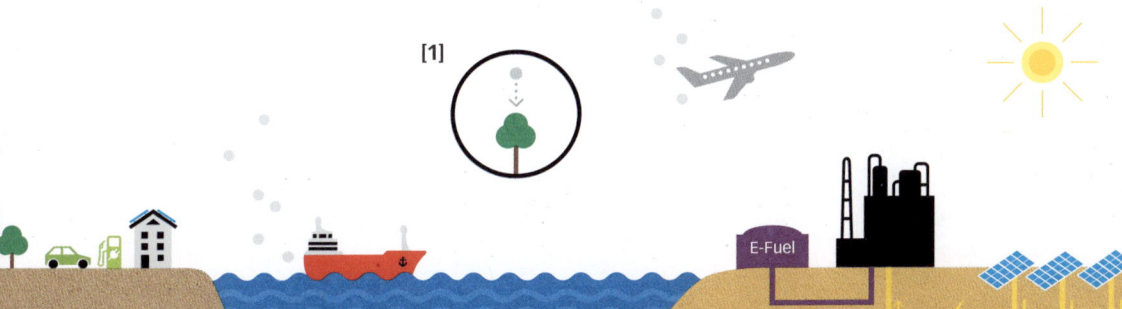

[1]

E-Fuel

KAPITEL 5

LANDWIRTSCHAFT

Der Anbau von Nutzpflanzen sowie die Züchtung und Haltung von Nutztieren zur Erzeugung von Nahrungsmitteln und anderen Produkten wie Wolle werden meist unter dem Begriff der Landwirtschaft vereint.[1] Zentrale Aufgabe ist die Nahrungsmittelversorgung von mittlerweile knapp 7,9 Milliarden Menschen.[2,3]

Dies wird jedoch durch die Folgen des Klimawandels immer schwieriger, da bereits heute häufigere und stärkere Dürren[4] sowie Starkregen[5,6] die Ernteerträge weltweit mindern.[7] Um weitere negative Auswirkungen zu vermeiden, sind allein deshalb Klimaschutzmaßnahmen auch in der Landwirtschaft unerlässlich, da diese nicht nur Betroffene, sondern auch eine der größten Verursacherinnen des Klimawandels ist.[8]

TREIBHAUSGASEMISSIONEN

Etwa ein Drittel (34 %) der weltweiten Treibhausgasemissionen im Jahr 2015 entstand durch den Nahrungsmittelsektor.[1] Emissionen aus dem Transport, der Verpackung, dem Einzelhandel sowie der Zubereitung und zum Teil der Verarbeitung von Lebensmitteln sind dabei hauptsächlich energiebedingt. Diese können daher großteils durch die Verwendung erneuerbarer Energieträger und Energieeffizienzmaßnahmen reduziert werden[1] und werden oft dem Energiesektor (Kapitel 1) zugeordnet.

Anders verhält es sich jedoch mit den Emissionen, die aus der Gewinnung von landwirtschaftlicher Nutzfläche – vor allem durch die Rodung von Tropenwäldern und das Trockenlegen und Niederbrennen von Mooren zum Anbau von Nutzpflanzen[2] – entstehen (sog. Landnutzungsänderungen).[1] Außerdem entstehen Emissionen auch direkt in der Landwirtschaft – diese beinhalten alle Emissionen, welche verursacht werden, um vor allem Nahrungsmittel zu erzeugen und bis an die Grundstücksgrenze der Bauernhöfe zu bringen sowie Emissionen durch die Nutzung der Böden (z. B. Bewirtschaftung von Moorböden S. 94).

Zusammensetzung der weltweiten Emissionen des Nahrungsmittelsektors 2015 (ca. 18 GtCO$_2$e)[1]
Aufgrund von Rundung summieren sich die Werte nicht auf 100 %

32 %
Landnutzungs-
änderungen

CO_2

39 %
Direkte Emissionen
aus der Erzeugung landwirtschaftlicher
Produkte – siehe hierzu die folgenden Seiten*

N_2O

CH_4

Direkte Emissionen entstehen beispielsweise durch die Nutztierhaltung oder den Einsatz von Düngemitteln.[1] Da es sich bei den direkten Emissionen meist um Methan- und Lachgasemissionen handelt, ist der Landwirtschaftssektor auch der größte Verursacher dieser beiden Treibhausgase.[3]

Klimaschutz im Landwirtschaftssektor erfordert sowohl Maßnahmen seitens der Erzeuger landwirtschaftlicher Produkte als auch seitens der Konsumenten.[1]

Die wichtigsten dieser Maßnahmen zur Reduktion der direkt in der Landwirtschaft sowie durch Landnutzungsänderungen entstehenden Emissionen werden auf den folgenden Seiten vorgestellt.

* Die Summe und Zusammensetzung der auf den folgenden Seiten dargestellten direkten Emissionen weicht aufgrund unterschiedlicher Berechnungsmethoden von der hier dargestellten Übersicht ab. Entscheidend für den Klimaschutz ist es jedoch, die ungefähre Größenordnung und damit einhergehende Wichtigkeit der einzelnen Emissionstreiber zu identifizieren – hierin sind sich alle Untersuchungen einig.

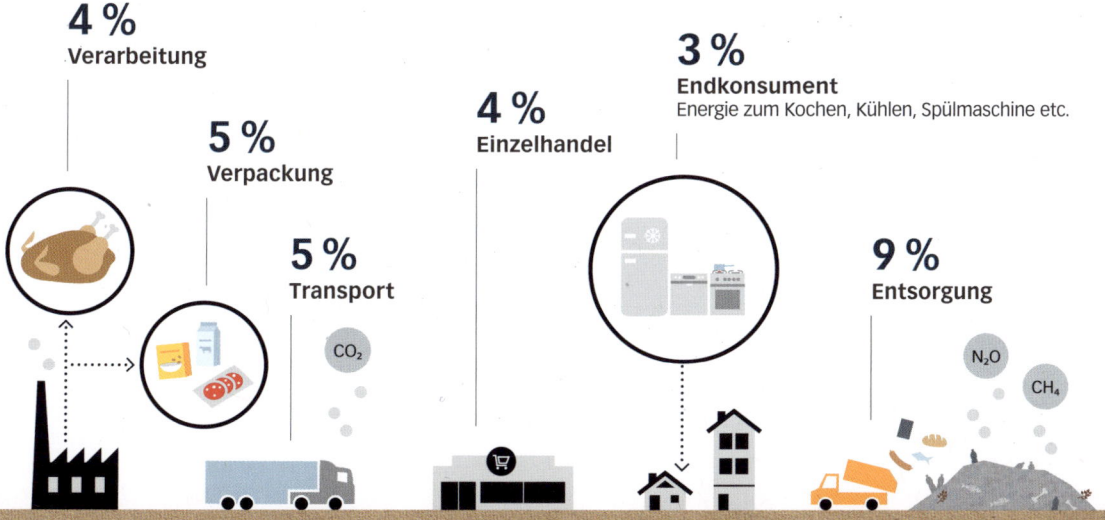

4 %
Verarbeitung

5 %
Verpackung

5 %
Transport

CO_2

4 %
Einzelhandel

3 %
Endkonsument
Energie zum Kochen, Kühlen, Spülmaschine etc.

9 %
Entsorgung

N_2O

CH_4

VERDAUUNG BEI WIEDERKÄUERN

Im Jahr 2019 entstanden etwa 48 % der direkten Treibhausgasemissionen der Landwirtschaft durch die Verdauung bei hauptsächlich Wiederkäuern wie Rindern, Schafen oder Ziegen.[1] Mikroorganismen in ihrem Pansen (Magen) ermöglichen es ihnen, für Menschen und andere Tiere unverdauliche pflanzliche Nahrung wie Gras zu zersetzen – und damit auch in Produkte wie Milch oder Fleisch umzuwandeln. Bei dieser sogenannten enterischen Fermentation entsteht jedoch das Treibhausgas Methan, welches hauptsächlich durch Aufstoßen der Tiere in die Atmosphäre gelangt.[2]

Landwirte können die Menge des gebildeten Methans beispielsweise durch die Qualität und Zusammenstellung des Futters beeinflussen. Zum einen führt die erhöhte Futterqualität zu einer besseren Verdaulichkeit, wodurch weniger Methan entsteht. Zum anderen erhöht dies auch die Produktivität der Tiere, sodass weniger Tiere für die gleiche Menge an Produkten benötigt werden und damit insgesamt weniger Methan entsteht.[3] In vielen intensiven Tierhaltungssystemen der EU und USA ist die Qualität der Futtermittel jedoch schon sehr hochwertig.[4] Eine weitere Reduzierung der Methanemissionen über das Futter kann deshalb zusätzlich durch pflanzliche Futterzusätze wie tanninhaltige Blätter (z. B. Hasel- oder Weinrebenblätter) erreicht werden, welche die Methanproduktion vermindern.[3,5]

Aber auch synthetische Futterzusätze werden aktuell erforscht und sind in Zulassung. Unzureichend geklärt sind jedoch die Langzeitwirkungen auf die Tiergesundheit, die Qualität der tierischen Erzeugnisse, aber auch die Höhe der Methaneinsparung.[6-8] Aktuelle Forschungsvorhaben suchen daher noch nach effizienten, für das Tier geeigneten Zusätzen sowie deren optimaler Dosierung. Auf den einzelnen Wiederkäuer bezogen, wird das Einsparpotential der meisten Zusätze auf unter 20 %, bei einigen synthetisch erzeugten Substanzen auf bis zu 40 % der Emissionen aus enterischer Fermentation geschätzt. Es wird jedoch vermutet, dass der Einspareffekt bei längerer Anwendung rückläufig sein könnte, weshalb unklar ist, wie viele Emissionen langfristig tatsächlich eingespart werden können.[8]

Des Weiteren kann bei Masttieren (Fleischproduktion) in unproduktiven Systemen die Zeit bis zum Erreichen des Schlachtgewichtes minimiert werden, wodurch sich der Methanausstoß aufgrund der verkürzten Lebenszeit reduziert.[3] Da dies hauptsächlich durch höherwertiges Futter gelingt, erhöht sich jedoch der zur Futtermittelproduktion verwendete Anteil an Ackerfläche (S. 75).[9] Bei Milchvieh hingegen reduzieren sich die Emissionen aus enterischer Fermentation pro Liter Milch durch eine längere Lebensdauer, da sich dadurch die unproduktive Zeit zu Beginn ihres Lebens auf eine längere produktive Zeit aufteilt. Dies kann z. B. durch bessere Haltung oder Züchtung der Tiere erreicht werden.[10]

Das Potential zur Reduzierung der Methanemissionen aus enterischer Fermentation seitens der Produzenten ist begrenzt.

Deshalb ist die mit Abstand effizienteste Reduktionsmaßnahme, die weltweite Anzahl an Wiederkäuern durch einen geringeren Konsum tierischer Produkte zu verkleinern (S. 73).[3,8,9]

Zusammensetzung der weltweiten Methanemissionen aus enterischer Fermentation 2019[1]

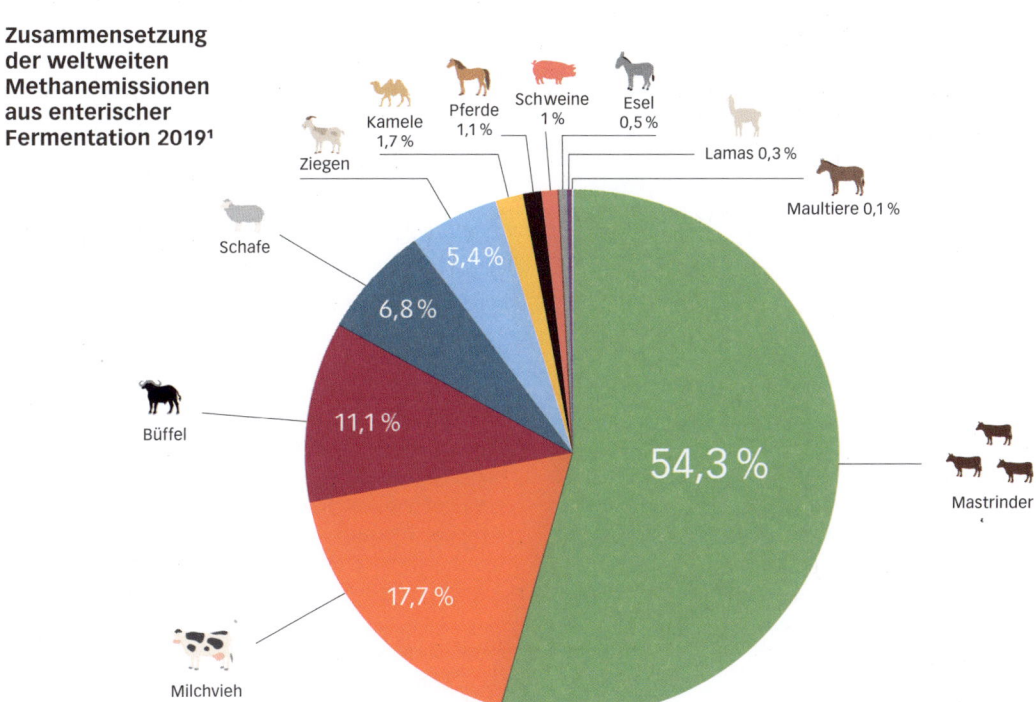

Kamele 1,7 %

Pferde 1,1 %

Schweine 1 %

Esel 0,5 %

Ziegen

Lamas 0,3 %

Maultiere 0,1 %

Schafe

5,4 %

6,8 %

Büffel

11,1 %

54,3 %

Mastrinder

17,7 %

Milchvieh

TIERISCHE EXKREMENTE

Im Jahr 2019 verursachte die Lagerung und Ausbringung tierischer Exkremente (Kot und Urin) als Dünger auf Wiesen, Weiden und Äckern etwa 22 % der direkten Landwirtschaftsemissionen:[1] Zum einen entsteht Lachgas (N_2O), wenn Stickstoff (N) z. B. durch die Ausbringung von Gülle als Dünger oder durch Weidehaltung in den Boden gelangt und dort von Mikroorganismen wie Bakterien umgewandelt wird [4].[2] Diese Umwandlung geschieht auch, wenn Ammoniak (NH_3) – welches selbst kein Treibhausgas ist – den hierin enthaltenen Stickstoff durch die Luft an anderer Stelle in die Böden bringt.[3] Werden Exkremente wiederum unter Ausschluss von Sauerstoff umgewandelt – z. B. in Güllegruben – so entsteht zum anderen Methan.[4]

Auf Weiden und Äckern entsteht umso weniger Lachgas, je mehr Stickstoff aus den Exkrementen von Pflanzen aufgenommen wird.[5] Zur Reduktion der Lachgasemissionen können daher beispielsweise die Menge und der Zeitpunkt der Gülleausbringung an den Bedarf der Pflanzen angepasst und durch einen regelmäßigen Wechsel der Weiden die Exkremente pro Fläche reduziert werden.[6] Zusätzlich kann die Ausbringung von Chemikalien zur Verringerung der Lachgasbildung die Emissionen senken (sog. Nitrifikationshemmer).[3] Da die ökologischen Langzeitwirkungen dieser Chemikalien noch unzureichend bekannt sind, ist dies umstritten.[7]

Methanemissionen können wiederum besonders durch die Vergärung der Exkremente in Biogasanlagen zur Energiegewinnung reduziert werden (S. 22).[8] Zudem kann der Gülle zur Lagerung und Ausbringung Schwefelsäure zugeführt werden, wodurch die Ammoniak- und zusätzlich die Methanemissionen stark gehemmt werden.[9] Diese sog. Ansäuerung wird jedoch kontrovers betrachtet, da der Schwefeleintrag höher ist, als die Menge, die von den Pflanzen benötigt wird.[10] Ammoniakemissionen können zusätzlich durch verringerten Luftkontakt reduziert werden – z. B. durch die Abdeckung offener Güllebehälter oder das regelmäßige Entfernen von Exkrementen in Ställen.[5] Um die insgesamten Emissionen aus tierischen Exkrementen möglichst stark zu reduzieren, ist es entscheidend, die verschiedenen Maßnahmen zu kombinieren.[8,9]

Viele der Maßnahmen sind mit überschaubaren Kosten verbunden.[5] Darüber hinaus gibt es jedoch auch teure, aber sehr effiziente Maßnahmen wie die klimafreundliche Güllelagerung (z. B. mittels Ansäuerung).[4,6] Deshalb sollten neben der Information, wie Maßnahmen angewandt und kombiniert werden können, auch Anreize wie Subventionen geschaffen werden, um deren Umsetzung zu fördern.[4,11] Ein richtiger Umgang mit Exkrementen reduziert nicht nur Emissionen, sondern kann zusätzlich die lokale Wasserqualität sowie die Produktivität von Acker- und Weideflächen erhöhen, den Bedarf an synthetischen Düngern reduzieren (S. 69) und als Bioenergie fossile Energieträger ersetzen (S. 22).[4]

Da weltweit immer mehr tierische Lebensmittel nachgefragt werden (S. 71),[4,6,12] steigen die Mengen an Exkrementen und ohne weiteres Zutun folglich auch die Emissionen.[11] Diese können von Erzeugern zwar durch verschiedene Maßnahmen reduziert, jedoch nicht komplett vermieden werden.[9,13]

Die effizienteste Maßnahme zur Minderung der Emissionen aus tierischen Exkrementen ist daher die Verringerung des Konsums von tierischen Produkten.[14]

Tierische Exkremente waren für etwa 22 % (1,3 GtCO$_2$ e) der direkten Landwirtschaftsemissionen 2019 verantwortlich und setzten sich wie folgt zusammen:[1]

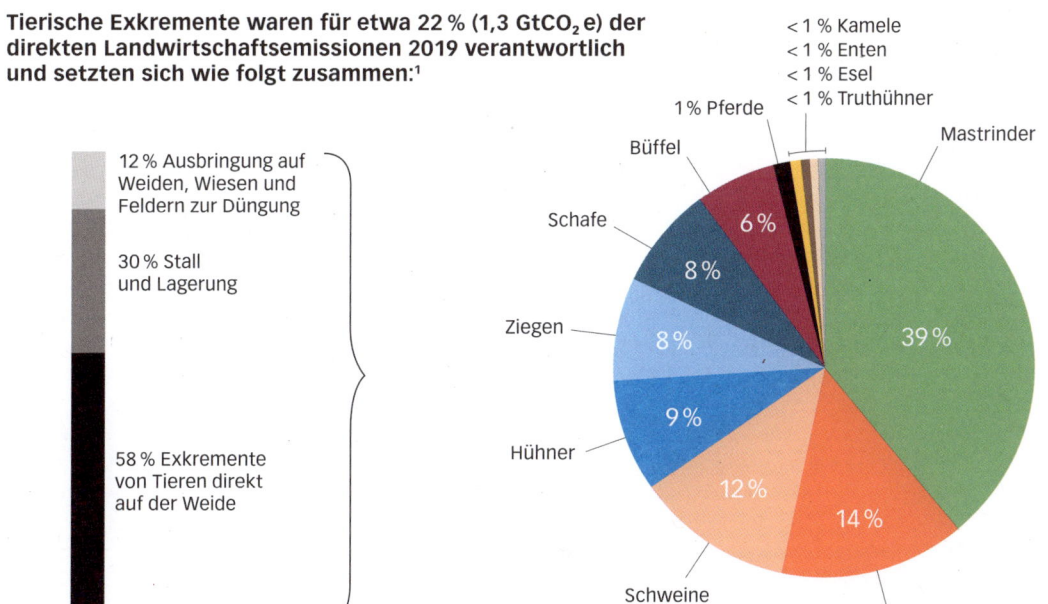

12 % Ausbringung auf Weiden, Wiesen und Feldern zur Düngung

30 % Stall und Lagerung

58 % Exkremente von Tieren direkt auf der Weide

< 1 % Kamele
< 1 % Enten
< 1 % Esel
< 1 % Truthühner
1 % Pferde
Büffel
Schafe
Ziegen
Hühner
Schweine
Milchvieh
Mastrinder

6 %
8 %
8 %
9 %
12 %
14 %
39 %

SYNTHETISCHE STICKSTOFFDÜNGER

Pflanzen benötigen zum Wachstum Stickstoff. Stickstoffdünger sind daher eine wichtige Basis, um den Nährstoffbedarf landwirtschaftlicher Kulturen zu decken und hohe Erträge zu ermöglichen.[1] Stickstoff, der nicht von Pflanzen aufgenommen wird, kann jedoch von Mikroorganismen im Boden in Lachgas umgewandelt werden, welches anschließend in die Atmosphäre entweichen kann.[2] Dadurch hat der Einsatz synthetischer Düngermittel im Jahr 2019 etwa 10 % der direkten Landwirtschaftsemissionen verursacht.[3]

In vielen Regionen mit intensiver landwirtschaftlicher Produktion sind die Böden stark überdüngt [1].[4] Deshalb ist eine der wichtigsten Maßnahmen zur Vermeidung dieser Emissionen die Verbesserung des Düngemitteleinsatzes.[2] In China beispielsweise könnte ein Großteil der Landwirte ihren Düngereinsatz um 30-60 % verringern, ohne Ernteeinbußen zu erleiden.[5] Aber auch in Industrieländern können Emissionen eingespart werden, indem der Stickstoffdünger effizienter eingesetzt und damit in geringeren Mengen benötigt wird – z. B., indem das Timing und die Häufigkeit an die aktuelle Wachstumsphase der Pflanzen angepasst sowie die Art der Nährstoffausbringung verbessert wird.[6] Jedoch sind diese Maßnahmen nicht pauschal anwendbar, da es auch Regionen gibt, in denen die meisten Ackerflächen zu wenig Dünger erhalten. Dort würde ein vermehrter Düngemitteleinsatz die Erträge ohne einen starken Emissionsanstieg deutlich steigern – z. B. in Sub-Sahara-Afrika.[7]

Ein weiteres Problem ist die energieintensive Herstellung von industriellen Stickstoffdüngern: Diese werden bisher fast ausschließlich mit fossilen Brennstoffen und in vielen Ländern wie China mit veralteten, ineffizienten Anlagen hergestellt. Die Umrüstung auf neue, effizientere Produktionsanlagen sowie die Verwendung klimafreundlicher Energie in allen Produktionsschritten (S. 88) sind zur Emissionsreduzierung von synthetisch hergestellten Stickstoffdüngern daher essenziell.[8,9]

Eine Besonderheit stellen Hülsenfrüchte wie Bohnen, Erbsen oder Soja dar, welche durch eine Gemeinschaft mit sog. Rhizobium-Bakterien den in luftgefüllten Poren im Boden enthaltenen Stickstoff aus der Atmosphäre verwerten können.[10] Obwohl auch dieser Stickstoff wieder in Lachgas umgewandelt werden kann, verringert sich die benötigte zusätzliche Stickstoffdüngung, weshalb mindestens der Anteil der Treibhausgasemissionen aus der Herstellung der Stickstoffdünger entfällt. Auch kann durch das Einbringen der Hülsenfrüchte in den Boden Stickstoff für Fruchtfolgepartner wie Getreide im folgenden Jahr verfügbar gemacht werden.[11] Aktuell ist die Nachfrage nach Hülsenfrüchten vergleichsweise gering, was sich jedoch durch eine Ernährungsumstellung ändern könnte.[12]

Aufgrund einer zunehmenden Nachfrage nach landwirtschaftlichen Gütern[13,14] wird der Einsatz von Düngemitteln in den nächsten Jahrzehnten weltweit weiter steigen. Damit die bestehenden sowie daraus resultierenden zusätzlichen Emissionen möglichst geringgehalten werden,

müssen Produktionsanlagen effizient gestaltet und komplett mit klimafreundlicher Energie betrieben werden. Zudem muss der Düngemitteleinsatz weltweit optimiert werden. Ein kleiner Teil des ausgebrachten Stickstoffs (etwa 1%) entweicht jedoch immer als Lachgas aus den Böden[15] und muss mittels Maßnahmen zur Entfernung von Treibhausgasen aus der Atmosphäre kompensiert werden (S. 92).

Stickstoffbilanz[16]

Differenz aus dem in die Böden eingebrachten und mit der Ernte "abtransportierten" Stickstoff für Mais, Weizen und Reis um das Jahr 2000

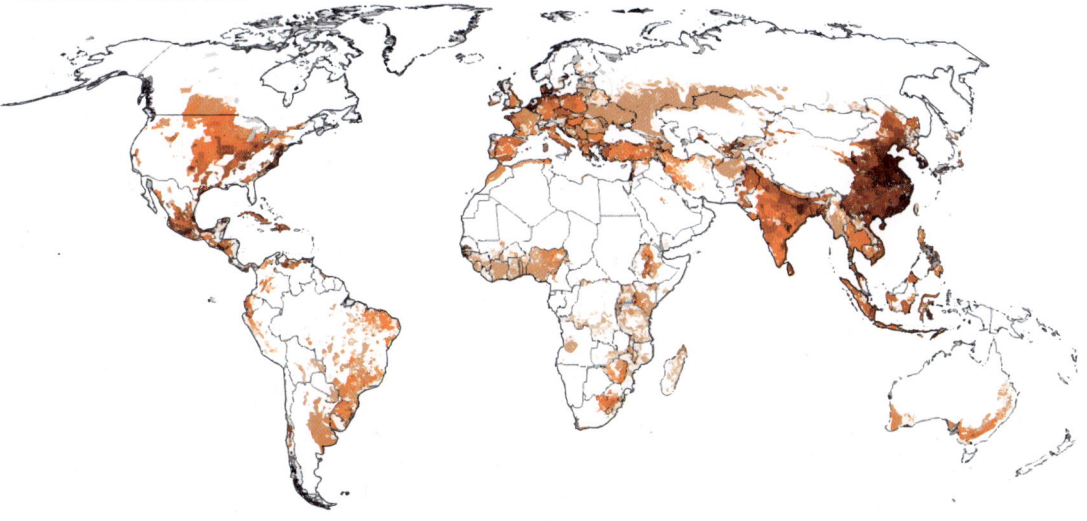

wenig   Überschüssiger Stickstoff   viel

Quelle: nach Mueller et al. (2014)

LANDWIRTSCHAFT
REISANBAU

Reis ist das weltweit meistkonsumierte Grundnahrungsmittel;[1] mehr als 90 % davon werden in Asien erzeugt. Wiederum ca. 90 % davon werden auf ganz oder teilweise mit Wasser bedeckten Feldern angebaut [1].[2] Im Vergleich zum Trockenreisanbau hat dies den Vorteil höherer Erträge. Außerdem dient die Bedeckung mit Wasser als natürlicher Erosions-, Unkraut- und Schädlingsschutz.[3]

Das Problem: Organisches Material im Boden – z. B. Ernterückstände – wird permanent von Mikroorganismen zersetzt.[4,5] Geschieht dieser Abbau jedoch ohne Sauerstoff – wie beim Nassreisanbau durch die gefluteten Felder – so entsteht bei der Umwandlung das Treibhausgas Methan, welches in die Atmosphäre gelangen kann [1].[4,6] Der Nassreisanbau verursachte dadurch knapp 11,5 % der direkten Landwirtschaftsemissionen im Jahr 2019.[7]

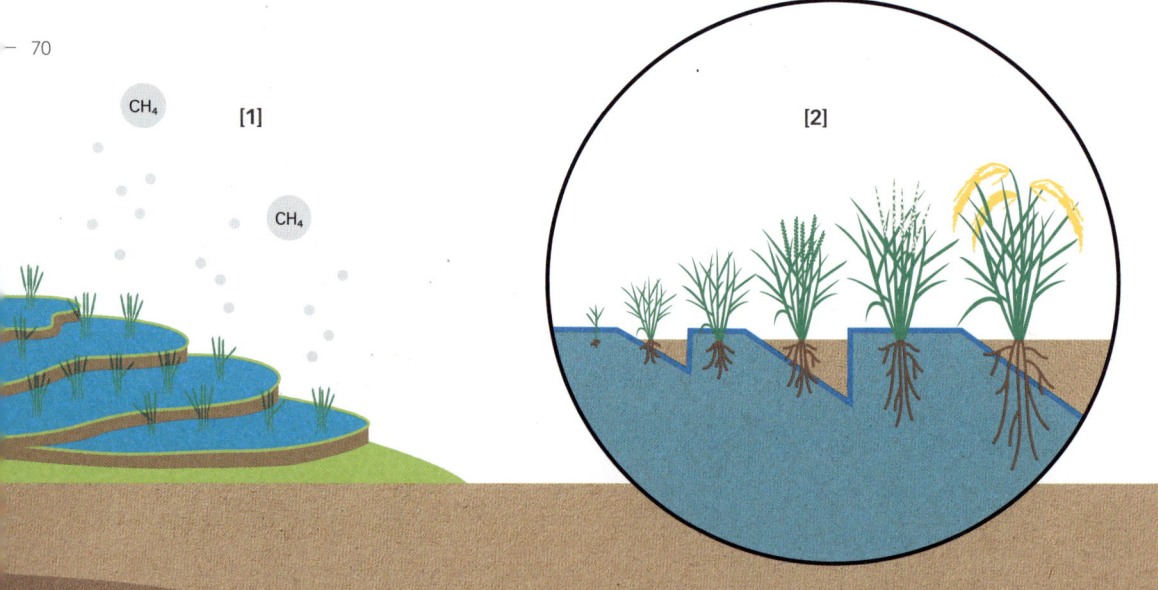

Anbaumethoden, bei denen die Felder kürzer mit Wasser überstaut (bedeckt) sind, können diesem Problem entgegenwirken.[1] Einer der vielversprechendsten Ansätze ist das sogenannte „Alternate Wetting and Drying", bei dem Reisfelder im Wechsel geflutet und „trockengelegt" (das Wasser versickert und verdunstet langsam) werden [2].[1,8] Dabei ist es entscheidend, die Überstauungszyklen an Reissorte und Pflanzenwachstum sowie an die Bodeneigenschaften anzupassen, da es ansonsten zu Ertragsverlusten kommen kann.[1,9] Diese Befürchtungen über Ertragsverluste sowie vermehrtes Unkrautaufkommen (höherer Arbeitsaufwand) sind der Grund, weshalb Landwirte mit der Umsetzung zögern.[1] Die Vermittlung von ortsspezifischen Anwendungen sowie Möglichkeiten der Unkrautbekämpfung sind zusammen mit weiteren Maßnahmen, insbesondere finanziellen Anreizen zur Reduzierung der Methanemissionen, daher entscheidend für die Umsetzung.[8] Dadurch können bei gleichem Ertrag nicht nur die Treibhausgasemissionen reduziert werden, sondern es wird auch weniger Wasser verbraucht.[1]

Zusätzlich können Treibhausgasemissionen teilweise reduziert werden, indem Ernterückstände vor Ausbringung auf die Felder kompostiert oder frühzeitig vor erneuter Flutung ausgebracht werden. Dadurch können diese länger von Mikroorganismen unter Anwesenheit von Sauerstoff abgebaut werden, wodurch in den gefluteten Perioden weniger Methan entsteht.[2,10]

Mit „Alternate Wetting and Drying" lassen sich die Treibhausgasemissionen im Vergleich zum herkömmlichem Nassreisanbau meist um 30-70 %, in Einzelfällen sogar bis zu 90 % reduzieren.[1,11] Allerdings gibt es regionale Einschränkungen, da diese Technik ein gut kontrollierbares Bewässerungssystem erfordert und zudem auch saisonal, z. B. bei starkem Monsunregen, nur bedingt anwendbar ist.[12] Dennoch ist „Alternate Wetting and Drying" eine der vielversprechendsten Methoden zum Klimaschutz beim Reisanbau.[1]

HERAUSFORDERUNG STEIGENDER BEDARF

In den kommenden Jahrzehnten wird die Nachfrage nach landwirtschaftlichen Erzeugnissen steigen[1] – insbesondere nach tierischen Produkten in Entwicklungs- und Schwellenländern.[2] Gründe dafür sind vor allem der weltweit zunehmende Wohlstand und das Bevölkerungswachstum. Setzen sich die bisherigen Entwicklungen fort, so wird die Nachfrage nach Lebensmitteln im Jahr 2050 etwa 60-100 % höher sein als 2005.[1]

Dieser zusätzliche Bedarf kann theoretisch sowohl auf neugeschaffener landwirtschaftlicher Nutzfläche als auch durch eine effizientere Produktion und dadurch mit höheren Erträgen auf bestehenden Flächen erzeugt werden. Der Fokus sollte auf der effizienteren Erzeugung liegen, da hierdurch weniger Emissionen entstehen als durch die Umwandlung neuer Flächen (z. B. Waldrodung).[3] Wenn die aktuellen Anbauflächen für die weltweit 16 wichtigsten Nahrungspflanzen so bewirtschaftet würden, dass diese 95 % des maximal in der jeweiligen Region möglichen Ertrags liefern, so ließen sich die weltweiten Ernteerträge für diese um mehr als 50 % steigern.[4]

Trotz dieses enormen Potentials wird jedoch vermutet, dass sich auch die weltweit zur Landwirtschaft genutzte Fläche in den kommenden Jahrzehnten weiter vergrößern wird.[5]

Um den steigenden Bedarf an landwirtschaftlichen Produkten zu decken und die daraus resultierenden Emissionen möglichst gering zu halten, müssen bestehende landwirtschaftliche Flächen effektiver sowie mit dem Ziel der Ertragssteigerung effizienter genutzt werden. Dabei sollten immer auch soziale, ökologische und ethische Aspekte berücksichtigt werden, um mögliche negative Auswirkungen auf andere Bereiche zu vermeiden.[3] Dennoch ist klar, dass aufgrund des Nachfrageanstiegs und bei unveränderten Konsummustern die Emissionen der Landwirtschaft stark steigen werden.[1] Unerlässlich ist es daher, die Nachfrage nach landwirtschaftlichen Produkten mit einem hohen Treibhausgasausstoß durch eine veränderte Ernährungsweise zu reduzieren (S. 73).[6]

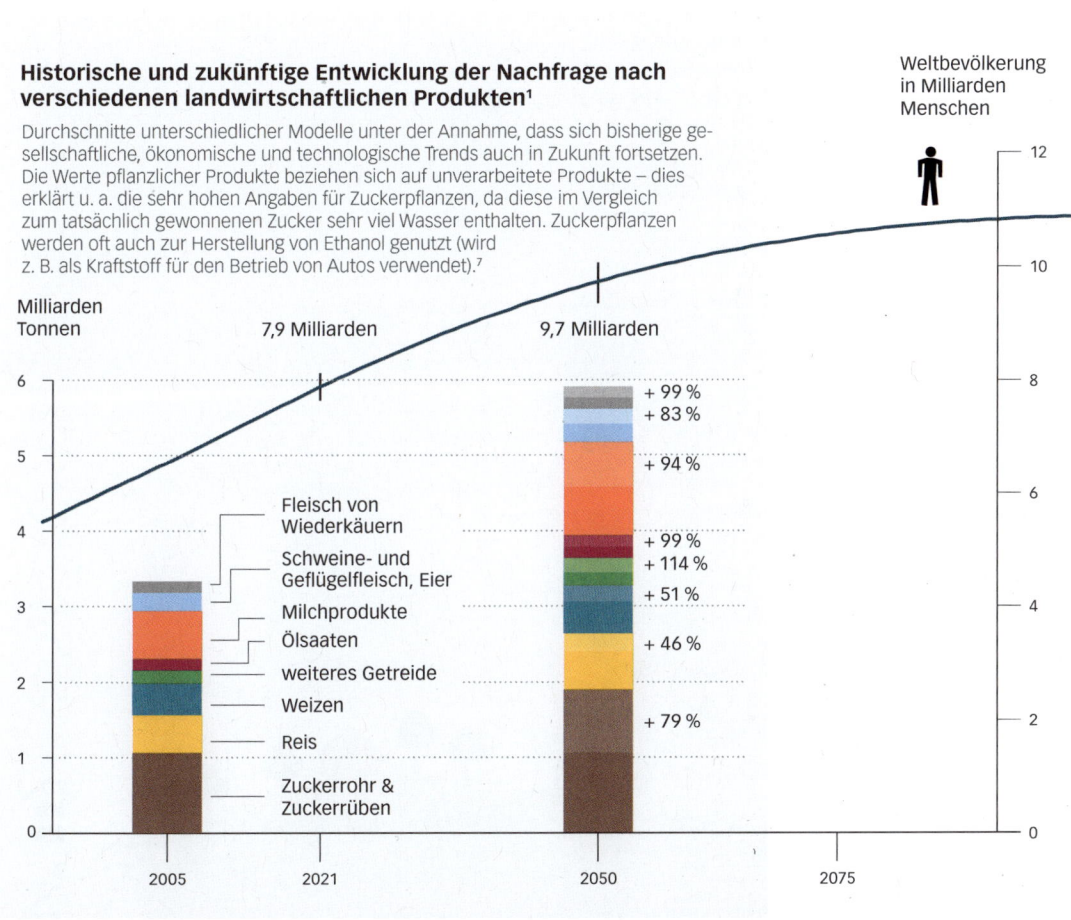

Historische und zukünftige Entwicklung der Nachfrage nach verschiedenen landwirtschaftlichen Produkten[1]

Durchschnitte unterschiedlicher Modelle unter der Annahme, dass sich bisherige gesellschaftliche, ökonomische und technologische Trends auch in Zukunft fortsetzen. Die Werte pflanzlicher Produkte beziehen sich auf unverarbeitete Produkte – dies erklärt u. a. die sehr hohen Angaben für Zuckerpflanzen, da diese im Vergleich zum tatsächlich gewonnenen Zucker sehr viel Wasser enthalten. Zuckerpflanzen werden oft auch zur Herstellung von Ethanol genutzt (wird z. B. als Kraftstoff für den Betrieb von Autos verwendet).[7]

Weltbevölkerung in Milliarden Menschen

Milliarden Tonnen

7,9 Milliarden

9,7 Milliarden

Fleisch von Wiederkäuern
Schweine- und Geflügelfleisch, Eier
Milchprodukte
Ölsaaten
weiteres Getreide
Weizen
Reis
Zuckerrohr & Zuckerrüben

+ 99 %
+ 83 %
+ 94 %
+ 99 %
+ 114 %
+ 51 %
+ 46 %
+ 79 %

2005   2021   2050   2075

ZWISCHENFAZIT

Landwirte können mit unterschiedlichen Maßnahmen zur Reduktion der Landwirtschaftsemissionen beitragen. Am wichtigsten ist es dabei,
die Emissionen aus der Verdauung bei Wiederkäuern, den tierischen Exkrementen, dem Einsatz
von synthetischen Stickstoffdüngern sowie dem
Reisanbau zu adressieren.

... SO GEHT ES WEITER

Obwohl Landwirte einen großen Einfluss auf den Treibhausgasausstoß haben, können insbesondere die Emissionen bei der Herstellung tierischer Produkte nur teilweise vermieden werden. Unerlässlich ist es daher auch, die Nachfrage nach tierischen Produkten zu verringern.[1] Was eine klimafreundliche Ernährung ausmacht und wie diese erreicht werden kann, wird auf den folgenden Seiten beschrieben.

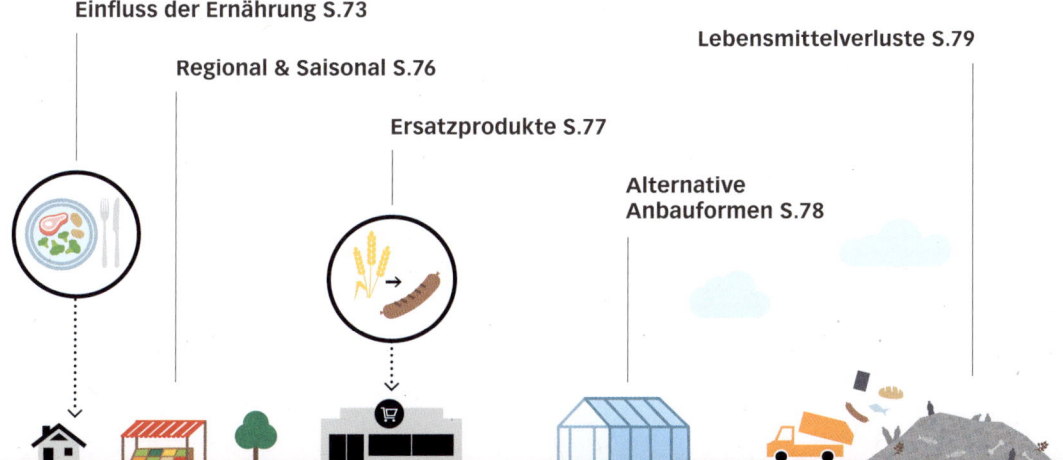

EINFLUSS DER ERNÄHRUNG I

Der Treibhausgasausstoß verschiedener Lebensmittel unterscheidet sich teils drastisch (S. 74) – vor allem ist der Treibhausgasausstoß bei tierischen Produkten deutlich höher als der von pflanzlichen Nahrungsmitteln:[1]

Zum einen verbrauchen Tiere deutlich mehr Nahrungsenergie und Nährstoffe aus ihrem Futter, als sie für uns Menschen zur Verfügung stellen.[2] Jedoch können Weidetiere für Menschen nicht verwertbare Pflanzen (Gras) in proteinreiche Erzeugnisse wie Fleisch und Milch umwandeln.[3]

Regionen, in denen kein Ackerbau möglich ist und in denen auch kein anderweitiger Zugriff auf ausreichend pflanzliche Nahrungsmittel besteht, werden deshalb auch in Zukunft auf tierische Produkte als Nährstofflieferant angewiesen sein.[4] Auf Ackerflächen zum Futtermittelanbau könnten jedoch durch den direkten Anbau pflanzlicher Nahrungsmittel die insgesamte Menge für den menschlichen Verzehr geeigneter Proteine deutlich gesteigert werden – dies gilt auch für etwa ein Drittel der weltweiten Weideflächen, die sich für den direkten Anbau von pflanzlichen Nahrungsmitteln eignet.[5]

Zusammensetzung des Treibhausgasausstoßes einer durchschnittlichen Ernährung 2018[10]

Emissionen pro Person pro Jahr in Tonnen CO_2e

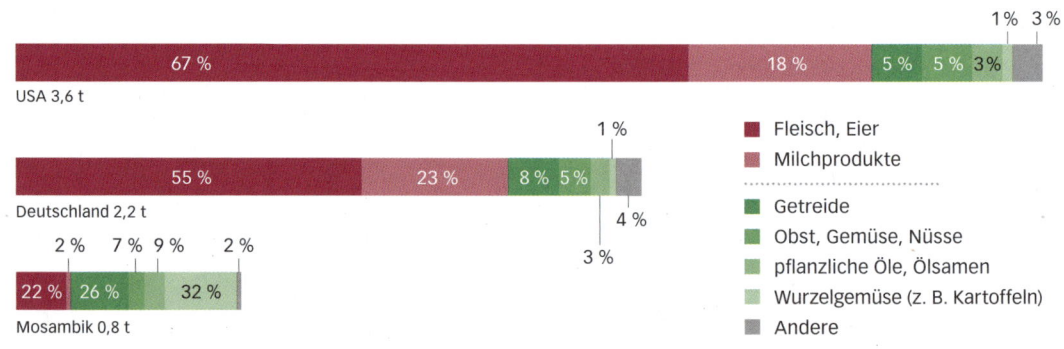

USA 3,6 t — 67 % | 18 % | 5 % | 5 % | 3 % | 1 % 3 %

Deutschland 2,2 t — 55 % | 23 % | 8 % | 5 % | 1 % | 3 % | 4 %

Mosambik 0,8 t — 22 % | 26 % | 2 % 7 % 9 % | 32 % | 2 %

- ■ Fleisch, Eier
- ■ Milchprodukte
- ■ Getreide
- ■ Obst, Gemüse, Nüsse
- ■ pflanzliche Öle, Ölsamen
- ■ Wurzelgemüse (z. B. Kartoffeln)
- ■ Andere

Zum anderen entstehen Emissionen durch die Umwandlung von Flächen zur Deckung des steigenden Futterbedarfes – etwa zwei Drittel der weltweit neu gerodeten Flächen werden zur Futtermittelproduktion genutzt.[1] Hinzu kommen bereits angesprochene Emissionen u. a. aus der Verdauung bei Wiederkäuern, den tierischen Exkrementen und der Futtererzeugung.[6]

Aus all diesen Gründen ist der aktuelle Treibhausgasausstoß des klimafreundlichsten Tierproduktes immer noch höher als der durchschnittliche Ausstoß pflanzlicher, proteintechnisch vergleichbarer Nahrungsmittel.[1] Aber auch hinsichtlich des Flächenverbrauchs [1][1] und damit dem Einfluss auf die Biodiversität[7-9] schneiden tierische Produkte deutlich schlechter ab. Deshalb ist die Reduzierung des Verzehrs von Fleisch- und Milchprodukten in wohlhabenden Ländern die effizienteste Maßnahme, um die Treibhausgasemissionen des Landwirtschaftssektors zu senken.[1]

[1] Pflanzliche Nahrung lieferte 2019 den Großteil der weltweit erzeugten Nährstoffe auf einem kleinen Teil der weltweit zur Landwirtschaft genutzten Fläche[11]

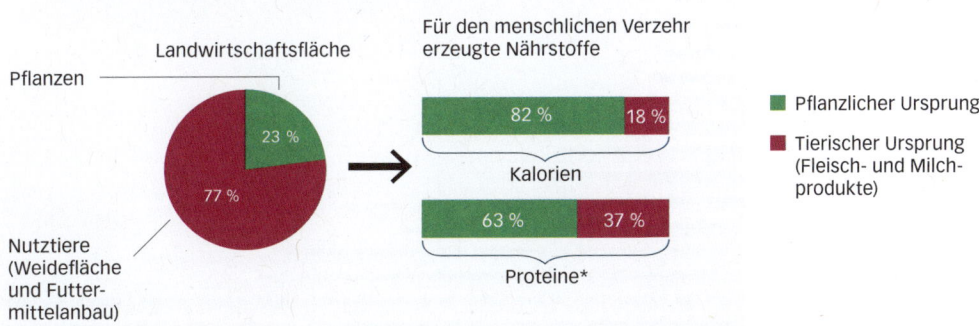

Landwirtschaftsfläche

Pflanzen

23 %

77 %

Nutztiere (Weidefläche und Futtermittelanbau)

Für den menschlichen Verzehr erzeugte Nährstoffe

82 % 18 %

Kalorien

63 % 37 %

Proteine*

■ Pflanzlicher Ursprung

■ Tierischer Ursprung (Fleisch- und Milchprodukte)

*Der Proteingehalt wird oft für einen Vergleich zwischen tierischen und pflanzlichen Produkten verwendet, da bei einem Verzicht auf tierische Produkte Proteine durch pflanzliche Produkte aufgenommen werden müssen.

KLIMABILANZ VON NAHRUNGSMITTELN

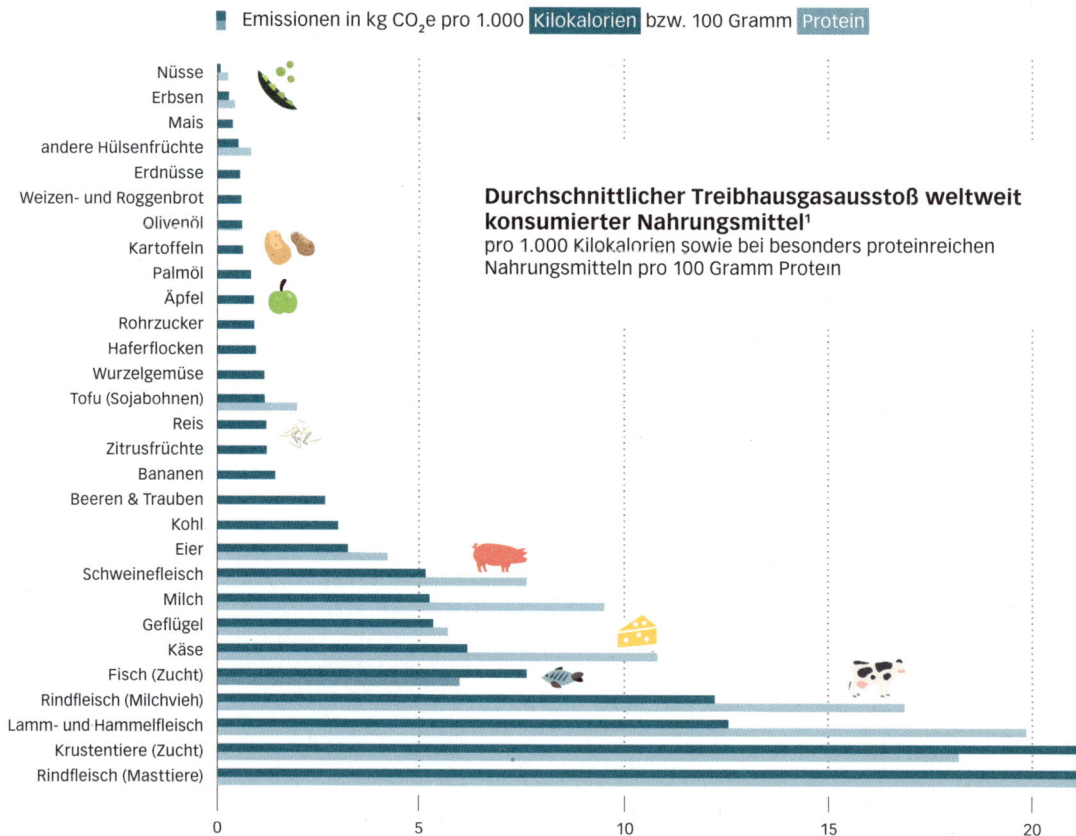

Emissionen in kg CO$_2$e pro 1.000 Kilokalorien bzw. 100 Gramm Protein

Durchschnittlicher Treibhausgasausstoß weltweit konsumierter Nahrungsmittel[1]
pro 1.000 Kilokalorien sowie bei besonders proteinreichen Nahrungsmitteln pro 100 Gramm Protein

Nüsse
Erbsen
Mais
andere Hülsenfrüchte
Erdnüsse
Weizen- und Roggenbrot
Olivenöl
Kartoffeln
Palmöl
Äpfel
Rohrzucker
Haferflocken
Wurzelgemüse
Tofu (Sojabohnen)
Reis
Zitrusfrüchte
Bananen
Beeren & Trauben
Kohl
Eier
Schweinefleisch
Milch
Geflügel
Käse
Fisch (Zucht)
Rindfleisch (Milchvieh)
Lamm- und Hammelfleisch
Krustentiere (Zucht)
Rindfleisch (Masttiere)

0   5   10   15   20

Der Treibhausgasausstoß unterschiedlicher Nahrungsmittel wird meist anhand deren Gewicht (S. 76) oder Nährwert verglichen. Obwohl die Bezugsgröße Gewicht für den Verbraucher zunächst verständlicher ist, entscheidet der Nährwert eines Lebensmittels über dessen tatsächlichen Wert als Nährstofflieferant und ist somit ein besserer Vergleichsmaßstab. Ganz gleich, welcher Maßstab für einen Vergleich verwendet wird, kommen alle Methoden zum gleichen Ergebnis: Tierische Produkte verursachen deutlich mehr Treibhausgase als pflanzliche Lebensmittel.[1-3]

So lassen sich pro Person in Deutschland durch eine vegetarische Ernährungsweise durchschnittlich aktuell etwa 850 kg CO_2e pro Jahr sparen und durch eine komplett pflanzliche Ernährung sogar 1,5 Tonnen CO_2e.[4] Eine rein pflanzliche Ernährung spart damit pro Person pro Jahr so viel CO_2e wie durch eine Autofahrt über knapp 10.000 km entsteht.[5]

Als Faustregel für eine klimafreundliche Ernährung gilt: Je weniger tierische Produkte, umso besser. Entscheidend ist es dabei, neben Fleisch auch Milchprodukte wie Käse zu reduzieren.[1]

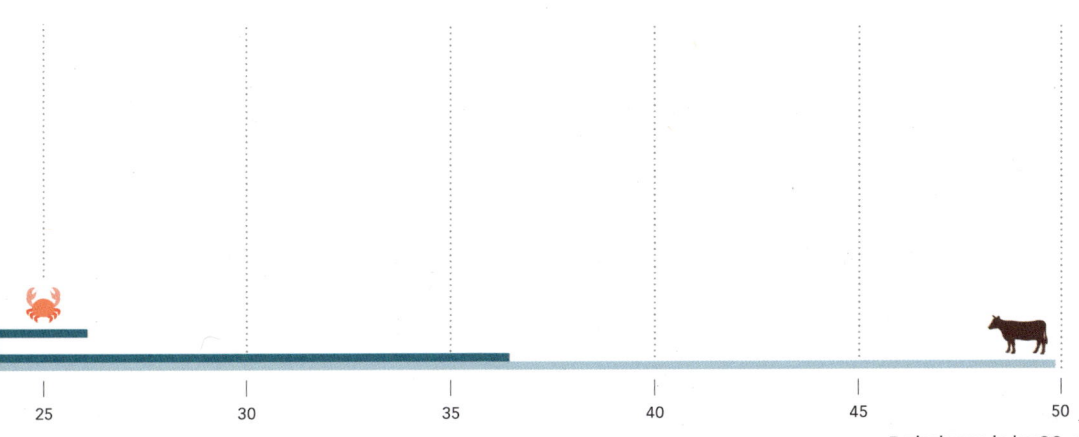

Emissionen in kg CO_2e

EINFLUSS DER ERNÄHRUNG II

Der Konsum tierischer Produkte muss besonders in Ländern mit einem sehr hohen Verzehr dieser Nahrungsmittel stark reduziert werden. Ein komplettes Meiden tierischer Produkte stößt bei vielen Konsumenten und Erzeugern jedoch auf Ablehnung. Ein Zwischenweg kann daher beispielsweise sein, nur noch einmal pro Woche Fleisch zu essen („Sonntagsbraten"). Auch können Ersatzprodukte für besonders treibhausgasintensive Nahrungsmittel den Umstieg auf eine klimafreundliche Ernährung erleichtern (S. 77).

Eine hauptsächlich pflanzliche Ernährung hat zahlreiche weitere Vorteile:

Alle aktuell für den Anbau von Tierfutter verwendeten Ackerflächen sowie etwa ein Drittel der zur Tierhaltung verwendeten Grasflächen eignen sich für den direkten Anbau pflanzlicher Lebensmittel für den Menschen. Deshalb kann durch eine Umnutzung zum einen die weltweit zum Anbau pflanzlicher Nahrungsmittel verfügbare Fläche deutlich mehr als verdoppelt werden (+ etwa 150 %).[2] Dadurch könnte insgesamt deutlich mehr Nahrung erzeugt werden, was Chancen bietet um der weltweiten Hungerproblematik entgegen zu wirken.[2,3] Zum anderen verringert sich dadurch aber auch die zum Anbau von Nahrungsmitteln benötigte Fläche, womit der Umwandlung von neuen Flächen zur landwirtschaftlichen Nutzung (u. a. durch die Rodung von Wäldern) entgegengewirkt wird.[3,4]

Weniger tierische Produkte zu konsumieren, ist bei ausreichendem anderweitigen Nährstoffangebot gut für unsere Gesundheit: Es verringert nicht nur das Risiko für Herzkreislauferkrankungen, Typ-2-Diabetes[5] und Fettleibigkeit,[6] sondern auch die Wahrscheinlichkeit an einigen Krebsarten zu erkranken.[7] In Deutschland wird aktuell jedoch fast doppelt so viel Fleisch gegessen wie gesundheitlich maximal empfohlen wird (je nach Empfehlung max. 600g/Woche – etwa zwei bis drei Steaks).[8,9]

In Industrieländern werden deutlich mehr tierische Produkte konsumiert als in Entwicklungs- und Schwellenländern.[10] Da der Konsum in diesen aber zunimmt, kann ein Anstieg der insgesamten Emissionen nur verhindert werden, wenn in Industrienationen weniger tierische Produkte konsumiert werden und sich somit die Unterschiede angleichen.[11] Damit wird mehr Gerechtigkeit zwischen den Ländern hergestellt, eine entscheidende Motivation für Entwicklungsländer, Klimaschutz umzusetzen (S. 109).

Die Reduzierung des Konsums tierischer Produkte in wohlhabenden Ländern ist die effizienteste Einzelmaßnahme, um Treibhausgasemissionen einzusparen und gleichzeitig Umwelt, Gesundheit, Nahrungsmittelsicherheit, Tierwohl und Gerechtigkeit positiv zu beeinflussen!

Zusammenhang von Umwelt- und Gesundheitsauswirkungen verschiedener Lebensmittel[12]

Obwohl die Daten aus verschiedenen Studien weltweit stammen, können individuelle Gesundheitsauswirkungen abweichen und sind von der Menge der konsumierten Lebensmittel und anderweitig verfügbaren Nährstoffen abhängig, weshalb die Darstellung sehr vorsichtig interpretiert werden sollte.[13]

Für eine gesunde Ernährung ist es wichtig, alle notwendigen Nährstoffe aufzunehmen – bei einer rein pflanzlichen Ernährung sollte besonders auf eine ausreichende Versorgung mit Vitamin B_{12} und D, Mineralstoffen wie Calcium, Eisen, Jod, Zink oder Selen sowie Proteinen geachtet werden.[14]

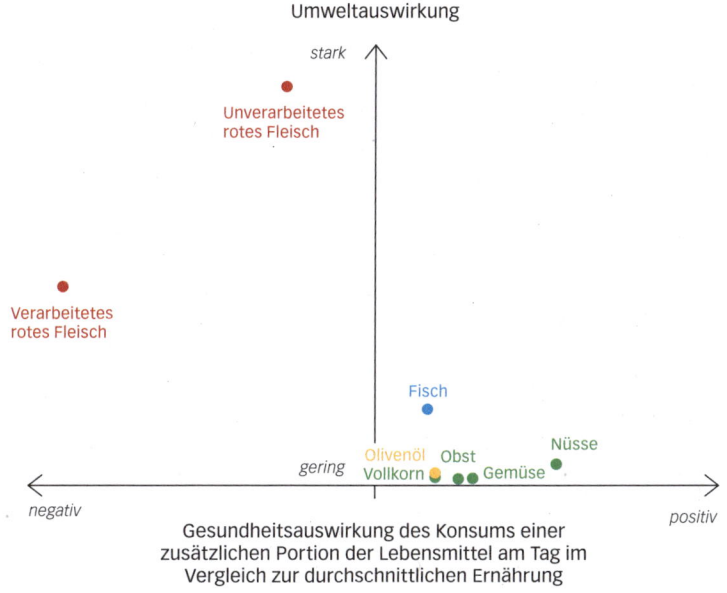

Umweltauswirkung

stark

Unverarbeitetes rotes Fleisch

Verarbeitetes rotes Fleisch

Fisch

Nüsse

Olivenöl Obst
gering Vollkorn Gemüse

negativ

positiv

Gesundheitsauswirkung des Konsums einer zusätzlichen Portion der Lebensmittel am Tag im Vergleich zur durchschnittlichen Ernährung

REGIONAL & SAISONAL

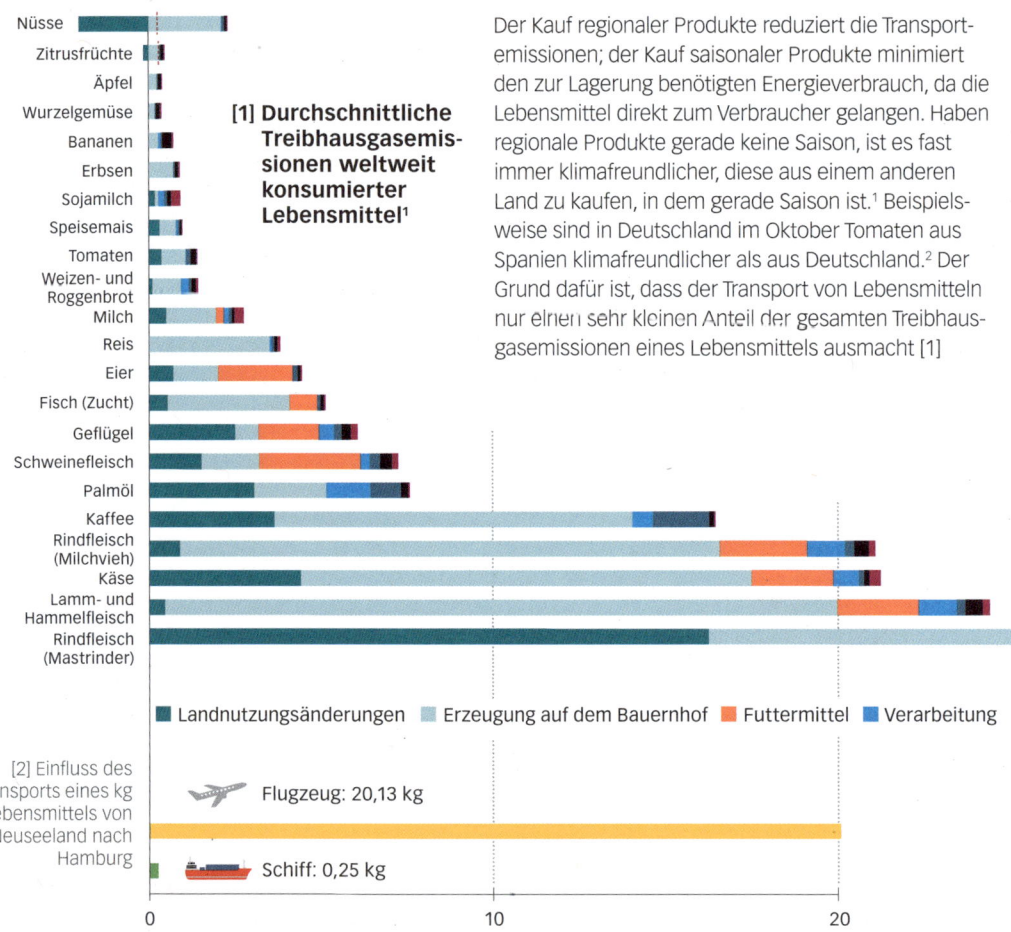

[1] **Durchschnittliche Treibhausgasemissionen weltweit konsumierter Lebensmittel[1]**

Der Kauf regionaler Produkte reduziert die Transportemissionen; der Kauf saisonaler Produkte minimiert den zur Lagerung benötigten Energieverbrauch, da die Lebensmittel direkt zum Verbraucher gelangen. Haben regionale Produkte gerade keine Saison, ist es fast immer klimafreundlicher, diese aus einem anderen Land zu kaufen, in dem gerade Saison ist.[1] Beispielsweise sind in Deutschland im Oktober Tomaten aus Spanien klimafreundlicher als aus Deutschland.[2] Der Grund dafür ist, dass der Transport von Lebensmitteln nur einen sehr kleinen Anteil der gesamten Treibhausgasemissionen eines Lebensmittels ausmacht [1]

Nüsse
Zitrusfrüchte
Äpfel
Wurzelgemüse
Bananen
Erbsen
Sojamilch
Speisemais
Tomaten
Weizen- und Roggenbrot
Milch
Reis
Eier
Fisch (Zucht)
Geflügel
Schweinefleisch
Palmöl
Kaffee
Rindfleisch (Milchvieh)
Käse
Lamm- und Hammelfleisch
Rindfleisch (Mastrinder)

■ Landnutzungsänderungen   ■ Erzeugung auf dem Bauernhof   ■ Futtermittel   ■ Verarbeitung

[2] Einfluss des Transports eines kg Lebensmittels von Neuseeland nach Hamburg

Flugzeug: 20,13 kg

Schiff: 0,25 kg

0   10   20

und meist weniger Emissionen verursacht als eine lange Lagerung vor Ort. Dies gilt lediglich dann nicht, wenn Lebensmittel mit dem Flugzeug transportiert werden [2]. Jedoch werden nur die wenigsten der weltweit konsumierten Lebensmittel mit dem Flugzeug transportiert [3] – hauptsächlich schnell verderbliche Produkte wie frische Fischfilets, lebende Hummer oder aber frische Erdbeeren und Spargel.

Selbst wenn pflanzliche Produkte daher mit dem Schiff um den halben Globus transportiert werden [3], sind diese immer noch deutlich klimafreundlicher als tierische Produkte.[1]

Um den Treibhausgasausstoß der Ernährung zu senken, ist es wichtiger darauf zu achten, was gegessen wird, als darauf, woher die Lebensmittel stammen![1]

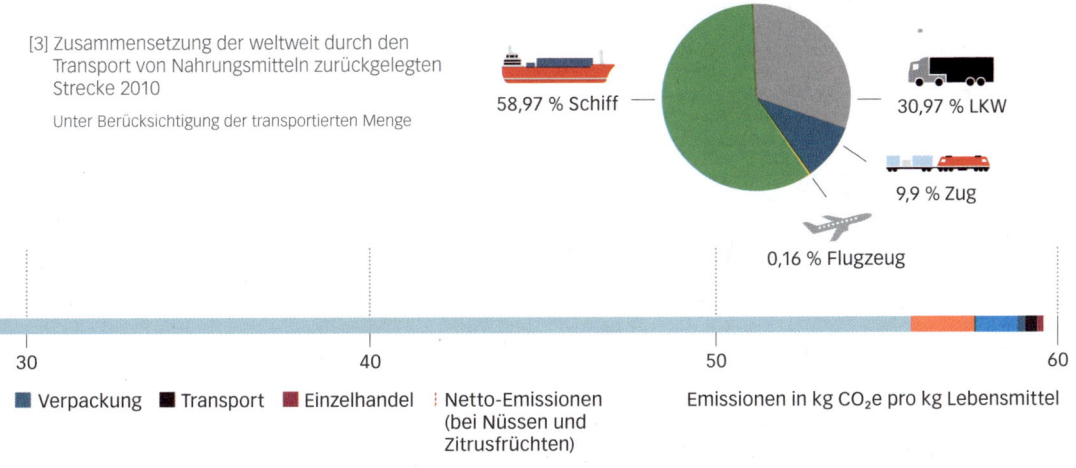

[3] Zusammensetzung der weltweit durch den Transport von Nahrungsmitteln zurückgelegten Strecke 2010

Unter Berücksichtigung der transportierten Menge

58,97 % Schiff

30,97 % LKW

9,9 % Zug

0,16 % Flugzeug

■ Verpackung ■ Transport ■ Einzelhandel ┊ Netto-Emissionen (bei Nüssen und Zitrusfrüchten)

Emissionen in kg CO_2e pro kg Lebensmittel

30　　　40　　　50　　　60

Aufgrund der großen Menge an transportierten Gütern auf einem Frachtschiff wirken sich dessen Emissionen kaum auf den insgesamten Treibhausgasausstoß eines einzelnen transportierten Produktes aus. Bereits eine 1 km lange Autofahrt mit einem Verbrenner zum Kauf von einem Kilo Produkten verursacht daher im Schnitt bereits mehr Emissionen, als deren Transport mit dem Schiff um die halbe Welt entstehen.[1,3]

„NEUE" LEBENSMITTEL & ERSATZPRODUKTE

Ersatzprodukte sollen dabei helfen, die weltweite Ernährung nachhaltiger und klimafreundlicher zu gestalten;[1] dafür zielen sie meist darauf ab, tierische Proteine zu ersetzen.[2] Zum einen gelingt dies durch pflanzenbasierte Produkte, welche sich ähnlich wie tierische verwenden lassen – z. B. Linsen- oder Quinoa- anstatt Hackfleischbuletten.[3] Um den Ernährungsumstieg zu vereinfachen, wird zum anderen oft versucht, den Geschmack, die Textur und den Nährstoffgehalt tierischer Produkte nachzuahmen:[1,2]

Pflanzenbasierte Fleischersatzprodukte für z. B. Aufschnitt werden aktuell hauptsächlich auf Basis von Soja, Erbsen und anderen Hülsenfrüchten, aber auch Proteinquellen wie Getreide oder Algen, hergestellt.[4] Sie sind bereits heute im Schnitt klimafreundlicher als ihre tierischen Gegenstücke.[5]
Eine weitere Möglichkeit stellt die sogenannte zelluläre Landwirtschaft dar, bei der Ersatzprodukte aus Zellkulturen mittels biotechnologischer Prozesse erzeugt werden.[2]

Beispielhafte Übersicht verschiedener vegetarischer Ersatzprodukte sowie möglicher Hauptbestandteile

Joghurt
Mandeln, Soja, Kokosnuss, Cashewkerne

Milch
Hafer, Soja, Mandeln

Soße
Hafer

Frikadellen
Weizen, Soja

Burger Patty
Hülsenfrüchte, Gemüse, Getreide

Fischstäbchen
Soja, Weizen

Schnitzel
Kräuterseitlinge, Tempeh, Seitan

Wurst
Seitan, Lupinen

Hackfleisch
Sonnenblumenkerne, Erbsen

Lachs
Soja, Weizen

Dazu können zum einen von Pilzen oder Bakterien auf Basis der Fermentation erzeugte Milchproteine verwendet werden.[6] Zum anderen können Zellen – wie Muskelzellen – im Labor vermehrt und so kultiviertes Fleisch (In-Vitro-Fleisch) hergestellt werden.[7] Aktuell werden hierzu jedoch noch teilweise tierische Ausgangsprodukte benötigt[2] und es konnte noch keine großtechnische Erzeugung zu wettbewerbsfähigen Preisen realisiert werden.[7] Die Klimabilanz dieser Produkte wurde daher nur von sehr wenigen Studien untersucht. Da der Energieaufwand der größte Emissionstreiber zellulärer Ersatzprodukte ist, wird davon ausgegangen, dass mit rein erneuerbaren Energien erzeugte Ersatzprodukte klimafreundlicher sein werden als ihre tierischen Pendants.[8]

Auch Insekten eignen sich aufgrund guter Nährwerte, einer effizienteren Umwandlung des Futters als bei anderen Tieren; sowie einer kurzen Reproduktionszeit mit verhältnismäßig geringem Wasser- und Platzbedarf, sehr gut als Proteinquelle.[8,9] Hinsichtlich ihrer Klimafreundlichkeit ist auch hier der Energieverbrauch und damit der Einsatz klimafreundlicher Energie entscheidend.[9] Die Akzeptanz als Nahrungsmittel ist in westlichen Ländern jedoch noch gering.[10] Weitere klimafreundliche Alternativen und gute Nährstofflieferanten können z. B. auch Muscheln und Algen sein.[8]

Ersatzprodukte decken viele Bedürfnisse der Konsumenten: Sie sind umweltfreundlich und meist ethisch vertretbar sowie zunehmend gesünder, weshalb die Nachfrage nach diesen steigt.[11,12] Die Nachahmung tierischer Produkte erleichtert dabei den Umstieg hin zu einer klimafreundlichen Ernährungsweise.[12,13]

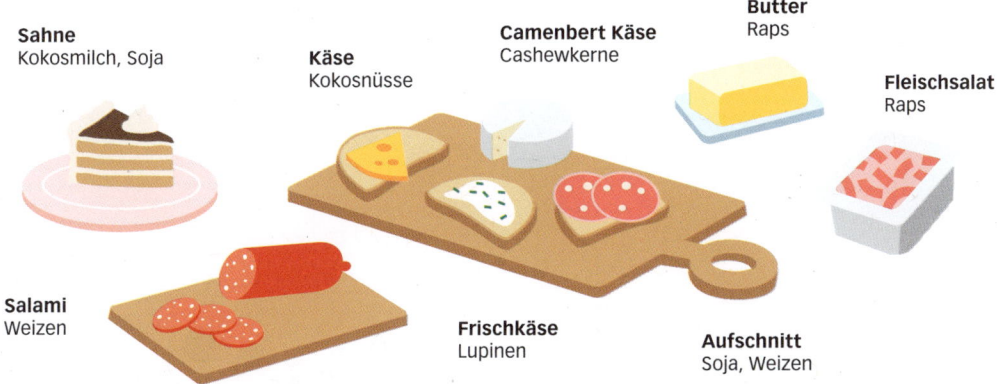

Sahne
Kokosmilch, Soja

Käse
Kokosnüsse

Camenbert Käse
Cashewkerne

Butter
Raps

Fleischsalat
Raps

Salami
Weizen

Frischkäse
Lupinen

Aufschnitt
Soja, Weizen

Wie bei allen verarbeiten Lebensmitteln sollte auch bei Ersatzprodukten auf die Inhaltsstoffe geachtet werden – besonders auf zu hohe Mengen Zucker, Fett oder Salz sowie mögliche Zusatzstoffe.[14]

ALTERNATIVE ANBAUFORMEN

Landwirtschaftliche Produkte können auf verschiedenste Art und Weisen erzeugt werden. Deren Treibhausgasemissionen und Flächenbedarf zu senken ist aus Klimasicht das Ziel alternativer bzw. neuer in Erprobung befindlicher Anbauformen: Bei der sogenannten Hydroponik werden Pflanzen beispielsweise nicht mehr im Boden, sondern in einer Art mineralischer Nährstofflösung angebaut [1].[1] Da dabei besonders zur Beleuchtung und Beheizung viel Energie benötigt wird, muss diese für einen klimafreundlichen Anbau aus klimafreundlichen Energien stammen.[2]

Aufgrund unterschiedlichster lokaler Gegebenheiten kann keine allgemeine Aussage über die Klimafreundlichkeit der **ökologischen Landwirtschaft** („Bio") getroffen werden: einem meist deutlich höheren Flächenverbrauch aufgrund geringerer Erträge in vielen Regionen stehen z. B. Einsparungen durch einen verringerten Einsatz industrieller Düngemittel entgegen.[9] Sie bietet jedoch zahlreiche weitere Vorteile wie einen verringerten Einsatz von Pestiziden, mehr Tierwohl, mehr Biodiversität und sie schont die Böden.[10]

Ein großer Vorteil dieser Anbauform ist der meist modulare Aufbau, wodurch sich die hydroponischen Systeme vertikal stapeln lassen und damit deutlich weniger Fläche benötigt wird; dies wird oft als Vertical Farming bezeichnet.[1] Der modulare Aufbau ermöglicht auch die Erzeugung einzelner Lebensmittel näher am Konsumenten[3] – beispielsweise von Kräutern direkt im Supermarkt.[4] Da der Nährstoffgehalt in der Nährstofflösung, das Licht sowie die klimatischen Verhältnisse optimal angepasst werden können, ist es sogar möglich Pflanzen hinsichtlich ihres Nährstoffgehaltes und Geschmacks zu optimieren.[4-6]

Agroforstwirtschaft bezeichnet die Kombination von Bäumen und/oder Sträuchern mit dem Anbau landwirtschaftlicher Produkte.[11] Dadurch wird u. a. CO_2 in Form von Kohlenstoff in den Bäumen gespeichert (S. 93).[12] Dies wirkt sich meist jedoch nur dann positiv auf das Klima aus, wenn dadurch die zum Anbau benötige Fläche nicht vergrößert wird – also in Regionen, in denen die Erträge gleichbleiben oder z. B. durch Überschattung und eine bessere Wasser- und Nährstoffzulieferung sogar gesteigert werden können.[13]

Weitere Vorteile sind u. a. die Wetterunabhängigkeit, der geringere Wasserverbrauch, der verringerte Einsatz von Düngemitteln sowie keine Pestizide zu benötigen.[7]

Aufgrund vergleichsweise höherer Kosten eignet sich Vertical Farming hauptsächlich für den Anbau hochpreisigen Gemüses – aktuell werden so z. B. bereits Salat oder Kräuter kommerziell angebaut.[1,3] Ackerpflanzen wie Getreide hingegen, welche in großen Mengen auf riesigen Flächen kostengünstig angebaut werden können, werden auch in Zukunft unter freiem Himmel angebaut.[8]

Neue Anbauformen für Nahrungsmittel können unter Einsatz klimafreundlicher Energien dazu beitragen, die Landwirtschaft klimafreundlich zu gestalten.

[1] Schematische Funktionsweise eines möglichen Hydroponik-Anbaus

- eine mineralische Nährstofflösung versorgt Pflanzen mit Nährstoffen und Wasser
- LEDs alleine oder in Kombination mit Tageslicht ermöglichen die Optimierung der Bedingungen für Photosynthese
- Klimaanlagen zum Heizen bzw. Kühlen sorgen für optimale Wachstumsbedingungen

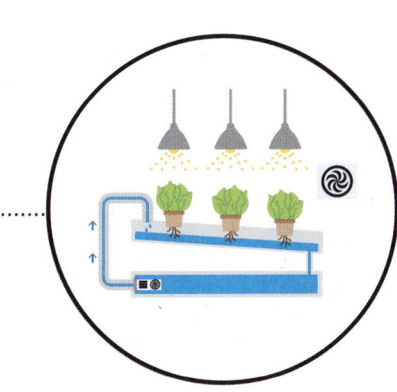

LEBENSMITTELVERLUSTE

Lebensmittel können sowohl bei der Produktion und Verarbeitung verloren gehen als auch beim Konsumenten oder Einzelhandel durch Wegwerfen verschwendet werden[1] – hier unter dem Begriff der Lebensmittelverluste vereint. Dabei wird immer nur der essbare Teil von Nahrungsmitteln betrachtet.[2]

Zwischen 2010 und 2016 gingen jährlich etwa 25-30 % der erzeugten Lebensmittel verloren.[3,4] Dies entsprach etwa 8-10 % der globalen Treibhausgasemissionen[3,5] und verursachte jährlich etwa 1 Billion USD vermeidbare Kosten.[4]

Dabei gibt es einen deutlichen Unterschied, wo Lebensmittel verloren gehen:[6] In Entwicklungsländern entstehen die größten Verluste durch Verderb und Ungezieferbefall bei der Verarbeitung und dem Transport direkt nach der Ernte. In diesen Ländern müssen daher vor allem die Produktionstechnik und Lagerung sowie die Lieferketten verbessert werden.[7] Aber auch in Industriestaaten kann der Verlust von Lebensmitteln durch produktionsseitige Maßnahmen wie einer Optimierung der Verarbeitungsschritte verkleinert werden.[3,6] In entwickelten Ländern entsteht Lebensmittelverlust aber auch besonders beim Konsumenten, weshalb es zusätzlich Maßnahmen z. B. zur Bewusstseinsbildung benötigt.[7,8]

Gehen weniger Lebensmittel verloren, so verringert sich der Bedarf an herzustellenden Lebensmitteln. Damit können nicht nur die Treibhausgasemissionen und der Flächenverbrauch gesenkt, sondern auch die weltweite Nahrungsmittelsicherheit gesteigert und Umweltschäden sowie Armut verringert werden.[6,9]

Lebensmittelverluste nach Region und Schritt in der Wertschöpfungskette 2009[10]

	Nordamerika und Ozeanien	Europa	Sub-Sahara Afrika	
	1.520 kcal	748 kcal	545 kcal	verlorene Kalorien pro Person und Tag
	42 %	22 %	23 %	prozentualer Anteil an insgesamt verfügbaren Kalorien, der verloren geht

Balkenwerte:
- Nordamerika und Ozeanien: 61 %, 7 %, 9 %, 6 %, 17 %
- Europa: 52 %, 9 %, 5 %, 12 %, 23 %
- Sub-Sahara Afrika: 5 %, 13 %, 7 %, 37 %, 39 %

Legende:
- Produktion
- Handhabung und Lagerung
- Verarbeitung
- Verteilung der fertigen Lebensmittel + Groß- und Einzelhandel
- Konsument (Privathaushalt, Restaurant etc.)

Quelle: nach World Resources Institute, Reducing Food Loss and Waste (2013)

Eine richtige Lagerung von Lebensmitteln erhöht die Haltbarkeit und hilft Lebensmittelverschwendung zu vermeiden[11]

Tipps zur Reduzierung der Lebensmittelverluste im Privathaushalt[12,13]

- Das Mindesthaltbarkeitsdatum ist kein Wegwerfdatum. Riechen, schmecken, sehen hilft noch gute von schon verdorbenen Lebensmitteln zu unterscheiden.
- Ein Einkaufszettel hilft nur das zu kaufen, was auch wirklich benötigt wird.
- Ältere Lebensmittel können oft noch verarbeitet werden – z. B. altes Brot zu Knödeln.
- Zu viel gekaufte Lebensmittel können geteilt werden.
- Lebensmittel richtig lagern:

Lebensmittel möglichst frisch kaufen bzw. nicht lange im Gefrierfach aufbewahren, da dies viel Energie benötigt.[14]

Besonders Tomaten, Äpfel, Aprikosen und Pflaumen sollten separat gelagert werden, da anderes Obst und Gemüse in der Nähe schneller reift.[15]

Klimaschutz im Landwirtschaftssektor ist vielfältig und die geeigneten Maßnahmen können aufgrund unterschiedlichster Produktionssysteme und regionaler Besonderheiten von Region zu Region verschieden sein. Klar ist jedoch, dass für eine klimafreundliche Landwirtschaft folgende Maßnahmen unverzichtbar sind: Erzeuger müssen landwirtschaftliche Produkte mit den in diesem Kapitel beschriebenen Maßnahmen emissionsärmer herstellen. Dazu müssen Produktionstechniken optimiert – z. B. synthetische Stickstoffdünger effizienter eingesetzt – sowie ggf. neue Anbaumethoden verwendet werden. Um den weltweit steigenden Bedarf an Nahrungsmitteln zu decken, muss zum einen in Regionen mit steigerbarem Ertragspotential effizienter produziert und damit ein höherer Ertrag erzielt werden.

Zum anderen müssen dazu aber auch in Regionen mit bereits hohen Erträgen diese gegenüber den Auswirkungen des Klimawandels gesichert werden. Insgesamt ist die Aufgabe der Produzenten daher eine nachhaltige Sicherung der Ernährung – unter Berücksichtigung weiterer Umweltauswirkungen – mit optimierten Produktionstechniken. Damit dies gelingt, müssen notwendige Maßnahmen durch Entwicklungszusammenarbeit weltweit verfügbar gemacht werden.[1]

Allein dadurch lassen sich die Emissionen jedoch nicht im notwendigen Umfang reduzieren – vielmehr wird ein weiterer Anstieg der Emissionen durch eine steigende Nachfrage erwartet. Deshalb muss vor allem die Nachfrage nach klimaschädlichen tierischen Produkten gesenkt werden.

Optimierung von Produktionstechniken und bei Äckern mit steigerbarem Ertragspotential ökologische Intensivierung

Unter anderem aufgrund von Gewohnheiten ist es jedoch schwierig, in der noch zur Begrenzung der Erderwärmung zur Verfügung stehenden Zeit in Ländern mit einem hohen Fleischkonsum schnell genug eine großflächige Veränderung der Ernährungsweise herbeiführen zu können.[2] Klar ist jedoch: Für eine klimafreundliche Landwirtschaft muss sich diese Gewohnheit des übermäßigen Konsums tierischer Produkte verändern! Verschiedene Instrumente können dabei helfen, diese Veränderung der Essgewohnheiten herbeizuführen: Beispielsweise indem der Preis von Lebensmitteln deren Klima- und Umweltauswirkungen berücksichtigt,[3] Verhaltensinstrumente eingesetzt (S. 114) sowie Konsumenten für den Einfluss ihrer Ernährungsweise auf das Klima sensibilisiert werden.[4,5]

Der dritte große Punkt ist die Vermeidung der Lebensmittelverluste, wodurch sich etwa 8-10 % der globalen Treibhausgasemissionen vermeiden lassen.[6]
Die übrigen Emissionen gilt es wieder aus der Atmosphäre zu entfernen – z. B. durch Aufforstung (S. 93).

Wenn gleichzeitig die Erzeugung der Nahrungsmittel optimiert und ökologisch intensiviert wird, die Nachfrage nach klimaschädlichen Produkten reduziert, Lebensmittelverluste vermieden und Maßnahmen zur Entfernung von Treibhausgasen aus der Atmosphäre eingesetzt werden, kann die Landwirtschaft klimafreundlich gestaltet werden.

Geringerer Konsum tierischer Nahrungsmittel

Vermeidung von Lebensmittelverlusten

Einsatz von Maßnahmen zur Entfernung von CO$_2$ (S. 92)

CO$_2$

C

KAPITEL 6

INDUSTRIE

Als Industrie wird meist der Teil der Wirtschaft bezeichnet, der Produkte für Endkonsumenten bzw. Unternehmen – beispielsweise Maschinen – herstellt. Industrieunternehmen befassen sich also mit einer Vielzahl von Aufgaben, die von der Gewinnung von Rohstoffen über die Weiterverarbeitung zu Produkten bis zu deren Entsorgung reichen.[1,2]

Da dazu oft große Mengen an Energie benötigt werden, ist die Industrie auch der Sektor mit dem größten Energiebedarf.[3]

Die Herausforderung des Industriesektors ist es nun, seine Treibhausgasemissionen zu reduzieren, obwohl die Nachfrage nach verschiedensten Produkten vor allem durch eine immer wohlhabendere Weltbevölkerung steigt.[4]

TREIBHAUSGASEMISSIONEN

Der Industriesektor war 2018 für insgesamt etwa 35 % der weltweiten Treibhausgasemissionen verantwortlich. Etwa 30 % davon entstanden durch den externen Bezug von Elektrizität und Wärme aus fossilen Brennstoffen. Diese quasi indirekt verursachten Emissionen werden daher oft dem Energiesektor zugerechnet. Alle weiteren Emissionen entstanden direkt in der Industrie. Welchen Anteil die einzelnen Industriezweige daran haben, zeigt die untenstehende Abbildung.[1]

Ungefähr 35 % aller industriebedingten Emissionen entstanden durch die direkte Verbrennung von fossilen Brennstoffen (z. B. zur Wärmebereitstellung in der chemischen Industrie, S. 88) sowie ca. 25,5 % in Prozessen (z. B. bei der Herstellung von Zement, S. 87).[2]

Seit dem Jahr 2000 sind die Emissionen der Industrie schneller gestiegen als in allen anderen Sektoren.[3]

Zusammensetzung der insgesamten Treibhausgasemissionen des Industriesektors seit dem Jahr 1990[1]

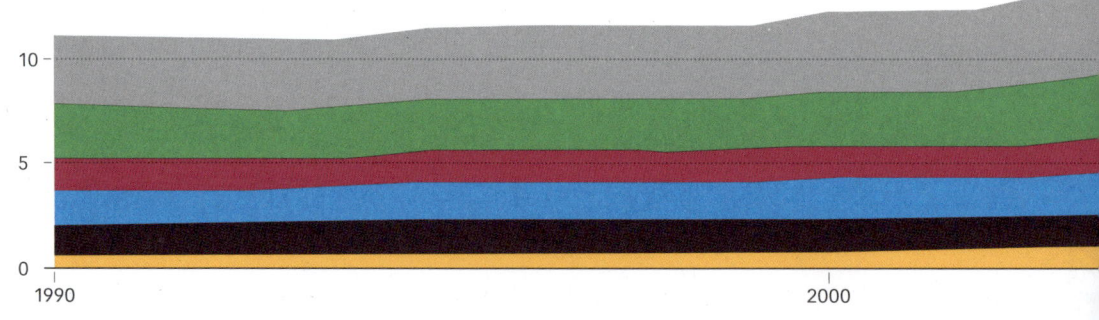

Ursächlich dafür war vor allem die vermehrte Gewinnung und Erzeugung von Rohstoffen aufgrund des Wirtschaftswachstums – vor allem vieler asiatischer Länder wie China – sowie das Bevölkerungswachstum und die dadurch erhöhte Nachfrage nach Produkten.[1,4]

Um die Industrie klimafreundlich zu gestalten, müssen sowohl die energie- als auch prozessbedingten Treibhausgasemissionen reduziert werden. Wie dies gelingt und wie die emissionsintensivsten Industrien – Stahl, Zement sowie die Erzeugung von Chemikalien – klimafreundlich gestaltet werden können, beschreiben die folgenden Seiten.

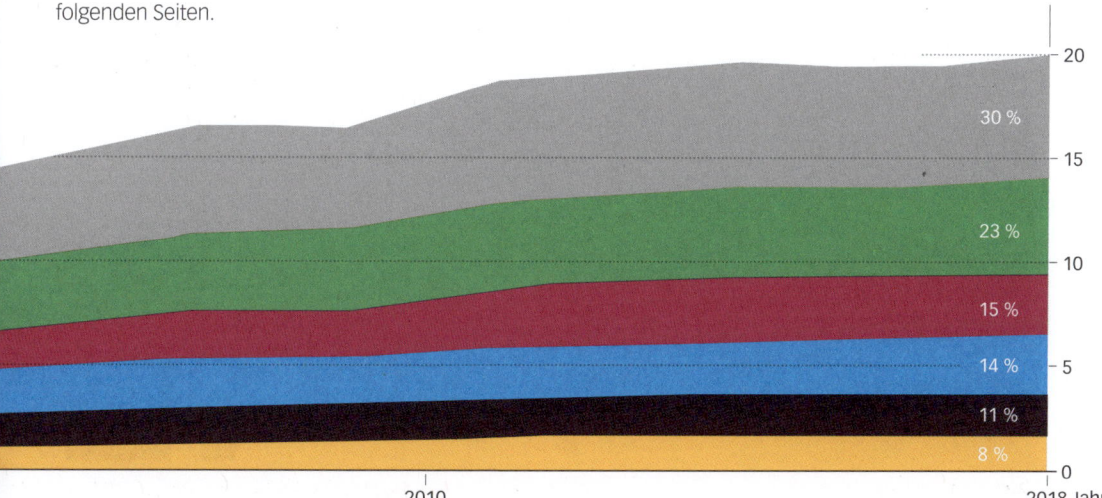

Indirekte Emissionen aus dem Bezug von fossiler Elektrizität und Wärme

Sonstige Industrie (Zellstoff- und Papier-, Nahrungsmittel- und Tabak-, Glas- und Keramikindustrie)

Metallindustrie (besonders Herstellung von Stahl)

Chemische Industrie

Abfallindustrie (Verbrennung und Entsorgung von Abfällen an Land sowie Entsorgung von häuslichen und industriellen Abwässern)

Zementindustrie

Emissionen in Gt CO_2e

Quelle: nach Lamb et al. (2021)

ENERGIE

Etwa zwei Drittel aller durch die Industrie entstehenden Treibhausgase waren 2018 energiebedingt: Jeweils zur Hälfte durch den externen Bezug von Strom und Wärme aus fossilen Brennstoffen sowie durch die direkte Verbrennung fossiler Brennstoffe in der Industrie selbst – hauptsächlich zur Erzeugung von Wärme.[1-3]

Erstere lassen sich durch den Kauf klimafreundlicher Elektrizität und Wärme bzw. die Installation eigener Anlagen zur Umwandlung von klimafreundlichen Energien vermeiden (z. B. mit Photovoltaikanlagen) [1];[4]

letztere durch den Einsatz klimafreundlicher Prozesswärme (S. 33). Dazu müssen Prozesse elektrifiziert und mit Elektrizität aus klimafreundlichen Energien betrieben bzw. für den Einsatz klimafreundlicher Energieträger wie grünem Wasserstoff (S. 38) umgerüstet werden [2].[5] In Regionen, in denen es noch lange dauern wird, bis das Energiesystem komplett klimafreundlich gestaltet ist, kann der Einsatz von Biomasse und Biogas eine klimafreundliche Lösung sein.[6] Deren Verfügbarkeit und damit Anwendung ist jedoch u. a. aufgrund der Flächenkonkurrenz zum Anbau von Nahrungsmitteln begrenzt und damit ist ein großflächiger Einsatz kaum möglich (S. 22).[7]

Übersicht der wichtigsten Maßnahmen zur Reduktion der energiebedingten Industrieemissionen

[1] Bezug von klimafreundlicher Elektrizität und Wärme

[2] Einsatz von klimafreundlicher Prozesswärme

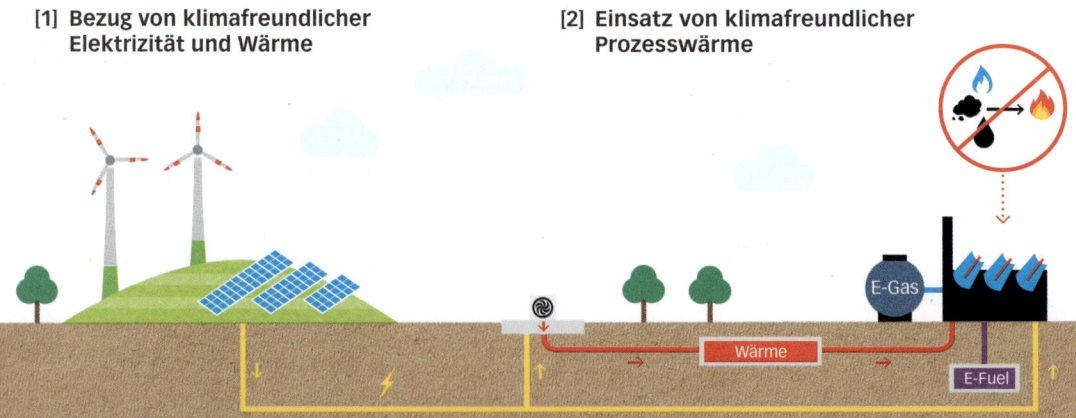

Eine weitere wichtige Maßnahme ist die Reduzierung des Energiebedarfs, beispielsweise durch die Nutzung von Abwärme oder einer guten Dämmung bei Kühlungs- und Erhitzungsprozessen.[8] Obwohl bereits heute in den meisten Industriezweigen zur Herstellung der gleichen Menge an Produkten fast 20 % weniger Energie benötigt wird als noch vor etwa 20 Jahren,[9] steigt der gesamte Energiebedarf der Industrie aufgrund einer immer größeren Nachfrage.[2] Energieeffizientere Prozesse müssen diesem Anstieg des Energiebedarfes und den damit höheren Treibhausgasemissionen entgegenwirken [3][10] – hierzu tragen auch die auf der folgenden Seite beschriebenen Maßnahmen zum Erreichen einer Kreislaufwirtschaft bei.

Hürden in der Umsetzung sind vor allem die im Vergleich zu fossilen Brennstoffen noch höheren Kosten klimafreundlicher Elektrizität (und deshalb auch Kosten von Energieträgern wie grünem Wasserstoff, welche mit Elektrizität aus erneuerbaren Energien erzeugt wurden).[11] Hinzu kommen hohe Anfangsinvestitionen sowie die Angst, dass neue Prozesse nicht so zuverlässig sein könnten wie bestehende.[12] Daher sind Politikmaßnahmen wie z. B. Differenzverträge und ein CO_2-Preis (S. 101) unerlässlich für eine Energiewende in der Industrie.[13]

Die energiebedingten Emissionen der Industrie können durch Energieeffizienzmaßnahmen, den externen Bezug klimafreundlicher Elektrizität und Wärme sowie den Einsatz klimafreundlicher Prozesswärme vermieden werden.

[3] Steigerung der Energieeffizienz

Kreislaufwirtschaft (S. 84)

MATERIALIEN & KREISLAUFWIRTSCHAFT

Neben fossilen Brennstoffen zur Energieerzeugung werden für die industrielle Produktion auch große Mengen an Werkstoffen benötigt. Abgesehen von Biomasse beläuft sich der aktuelle Bedarf an Materialien wie Eisen, Zement, Kunststoffen oder Glas auf über 50 Milliarden Tonnen pro Jahr.[1] Zur Erzeugung dieser Materialien wird meist sehr viel Energie benötigt, was 2015 etwa 60 % aller Treibhausgasemissionen der Industrie verursachte.[1] Getrieben durch den steigenden Wohlstand in Entwicklungs- und Schwellenländern steigt der weltweite Materialbedarf weiter an – z. B. zum Bau von Infrastruktur.[2] Aber auch für den Klimaschutz, z. B. zum Bau von Windenergieanlagen, werden vermehrt Materialien benötigt.[3] Deshalb werden sich im Vergleich zu heute die global im Einsatz befindlichen Materialien bis 2050 voraussichtlich auch mehr als verdoppeln.[4]

Die energiebedingten Emissionen aus der Materialerzeugung können zum einen durch den Einsatz klimafreundlicher Energien und energieeffizienterer Prozesse reduziert werden (S. 83).[5] Da jedoch weiterhin große Mengen Energie benötigt werden, ist es zum anderen auch entscheidend, die Nachfrage nach Materialien zu verringern – z. B. durch Leichtbau in der Automobilindustrie –, weniger treibhausgasintensive Materialien zu verwenden – z. B. Holz zum Bauen (S. 50) – und diese so weit wie möglich zu recyceln:[6] Das Sammeln, Trennen und Aufbereiten von Materialien benötigt meistens weniger Energie, als diese aus neuen Rohstoffen herzustellen.[7]

Aktuell werden von den jährlich anfallenden ca. 19 Milliarden Tonnen Materialabfällen (Produkte, die ihr Lebensende erreicht haben, Produktionsabfälle sowie Bauschutt) jedoch lediglich etwa 30 % recycelt.[4,8] Ziel ist es, durch eine Kombination verschiedener Maßnahmen [1] einen möglichst großen Teil des Materialbedarfes aus Materialabfällen zu decken. Dies bezeichnet man auch als Kreislaufwirtschaft; die derzeitige Produktion ist jedoch nur zu etwa 9 % zirkulär.[9]

Obwohl sich Recycling finanziell bei Materialien wie Stahl, Aluminium oder Papier lohnt,[10] ist dies aktuell nicht überall der Fall – beispielsweise bei Beton oder Kunststoff; Politikmaßnahmen wie Recyclingvorschriften oder Wiedereinsatzquoten sind daher unerlässlich.[11]

Unterschiedlichste mögliche Maßnahmen auf verschiedenen Ebenen machen es schwierig, entstehende Kosten und Emissionseinsparungen abzuschätzen. Klar ist jedoch, dass die Emissionen der Materialerzeugung durch eine energieeffizientere Produktion mit klimafreundlichen Energien sowie Maßnahmen zur Erreichung einer Kreislaufwirtschaft deutlich gesenkt werden können.[12] Um möglichst viel Energie und Materialien einzusparen, ist es am effizientesten, zuerst den Bedarf zu reduzieren, dann Produkte wiederzuverwenden und erst, wenn dies nicht möglich ist, zu recyceln.[13-15]

Ungefähre Zusammensetzung der 2018 weltweit in Nutzung befindlichen Grundstoffe[4,16,17]
nach Gewicht

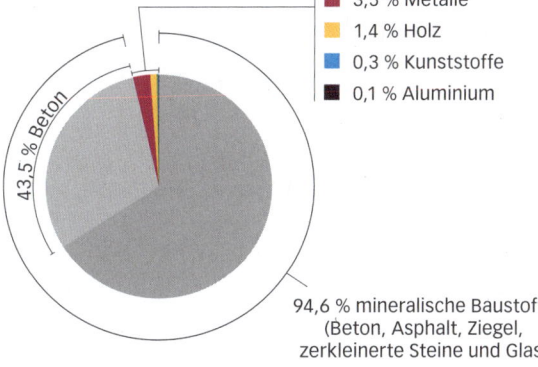

- 3,5 % Metalle
- 1,4 % Holz
- 0,3 % Kunststoffe
- 0,1 % Aluminium

43,5 % Beton

94,6 % mineralische Baustoffe
(Beton, Asphalt, Ziegel,
zerkleinerte Steine und Glas)

[1] Übersicht der wichtigsten Maßnahmen zur Förderung einer Kreislaufwirtschaft[12-15]

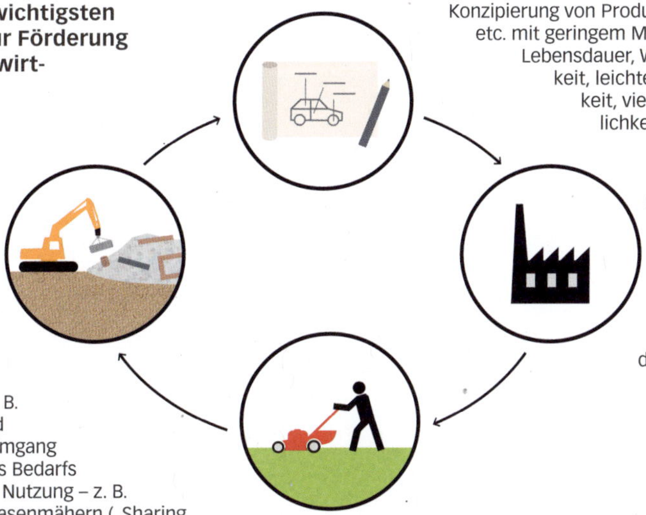

Konzipierung von Produkten/Gebäuden etc. mit geringem Materialbedarf, langer Lebensdauer, Wiederverwendbarkeit, leichter Reparaturmöglichkeit, vielfältiger Einsatzmöglichkeit etc.

Sparsamer Materialeinsatz und Verwendung klimafreundlicher Werkstoffe sowie Vermeidung und Wiederverwendung von Abfällen in der Produktion

Sammlung, Wiederaufbereitung und Recycling von Produkten und Materialien

Verlängerung der Produktlebensdauer z. B. durch Reparaturen und einen schonenderen Umgang sowie Verringerung des Bedarfs durch eine intensivere Nutzung – z. B. durch das Teilen von Rasenmähern („Sharing Economy") oder Bürobelegung durch mehrere Firmen. Vermeidung von Überkonsum und Verschwendung (Veränderung des Lebensstils)

ZWISCHENFAZIT

Die Treibhausgasemissionen der Industrie entstehen vor allem durch den Bezug und die direkte Erzeugung von Energie aus fossilen Brennstoffen, in Prozessen bei der Produktion sowie bei der Entsorgung von Produkten. Die energiebedingten Emissionen können durch den Bezug von klimafreundlicher Elektrizität und Wärme und durch den Einsatz klimafreundlicher Energieträger – vor allem zur Erzeugung von Prozesswärme – reduziert werden.

Wichtig ist jedoch auch, Energie sparsam zu nutzen, denn je weniger Energie benötigt wird, desto weniger Treibhausgase entstehen. Neben energieeffizienten Prozessen tragen hierzu vor allem Maßnahmen zur Erreichung einer Kreislaufwirtschaft bei. Klimafreundliche Energien, Energieeffizienzmaßnahmen und damit auch Maßnahmen zur Förderung einer Kreislaufwirtschaft sind wichtige Pfeiler zur Reduktion der Emissionen in allen Industriezweigen.

… SO GEHT ES WEITER

Neben den energiebedingten Emissionen entstehen Treibhausgase in der Industrie oft auch im Prozess der Herstellung von Materialien und Produkten (sog. prozessbedingte Emissionen).[1] Wie diese in den emissionsintensivsten Industriezweigen reduziert werden können, zeigen die folgenden Seiten.

WICHTIG: Die auf den vorherigen Seiten beschriebenen Maßnahmen hinsichtlich des Energie- und Materialeinsatzes bilden in allen Industriezweigen immer eine wichtige Säule zur Reduktion der Treibhausgasemissionen![2,3]

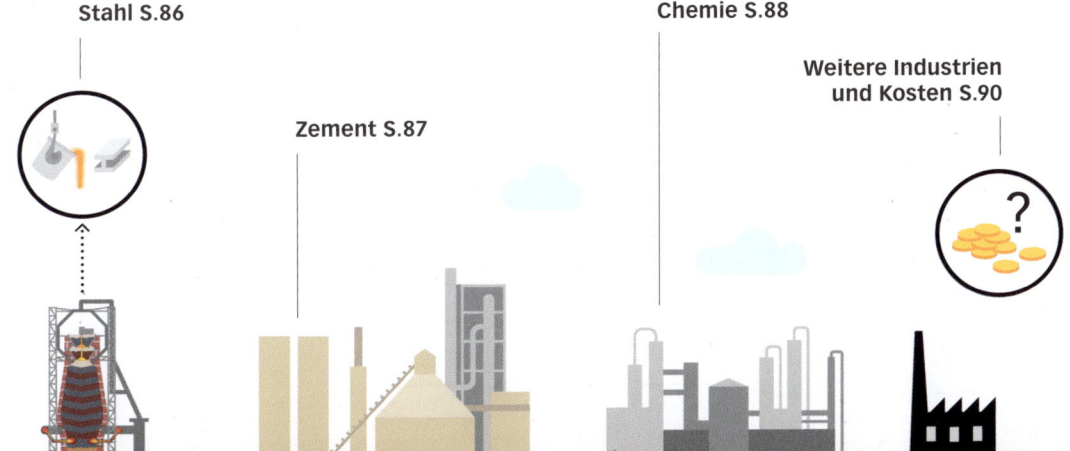

STAHL

Die Stahlerzeugung war im Jahr 2019 für etwa 7 bis 10 % der weltweiten CO_2-Emissionen verantwortlich.[1,2,3] CO_2 entsteht dabei hauptsächlich im Prozess der Gewinnung von Roheisen aus Eisenerz: In sogenannten Hochöfen wird der Sauerstoff aus dem Eisenerz entfernt, indem er mit Kohlenmonoxid aus Koks (gewonnen aus Kohle) zu CO_2 reagiert.[2,3]

Deutlich weniger Emissionen entstehen, wenn der Sauerstoff aus dem Eisenerz in einer Direktreduktionsanlage mit Wasserstoff entfernt wird [1] – allerdings nur, wenn sowohl der Wasserstoff als auch die für den Prozess benötigte Wärmeenergie mit klimafreundlichen Energien erzeugt werden.[3,4] Anschließend kann der dabei entstehende feste sog. Eisenschwamm in einem Elektrolichtbogenofen geschmolzen und zu Stahl weiterverarbeitet werden. Der Elektrolichtbogenofen nutzt zum Schmelzen elektrische Energie [2].[3,4]

Da die für diesen Prozess benötigten Energiemengen jedoch enorm sind, muss auch die Entwicklung energieeffizienterer Produktionsverfahren vorangetrieben werden:[2,3] Z. B. sollen bei der sog. wasserstoffbasierten Plasmareduktion die Prozesse des Hochofens (Sauerstoff entfernen) und des Elektrolichtbogenofens (Einschmelzen) in einem Prozess vereint werden. Dadurch minimieren sich die Energieverluste und sowohl die Menge der benötigten Energie als auch des Wasserstoffes könnten reduziert werden – dieser Prozess befindet sich jedoch noch in Erforschung.[3,5] Für eine vollständig klimaneutrale Stahlerzeugung muss zusätzlich an Lösungen für weitere – emissionstechnisch kleinere – Herausforderungen geforscht werden; beispielsweise setzen die im Elektrolichtbogenofen verwendeten Graphitelektroden bei ihrem Abbrand CO_2 frei.[3,6]

Die Umsetzung scheitert meist an den deutlich höheren Kosten, weshalb klimafreundlicher Rohstahl um etwa 10 bis 50 % teurer als herkömmlicher Stahl aus der Hochofenroute sein wird.[7,8]

[1]

[2]

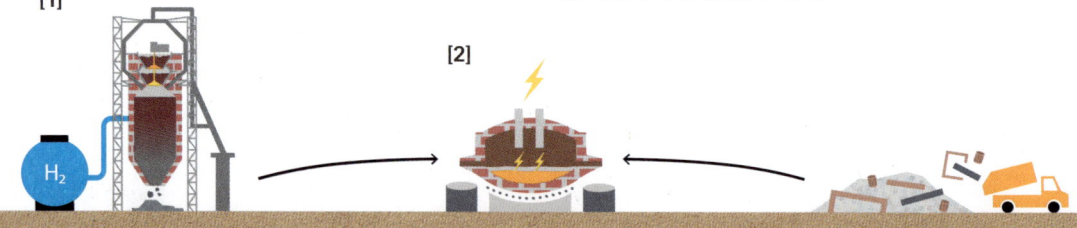

Obwohl dies für den Endkonsumenten kaum spürbar ist, haben Stahlerzeuger dadurch einen enormen Wettbewerbsnachteil, weshalb der Umstieg besonders für die ersten umsteigenden Betriebe politisch gefördert werden muss (S. 90).[6]

Deutlich klimafreundlicher als die Herstellung von Stahl aus Eisenerz (Primärstahl) ist die Erzeugung von recyceltem Stahl: Wird Stahlschrott mit Elektrolichtbogenöfen eingeschmolzen, so entstehen im Durchschnitt bereits heute etwa 60 % weniger Treibhausgasemissionen pro Tonne Stahl.[6]

Aktuell werden etwa 85 % der weltweit entsorgten Stahlerzeugnisse recycelt,[6] was aufgrund der hohen Nachfrage nach Stahl im Jahr 2017 jedoch nur etwa einem Viertel der weltweiten Produktion entsprach.[9] Da die Menge des benötigten Stahls in den kommenden Jahrzehnten voraussichtlich immer weiter steigen wird – u. a. auch, da dieser zur globalen Energiewende wie der Herstellung von Windenergieanlagen benötigt wird[10] – ist deshalb ein sparsamer, zielgerichteter Einsatz eine weitere wichtige Maßnahme.[3,6] Daneben ist es zur Förderung einer Kreislaufwirtschaft entscheidend, auch hochqualitativen Recyclingstahl herstellen zu können – z. B. durch sorgfältige Sortieranlagen, um vor allem Verunreinigungen mit Kupfer und Zinn zu vermeiden, sowie eine getrennte Sammlung von Stählen unterschiedlicher Qualität.[3,6]

Im Vergleich zur klassischen Hochofenroute lassen sich die Treibhausgasemissionen aus der Herstellung von Stahl aus Eisenerz mittels wasserstoffbasierter Direktreduktion unter Einsatz ausschließlich klimafreundlicher Energieträger fast komplett vermeiden. Dazu müssen jedoch ganze Prozesse neu strukturiert und dies von der Politik unterstützt werden.

Zusammensetzung des ungefähren weltweiten Stahleinsatzes[11]

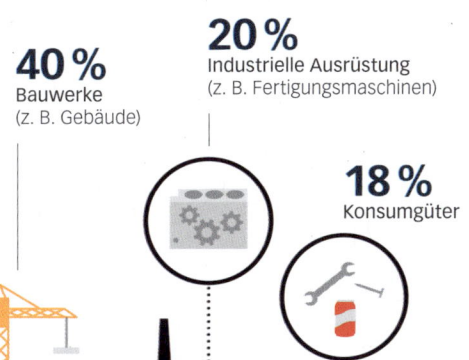

40 %
Bauwerke
(z. B. Gebäude)

20 %
Industrielle Ausrüstung
(z. B. Fertigungsmaschinen)

18 %
Konsumgüter

13 %
Infrastruktur

10 %
Fortbewegungsmittel

ZEMENT

Zement ist das Bindemittel („Kleber") von Beton, dem meistverwendeten Baustoff der Welt.[1] Durch die direkt bei der Herstellung von Zement verursachten Treibhausgase entstanden 2018 etwa 8 % der industriebedingten Treibhausgasemissionen:[2] Zur Umwandlung von Kalkstein in sogenannten Zementklinker [1] – einem Bestandteil des Zements – werden zum einen Temperaturen von bis zu 1.450 °C benötigt.[3] Da dazu oft fossile Brennstoffe verwendet werden, entstehen hierbei etwa 40 % der Emissionen [2].[1,4] Diese hohen Temperaturen können jedoch zum Teil auch mit klimafreundlichen Energieträgern wie Elektrizität bzw. Wasserstoff aus klimafreundlichen Energien (S. 38) oder Biomasse erzeugt und damit die Emissionen vermieden werden.[2]

Problematischer hingegen sind die restlichen 60 % der Emissionen, denn bei der Umwandlung („Brennen") von Kalkstein entsteht zum anderen CO_2 als Nebenprodukt [3].[1,4]

Um den gebrannten Kalksteinbedarf und damit die Emissionen zu verringern, kann zum einen zur Herstellung des Zements ein Teil des Zementklinkers durch alternative Bestandteile ersetzt werden – bereits heute wird hierzu u. a. Hochofenschlacke aus der Roheisenherstellung verwendet.[3,5] In Zukunft könnte dazu z. B. eine Mischung aus verschiedenen Bestandteilen wie kalzinierten (erhitzten) Tonen und gemahlenem (ungebranntem) Kalkstein verwendet werden.[6,7] Dadurch könnte etwa die Hälfte des Klinkers ersetzt werden.[6] Der Anteil der Beimischprodukte kann jedoch nicht beliebig erhöht werden, da sich ansonsten die Eigenschaften des Zements zu stark verändern.[1,3]

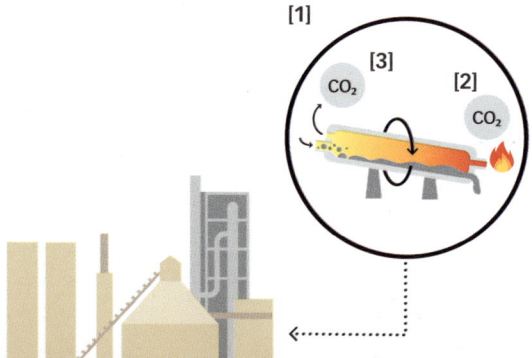

Zum anderen wird deshalb versucht, an Ersatzprodukten für Zementklinker selbst – also alternativen Bindemitteln – zu arbeiten und dabei den gebrannten Teil des Kalksteins durch andere Ausgangsstoffe zu ersetzen.[3] Gleichwertige alternative Bindemittel im großen Stil komplett ohne gebrannten Kalkstein zu erzeugen, ist jedoch aufgrund von Kosten, Materialverfügbarkeit, benötigtem Energieeinsatz und Produkteigenschaften noch nicht möglich.[1,3,8] Weiterhin vorhandene Prozessemissionen müssen deshalb vorerst abgeschieden und dauerhaft gespeichert werden ("Herausfiltern des CO_2" S. 26, 95).[3] Aufgrund dieser Schwierigkeiten ist es entscheidend, sowohl daran zu arbeiten, ausgediente Betonteile wieder zu recyceln und als Ausgangsmaterial einzusetzen, als auch die Nachfrage nach Zement zu verringern:[1,3,5]
Zement ist kostengünstig, druckfest und lange haltbar und wird deshalb sehr oft als Baustoff verwendet.[1,3] Würde er nur dort verwendet, wo er wirklich auch benötigt wird, so könnte allein dadurch die Zementnutzung um etwa 20-30 % reduziert werden [4].[9-11]

Auch die Verwendung von passgenauem Zement bzw. Beton, u.a. durch eine Optimierung des Zementanteils im Beton, verringert den Zementbedarf.[12,13]
Zur Umsetzung der Maßnahmen müssen Bauprozesse industrialisiert und sowohl Erzeuger als auch Anwender darüber geschult werden.[14,15] Zudem muss den höheren Erzeugungskosten (S. 90) und damit Wettbewerbsnachteilen für Unternehmen mit politischen Maßnahmen wie einem CO_2-Preis (S. 102) entgegengewirkt werden.[16]

Die aktuelle Zementproduktion lässt sich durch den Einsatz klimafreundlicher Prozesswärme, Maßnahmen zur Reduzierung des gebrannten Kalksteinanteils sowie durch Abscheiden und Speichern des verbleibenden CO_2 klimafreundlich gestalten. Da die Abscheidung jedoch teuer sowie die Speicherung mit lokalen ökologischen Risiken verbunden sein kann und nicht alle Emissionen reduziert (S. 26, 95), ist es auch entscheidend, den Zementbedarf zu verringern und an gleichwertigen, aber treibhausgasfreien alternativen Bindemitteln zu forschen.

Teile des Betons reagieren an der Luft mit CO_2 zu Kalkstein, wodurch über die gesamte Lebensdauer etwa 15-27 % des bei der Herstellung anfallenden CO_2 wieder aufgenommen wird.[17]

[4]

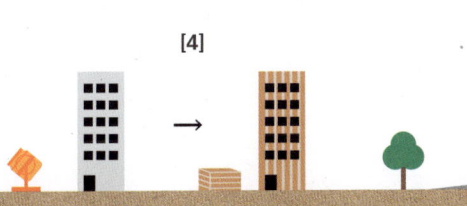

CHEMIE I

Im Jahr 2018 entstanden etwa 14 % der weltweit industriebedingten Treibhausgasemissionen direkt in der chemischen Industrie – sowohl durch die direkte Verbrennung fossiler Brennstoffe zur Erzeugung von hauptsächlich Wärme als auch in Prozessen selbst.[1]

Den größten Anteil an den direkten CO_2-Emissionen der chemischen Industrie hat mit etwa 30 % die Produktion von Ammoniak,[2] das großteils zur Herstellung synthetischer Stickstoffdünger verwendet wird (S. 69).[3] Die Emissionen aus der Ammoniakherstellung können vermieden werden, indem sowohl der dazu benötigte Wasserstoff (der aktuell aus Erdgas erzeugt wird) als auch die Prozesswärme mit klimafreundlicher Energie erzeugt wird (S. 33, 38).[4]

Aufgrund der Vielzahl an chemischen Erzeugnissen sind Klimaschutzmaßnahmen im Detail immer sehr prozessspezifisch. Da die meisten Emissionen in der chemischen Industrie durch das Verbrennen fossiler Brennstoffe zur Erzeugung von Prozesswärme entstehen, sind der Einsatz klimafreundlich erzeugter Prozesswärme (S. 33) sowie Maßnahmen zur Steigerung der Energieeffizienz besonders wichtige Hebel.[5] Der Energie- sowie Materialeinsatz reduziert sich auch durch Maßnahmen zur Förderung einer Kreislaufwirtschaft (S. 84).[6]

Anders als in anderen Sektoren verwendet die chemische Industrie etwa die Hälfte der fossilen Energieträger zur stofflichen Nutzung: Etwa 14 % des weltweiten Erdöl- sowie 8 % des weltweiten Erdgasbedarfs 2017 wurde von der Petrochemie zur Herstellung chemischer Produkte wie Kunststoffe, Gummi oder Reinigungsmittel verwendet.[7] Das Problem: Sowohl bei der Förderung fossiler Brennstoffe als auch bei der Entsorgung daraus gefertigter Produkte – z. B. durch Verbrennen von Kunststoffen – entstehen Emissionen.[8] Werden Ausgangsmaterialien jedoch mit Hilfe von klimafreundlicher Energie aus Kohlenstoff aus der Umgebungsluft oder Biomasse hergestellt, so entsteht ein CO_2-Kreislauf (S. 38). Viele der so hergestellten Stoffe haben fast dieselben chemischen Eigenschaften wie ihre fossilen Pendants und können daher teils sogar direkt in bestehenden Produktionsanlagen verwendet werden; in vielen Prozessen wird jedoch auch eine Umstellung notwendig sein.[7,9] Die Herstellung von Ersatzstoffen mittels klimafreundlicher Elektrizität ist jedoch energieintensiv und zurzeit teurer als die Verwendung fossiler Rohstoffe, weshalb für eine kostengünstige Produktion die Herstellung in Regionen mit sehr günstigen Preisen für klimafreundliche Energie (S. 39) sowie politische Unterstützung unerlässlich sind.[10-12] CO_2, welches weiterhin in Prozessen wie bei der Verbrennung von Abfallstoffen entsteht, muss aus diesen herausgefiltert und dauerhaft gespeichert werden (S. 26, 95).[13]

Beispiele chemischer Produkte aus Erdöl und Erdgas

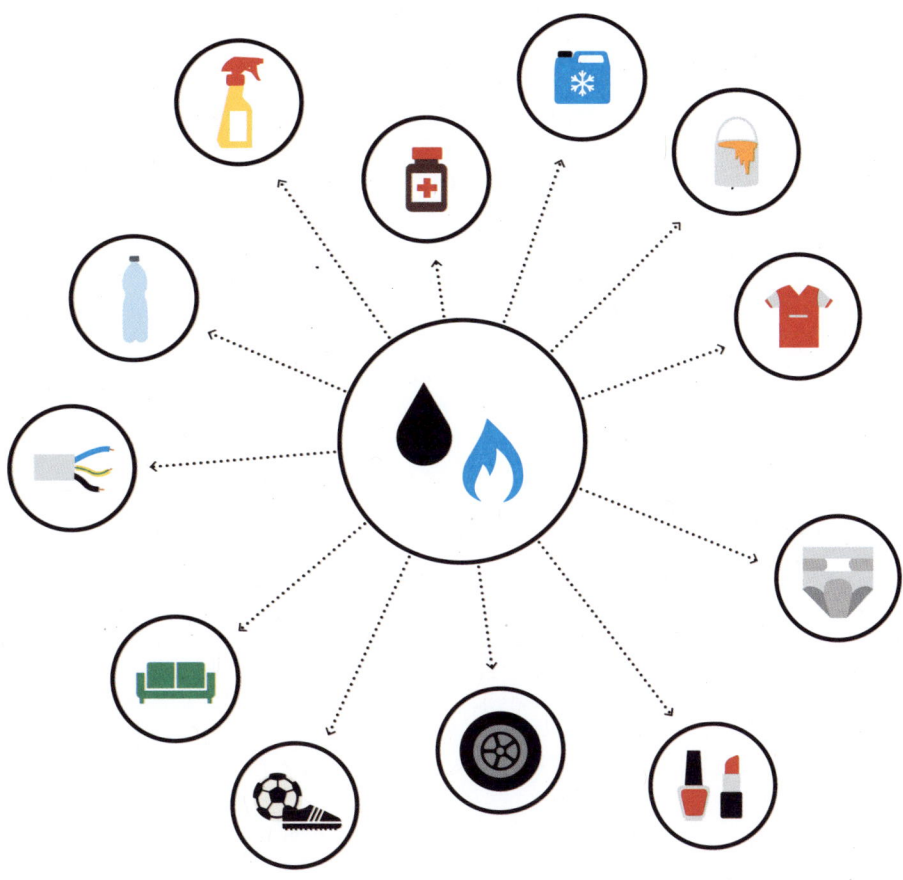

Kunststoffe

Die Herstellung und Entsorgung von Kunststoffen ist die zweitgrößte Quelle an Treibhausgasen der Chemiebranche. Emissionen entstehen dabei hauptsächlich durch die Verbrennung fossiler Brennstoffe zur Erzeugung von Prozesswärme.[1] Da über 99 % der weltweiten Kunststoffe auf Basis von Erdöl und Erdgas erzeugt werden,[2] verursachen aber auch die auf der vorherigen Seite beschriebenen Emissionen aus der stofflichen Nutzung fossiler Brennstoffe weitere Emissionen. Eine klimafreundlichere Alternative können zum einen Kunststoffe sein, die auf nachhaltig gewonnener Biomasse basieren (S. 22) und zum anderen auf Ausgangsstoffen, die mit klimafreundlichen Energien und klimafreundlichem Kohlenstoff (z. B. aus der Umgebungsluft) erzeugt wurden (S. 38).[3] Das Hauptproblem dabei sind die höheren Kosten der Ausgangsmaterialien sowie die Tatsache, dass aktuell mit biobasierten Kunststoffen noch nicht alle Eigenschaften aller fossilen Pendants erreicht werden können.[3,4] Hohe Kosten aus der Summe aller zum Recycling benötigten Schritte sind auch einer der Gründe, weshalb die weltweite stoffliche Kunststoff-Recyclingquote aktuell nur etwa 9 % beträgt.[5] 12 % des Kunststoffs werden verbrannt und der Rest wird deponiert oder in der Umwelt entsorgt.[5,6]

Um die Emissionen durch Kunststoffe zu senken, müssen zum einen die zur Produktion benötigte Prozesswärme klimafreundlich erzeugt und nachhaltigere Ausgangsstoffe verwendet werden.[1,7] Zum anderen muss die Recyclingquote erhöht werden. Sofern eine Verbrennung von Kunststoffen unvermeidbar ist, sollte das dabei entstehende CO_2 möglichst herausgefiltert und dauerhaft gespeichert werden.[7]

Fazit Chemiebranche

Um die Emissionen aus den unterschiedlichsten chemischen Prozessen zu reduzieren, muss vor allem Prozesswärme klimafreundlich erzeugt werden. Des Weiteren werden klimafreundlichere Ausgangsmaterialien sowie Maßnahmen zur Förderung einer Kreislaufwirtschaft benötigt. Überall dort, wo CO_2 in Prozessen wie der Verbrennung von Abfallstoffen entsteht und daher schwer vermeidbar ist, muss es abgeschieden und gespeichert oder aber mittels Maßnahmen zur Entfernung von CO_2 aus der Atmosphäre ausgeglichen werden. Da die klimafreundliche Erzeugung chemischer Produkte fast immer teurer als herkömmliche Verfahren ist (S. 90), sind besonders auch unterstützende politische Maßnahmen unerlässlich (S. 101).[8]

Zunahme der Nachfrage nach verschiedenen Materialien[9]

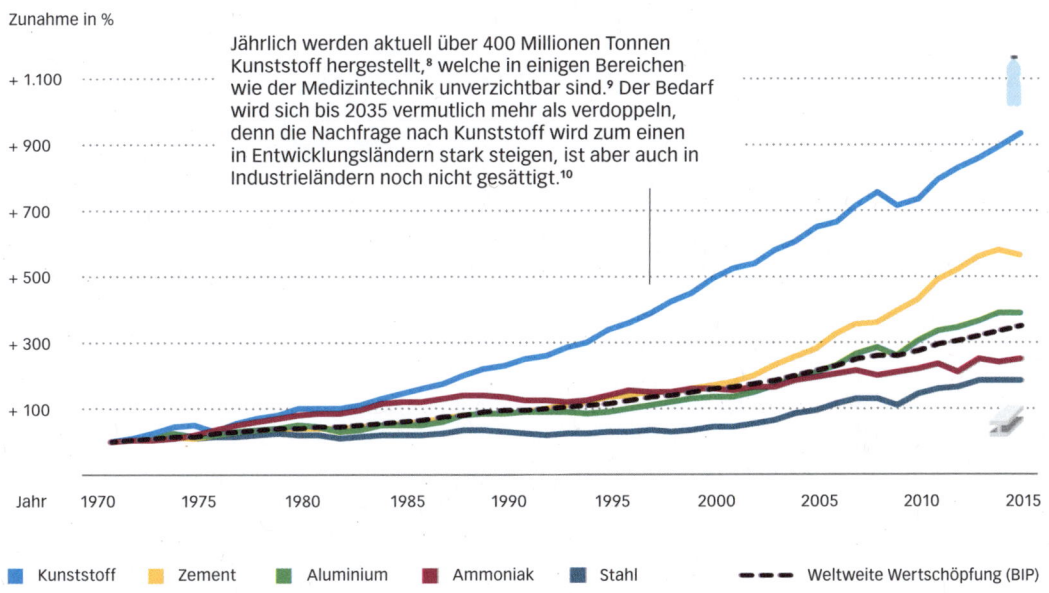

Zunahme in %

Jährlich werden aktuell über 400 Millionen Tonnen Kunststoff hergestellt,[8] welche in einigen Bereichen wie der Medizintechnik unverzichtbar sind.[9] Der Bedarf wird sich bis 2035 vermutlich mehr als verdoppeln, denn die Nachfrage nach Kunststoff wird zum einen in Entwicklungsländern stark steigen, ist aber auch in Industrieländern noch nicht gesättigt.[10]

+ 1.100
+ 900
+ 700
+ 500
+ 300
+ 100

Jahr   1970   1975   1980   1985   1990   1995   2000   2005   2010   2015

■ Kunststoff   ■ Zement   ■ Aluminium   ■ Ammoniak   ■ Stahl   – – – Weltweite Wertschöpfung (BIP)

Quelle: nach © OECD/IEA (2018)

WEITERE INDUSTRIEZWEIGE & KOSTEN

Leichtindustrie, Zellstoff- und Papierindustrie, Nichteisenmetalle

Etwa 9,7 % der industriebedingten CO_2-Emissionen entstanden 2016 durch die Leichtindustrie („Konsumgüter") sowie jeweils etwa 0,8 % zum einen durch die Zellstoff- und Papierindustrie und zum anderen die Herstellung von Nichteisenmetallen – hauptsächlich Aluminium, aber u. a. auch Nickel, Zink, Kupfer, Magnesium und Titan.[1-3] In allen drei Industriezweigen entstehen Treibhausgase hauptsächlich durch die Verbrennung fossiler Brennstoffe zur Erzeugung von Prozesswärme sowie den Bezug von Elektrizität und Wärme aus fossilen Brennstoffen;[1-3] bei der Herstellung von Nichteisenmetallen teilweise auch in Prozessen selbst.[4]

Wichtigste Klimaschutzmaßnahmen sind deshalb Energieeffizienzmaßnahmen, der Bezug klimafreundlicher Energie, der Einsatz klimafreundlicher Prozesswärme – z. B. durch die Elektrifizierung von Prozessen – und Maßnahmen zur Förderung einer Kreislaufwirtschaft.[5-7] Obwohl dazu notwendiges Wissen oft schon vorhanden ist und klimafreundliche Produktionsverfahren teils sogar schon in der Vergangenheit angewandt wurden, scheitert die Umsetzung meist an den vergleichsweise höheren Kosten – besonders für klimafreundliche Energie.[8]

Ungefähre Preisanstiege einer komplett klimaneutralen Produktion verschiedener Rohmaterialien im Vergleich zu herkömmlichen Produktionsweisen sowie die daraus möglicherweise resultierenden Preisänderungen ausgewählter Endprodukte.

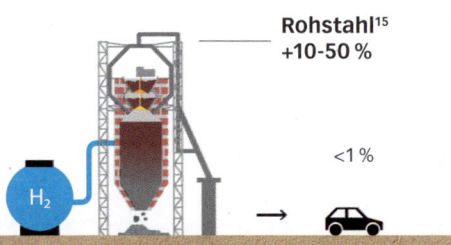

Rohstahl[15]
+10-50 %

<1 %

Kosten

Klimaschutzmaßnahmen in der Industrie kosten meist grob zwischen 20 und 130 Euro pro Tonne eingespartem CO_2.[9-13] Dadurch entstehen besonders für die ersten umrüstenden Unternehmen Wettbewerbsnachteile, da durch die zusätzlichen Kosten für Klimaschutzmaßnahmen auch ihre Produkte teurer werden. Damit besonders von Wettbewerbsnachteilen betroffene Unternehmen trotzdem auf klimafreundliche Produktionsverfahren umsteigen, sind Politikmaßnahmen wie ein CO_2-Preis und Grenzausgleichszölle daher unerlässlich (S. 101).[14]

Wie die untenstehende Abbildung zeigt, wirken sich teils deutlich höhere Produktionskosten einzelner Rohmaterialien meist wenig auf den tatsächlichen Preis daraus gefertiger Produkte für Endkunden aus. Dies liegt oft daran, dass die Kosten für den Einkauf von Rohmaterialien im Vergleich zu anderen Produktionskosten gering ausfallen und damit nur einen kleinen Anteil des letztendlichen Produktpreises ausmachen.

Auch werden oft nur geringe Mengen der teurer werdenden Materialien pro Produkt benötigt.[15-17] Hier sind jedoch nur die Auswirkungen aus dem Preisanstieg eines Materials (z. B. Stahl) auf das Endprodukt dargestellt. Der tatsächliche Preisanstieg eines Produktes kann jedoch durch die Kombination vieler verschiedener Einflussfaktoren höher ausfallen – beispielsweise, wenn viele aktuell klimaschädlich produzierte Materialien ersetzt werden müssen.[18] Maßnahmen zur Steigerung der Materialeffizienz sind bei solchen Produkten dann nicht nur besonders wichtig, um die Emissionen zu senken, sondern auch, um den Preisanstieg durch einen geringeren Materialbedarf zu begrenzen.[19] Wie stark sich der Preis einzelner Produkte tatsächlich verändern könnte, ist aufgrund der Vielzahl von Einflussfaktoren nur schwer allgemein zu ermitteln.[20-22]

Damit Klimaschutz in der Industrie gelingt, benötigt es Politikmaßnahmen zum Ausgleich von Wettbewerbsnachteilen (S. 101), welche aufgrund höherer Produktionskosten besonders für die ersten umsteigenden Unternehmen entstehen.[14]

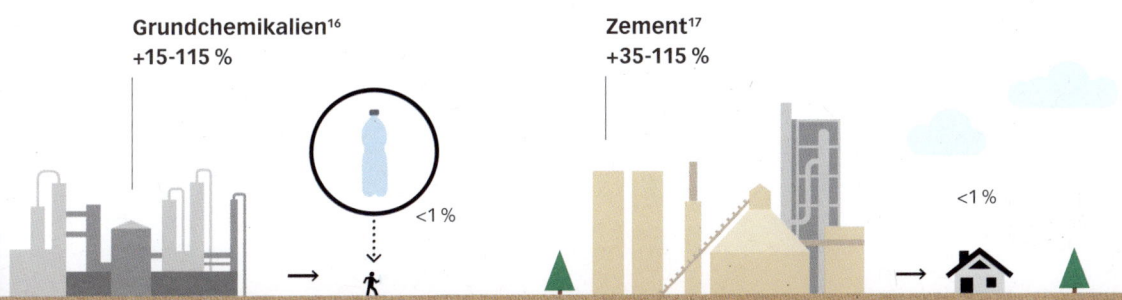

Grundchemikalien[16]
+15-115 %

<1 %

Zement[17]
+35-115 %

<1 %

FAZIT

Etwa 35 % der weltweiten Treibhausgase entstanden 2018 durch die Industrie – zu etwa zwei Dritteln aus dem Bezug und der direkten Erzeugung von Energie aus fossilen Brennstoffen und zu einem Drittel aus hauptsächlich prozessbedingten Emissionen.[1,2] Zu deren Vermeidung muss das unten zusammengefasste Maßnahmenbündel umgesetzt werden – die dafür notwendigen Technologien existieren größtenteils bereits heute.

Die größten Hürden bei der Umsetzung sind die meist höheren Produktionskosten einer klimafreundlichen Produktion und folglich Wettbewerbsnachteile für vorangehende Unternehmen. Politikmaßnahmen, die sowohl die Umsetzung von Klimaschutzmaßnahmen vorantreiben – z. B. mit einem CO_2-Preis (S. 101) – als auch besonders zu Beginn des Umstiegs große Wettbewerbsnachteile ausgleichen – z. B. mittels Differenzverträgen (S. 101) – sind daher für die Umsetzung unerlässlich.

Zusammenfassung der wichtigsten Klimaschutzmaßnahmen in der Industrie

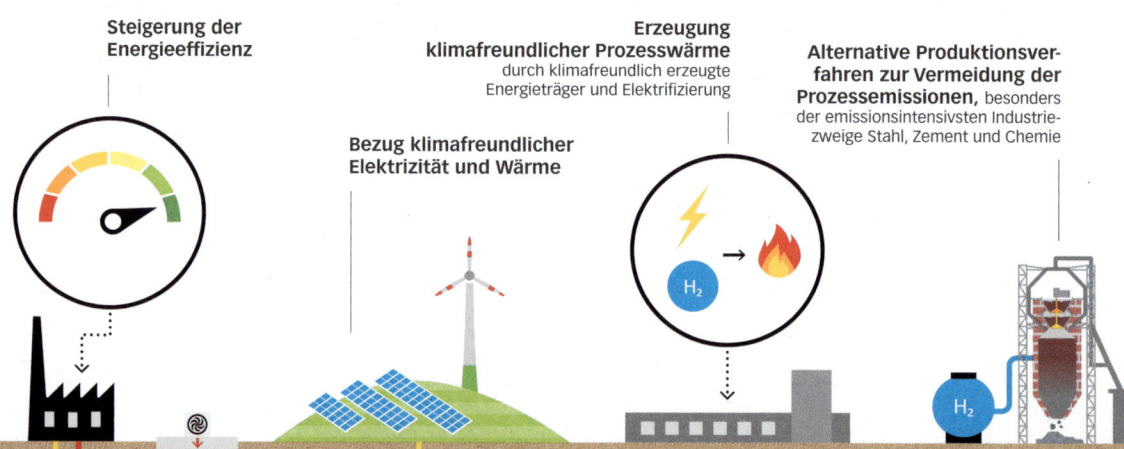

Steigerung der Energieeffizienz

Erzeugung klimafreundlicher Prozesswärme durch klimafreundlich erzeugte Energieträger und Elektrifizierung

Alternative Produktionsverfahren zur Vermeidung der Prozessemissionen, besonders der emissionsintensivsten Industriezweige Stahl, Zement und Chemie

Bezug klimafreundlicher Elektrizität und Wärme

Auch müssen Infrastrukturinvestitionen – z. B. für den Einsatz von Wasserstoff – sowie die Entwicklung von klimafreundlichen Verfahren für heute noch nicht oder nur schwer zu dekarbonisierende Prozesse vorangetrieben werden.

Klimaschutz in der Industrie benötigt große Prozessänderungen – z. B. Prozesse auf klimafreundliche Energieträger wie Wasserstoff umzurüsten, anstatt lediglich die Effizienz bestehender Prozesse zu verbessern –[3] und die sofortige Umsetzung dieser Maßnahmen:[4] Da die typische Lebensdauer großer Industrieanlagen zur Herstellung von Stahl, Zement und Chemikalien etwa 50-70 Jahre beträgt,[5] führen weitere Investitionen in klimaschädliche Produktionsverfahren zu vorprogrammierten Emissionen.[6,7] Diese sind besonders schwer schnell zu reduzieren, da zur angestrebten Rentabilität der Investitionen die Anlagen eigentlich weiterlaufen müssen.[6]

Aber auch andere Sektoren haben einen Einfluss auf die Industrieemissionen – z. B. die Höhe und Art des Materialbedarfes, wenn im Gebäudebau vermehrt Holz als Baustoff verwendet wird und dadurch der Zement- und Stahlbedarf sinkt.[8] Des Weiteren kann Klimaschutz in der Industrie die Standortwahl von Unternehmen verändern – z. B. eine Verlagerung energieintensiver Bereiche wie die der Stahlproduktion in Regionen mit günstigem Angebot klimafreundlicher Energie.[9]

Die Industrie kann mit den bereits heute vorhandenen sowie in fortgeschrittenem Entwicklungsstadium befindlichen Technologien klimafreundlich werden. Damit dies gelingt, muss die Umsetzung der wichtigsten Hebel von der Politik mit einem gut abgestimmten Maßnahmenpaket vorangetrieben werden.[10-14]

Herausfiltern und dauerhafte Speicherung von CO_2-Emissionen
Als letzte Option zur Vermeidung weiterhin vorhandener Emissionen (S. 26)

Einsatz klimafreundlicher Ausgangsstoffe
für den nichtenergetischen Verbrauch anstatt fossiler Rohstoffe

Maßnahmen zur Förderung der Kreislaufwirtschaft

E-Gas

E-Fuel

CO_2

KAPITEL 7

CO$_2$-ENTFERNUNG

Die Treibhausgasemissionen werden höchstwahrscheinlich nicht schnell genug sinken, um das 1,5-Grad-Limit einzuhalten.[1] Außerdem gibt es Emissionen, die sehr schwer zu vermeiden sind, wie z. B. bei der Herstellung von Zement (S. 87) oder bei Langstreckenflügen (S. 62).[2,3] Daher muss das zu viel ausgestoßene CO$_2$ wieder aus der Atmosphäre entfernt und dadurch auch die schwer zu vermeidenden Emissionen kompensiert werden.[4] Je schneller der Treibhausgasausstoß in den nächsten Jahren reduziert wird, desto geringer ist die Abhängigkeit von

Maßnahmen der CO$_2$-Entfernung: Sinken die Emissionen rasch, müssten ab 2060 etwa 5 Gigatonnen (Gt) CO$_2$ pro Jahr aus der Atmosphäre entfernt werden, um das 1,5-Grad-Limit einzuhalten [1]. Steigen die Emissionen aber in den nächsten Jahren weiter an, müssten später bis zu 20 Gigatonnen CO$_2$ pro Jahr aus der Atmosphäre entfernt werden [2].[5]

Die unterschiedlichen Möglichkeiten, ihre Potentiale und Risiken werden auf den folgenden Seiten dargestellt.

Zwei mögliche Entwicklungen des CO$_2$-Ausstoßes bis zum Jahr 2100 zur Einhaltung des 1,5-Grad-Limits[5]

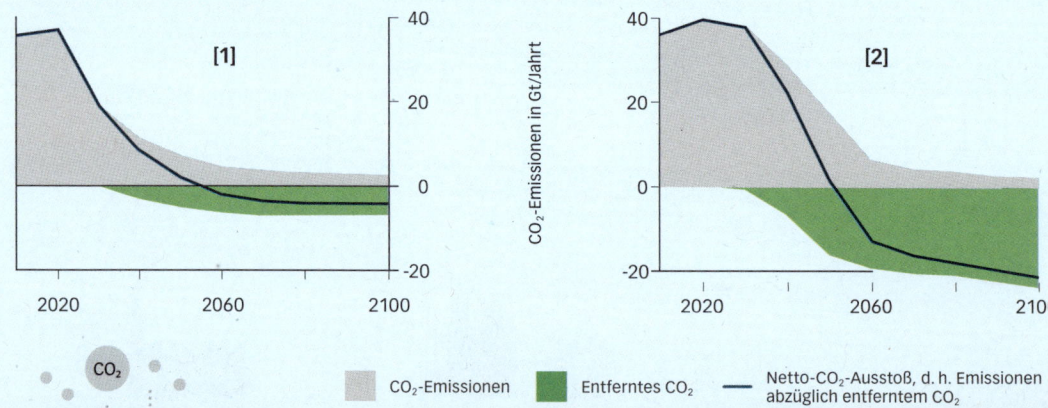

CO$_2$-Emissionen in Gt/Jahr

CO$_2$-Emissionen · Entferntes CO$_2$ · Netto-CO$_2$-Ausstoß, d. h. Emissionen abzüglich entferntem CO$_2$

AUFFORSTUNG

Ein Baum nimmt beim Wachstum CO$_2$ auf und speichert es als Kohlenstoff, z. B. im Stamm und in den Wurzeln [1].[1] Solange die Bäume geschützt werden, bleibt auch das CO$_2$ gebunden.[2] Daneben gibt es aber auch einige weitere und sehr komplexe Effekte, die das globale Klima beeinflussen. Beispielsweise erhöhen Bäume vor allem in feuchten Umgebungen die Verdunstungsraten, wodurch sich mehr Wolken bilden, die Sonnenlicht zurück ins Weltall reflektieren und somit kühlend wirken [2].[3] Allerdings sind Bäume auch dunkler als z. B. Gräser oder freie Flächen und reflektieren daher weniger Sonnenstrahlung zurück ins Weltall, was sich erwärmend auf das globale Klima auswirkt [3].[4,5]

Weltweit sind die klimatischen Effekte unterschiedlich.[4] In den Tropen und Subtropen kann durch Aufforstung, aufgrund relativ konstanter Temperaturen und hohen Niederschlägen, pro Quadratmeter deutlich mehr CO$_2$ gebunden werden als in anderen Weltregionen.[6]

Zudem wird wegen der vorhandenen Feuchtigkeit die Verdunstung und damit die kühlende Wolkenbildung verstärkt [4].[7] In der borealen Zone hingegen wirkt Aufforstung wahrscheinlich insgesamt erwärmend.[3] Denn vor allem in den Wintermonaten würden schneebedeckte Flächen durch Aufforstung weniger Sonnenstrahlung reflektieren, was die kühlenden Effekte wie die CO$_2$-Bindung überlagern könnte.[3] Für die mittleren Breiten ist noch nicht abschließend geklärt, ob der globale klimatische Effekt insgesamt kühlend oder erwärmend ist; neuste Studien zeigen, dass der kühlende leicht überwiegen könnte.[3,8,9] Sicher ist, dass das Potential der Aufforstung im Hinblick auf den kühlenden Effekt des globalen Klimas in den Tropen und Subtropen am größten ist.[3,10]

Aufforstung sollte nicht dort stattfinden, wo sie mit dem Nahrungsmittelanbau um Flächen konkurriert und wo unberührte Ökosysteme mit ihrer Biodiversität verdrängt werden würden.[11] Unter Berücksichtigung dieser Einschränkungen könnten durch Aufforstung pro Jahr bis zu 3,6 Gigatonnen (Gt) CO$_2$ aus der Atmosphäre entfernt werden.[12]

Der Vergleich mit dem aktuellen jährlichen Treibhausgasausstoß von 58 Gt CO_2e zeigt daher, wie wichtig es ist, in erster Linie die Emissionen zu reduzieren.[13] Der große Vorteil von Aufforstung ist jedoch, dass es eine einfache, vergleichsweise besonders günstige und sofort umsetzbare Maßnahme ist.[14]

Um der Atmosphäre zusätzlich CO_2 zu entziehen, kann das Holz der Bäume z. B. zum Bau von Gebäuden verwendet werden. Dadurch wird das CO_2 bis zur Entsorgung gespeichert und auf den Flächen können neue Bäume angepflanzt werden.[15] Des Weiteren kann Holz zur Energieerzeugung verbrannt und das dabei entstehende CO_2 abgefangen (S. 95) werden [5].[16]

Mit diesem Verfahren könnten jährlich bis zu 5 Gt CO_2 aus der Atmosphäre entfernt werden.[12] Dadurch eine Tonne CO_2 zu entfernen, kostet mehr als 100 US-Dollar; über die Hälfte der aktuellen Emissionen könnten jedoch durch Klimaschutzmaßnahmen reduziert werden, die deutlich günstiger sind.[13,14]

Trotz weltweiter Aufforstung gehen aktuell vor allem durch Rodungen in Südamerika, Afrika und Südostasien jährlich insgesamt fast 5 Millionen Hektar Wald verloren; eine Fläche größer als die Niederlande.[15-17] Dadurch entstehen etwa 10 % der menschengemachten CO_2-Emissionen.[18] Daher müssen neben der Aufforstung vor allem die bestehenden Wälder geschützt werden. Da auf zwei Drittel der neu gerodeten Flächen Futtermittel wie z. B. Soja angebaut werden, wäre eine effektive Maßnahme zur Eindämmung der Waldrodung weniger tierische Produkten zu konsumieren.[19,20]

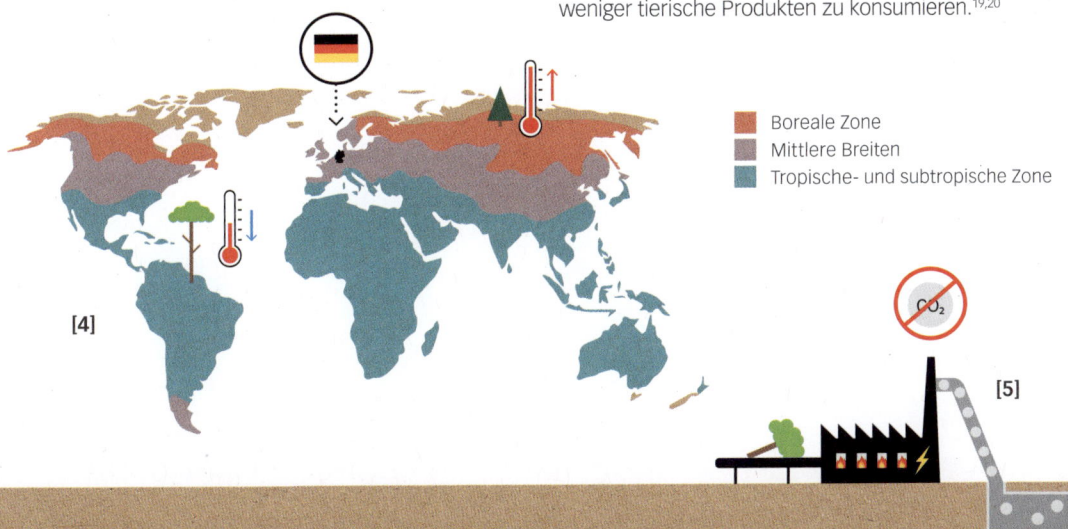

Boreale Zone
Mittlere Breiten
Tropische- und subtropische Zone

[4]

[5]

MOORE

Moore können bei dauerhaftem Wasserüberschuss entstehen, z. B. aufgrund von hohen und konstanten Niederschlägen, in Geländesenken oder wenn Seen verlanden: Da pflanzliche Reste im Wasser kaum in Kontakt mit Sauerstoff kommen, werden sie nicht vollständig von Mikroorganismen abgebaut und lagern sich ab.[1-5] Dadurch entsteht Torf, in dem ein Teil des CO_2, das Pflanzen beim Wachstum aufgenommen haben, in Form von organischem Kohlenstoff (C) gespeichert wird.[6] Über Jahrtausende reichern sich so Reste von Pflanzen wie Schilf und Torfmoosen an, wodurch der Torf immer weiter wächst – grob 1 mm pro Jahr.[7,8] Weltweit speichern Moore etwa doppelt so viel Kohlenstoff wie die Biomasse aller Wälder der Erde zusammen und das, obwohl bewaldete Flächen zehn Mal größer sind.[9,10] Werden Moore trockengelegt, um sie z. B. landwirtschaftlich nutzbar zu machen, kommt der Torf in Kontakt mit Sauerstoff.[3]

Dadurch wird der Torf kontinuierlich von Mikroorganismen zersetzt und der gespeicherte Kohlenstoff als CO_2 in die Atmosphäre freigesetzt [1], wodurch ca. 5 % der weltweiten Treibhausgasemissionen entstehen.[11] Mancherorts werden Moore wiedervernässt – z. B. durch das einmalige Verschließen von Entwässerungsgräben – womit die Freisetzung von CO_2 stark verringert wird: Würde die Hälfte der trockengelegten Moore sofort wiedervernässt, stiege die weltweite Temperatur bis zum Jahr 2100 aufgrund der anderen noch trockengelegten Moore zwar weiter an, aber um etwa 0,03 °C weniger.[12] Die Wirkung scheint gering, sie wäre neben vielen weiteren Maßnahmen aber ein wichtiger Beitrag zur Einhaltung des 1,5 °C-Limits.[12] Allerdings wird kurzfristig kaum CO_2 aus der Atmosphäre entfernt, da sich die Torfschicht nur sehr langsam – dafür aber über Jahrtausende – aufbaut.[13] Durch die Moorvernässung wird daher in erster Linie die Freisetzung großer Mengen CO_2 stark verringert und zudem werden Ökosysteme und Biodiversität wiederhergestellt.[14] Vor allem aber müssen die weltweit noch intakten Moore geschützt werden, um zusätzliche Emissionen zu vermeiden.[11]

In Deutschland entstehen etwa 40 % der Emissionen der Landwirtschaft durch trockengelegte Moore.[30,31]

[1]

Wiedervernässte Moore können landwirtschaftlich genutzt werden, z. B. können Torfmoose Torf im Gartenbau ersetzen und Schilf kann als Dämmstoff verwendet werden.[32]

BODENBEWIRTSCHAFTUNG & PFLANZENKOHLE

Gelangt Biomasse in Böden, wird ein Teil des von Pflanzen aufgenommenen CO_2 im Boden in Form von organischem Kohlenstoff (auch Humus genannt) gespeichert.[15] Das gelingt z. B. durch tief und stark wurzelnde Pflanzen wie Lupinen [2] oder den Anbau von Zwischenfrüchten wie Ackersenf, bei denen die Biomasse nicht geerntet wird, sondern auf dem Feld zurückbleibt [3].[16,17] Weltweit könnten so bis zu 2 Gigatonnen CO_2 pro Jahr aus der Atmosphäre entfernt werden.[18] Humusreiche Böden können zudem mehr Wasser speichern, die Bodenabtragung (Erosion) reduzieren und mancherorts die Erträge steigern.[19,20] Die Kapazität der Böden zur Speicherung von Kohlenstoff ist jedoch begrenzt.[18] Außerdem zersetzen Mikroorganismen im Boden ständig einen Teil des Humus, wodurch CO_2 wieder freigesetzt wird.[21] Um dieselbe Menge Kohlenstoff dauerhaft zu binden, muss daher immer wieder neue Biomasse in den Boden gelangen.[22]

Mittels Pyrolyse kann aus Biomasse sog. Pflanzenkohle hergestellt werden: Dazu werden z. B. Stroh, Holz oder Reisspelzen bei möglichst geringem Sauerstoffgehalt auf 400 bis 1.000 °C erhitzt, wodurch Wasser abgespalten wird und von den organischen Substanzen hauptsächlich Kohlenstoff in Form von Kohle zurückbleibt [4].[23] Da diese kaum von Bodenmikroorganismen abgebaut werden kann, kann das vorher von den Pflanzen aufgenommene CO_2 für mehrere Jahrhunderte in Böden gespeichert werden.[24] Jährlich könnten so bis zu 2 Gt CO_2 aus der Atmosphäre entfernt werden – zu Kosten von etwa 30 bis 120 US-Dollar pro Tonne CO_2.[25,26] Um Konkurrenz zur Nahrungsmittelproduktion zu vermeiden, können z. B. Holzreste oder Abfälle aus der Lebensmittelverarbeitung verwendet werden.[27] Die tatsächliche Umsetzung ist aber begrenzt, da die Konkurrenz um Biomasse enorm ist und Biokraftstoffe z. B. in der Industrie oder im Flugverkehr (S. 62) benötigt werden.[28,29]

DIRECT AIR CAPTURE

Die Darstellung auf der rechten Seite zeigt eine Möglichkeit, wie CO$_2$ aus der Atmosphäre abgetrennt werden kann; auch Direct Air Capture (DAC) genannt.[1] Das CO$_2$ kann anschließend unterirdisch verpresst werden – wie z. B. in Island, wo CO$_2$ in Basaltschichten versteinert wird [1].[2] Außerdem kann CO$_2$ in erschöpfte Gasfelder [2] oder unter undurchlässige Gesteinsschichten z. B. tief unter dem Meeresboden [3] verpresst werden.[3] Tritt doch ein Teil des CO$_2$ durch undichte Bohrlöcher wieder aus, löst es sich im Wasser und das Bodenwasser wird saurer.[4] Einzeluntersuchungen zeigen, dass Meeresbewohner am Boden dadurch lokal beeinträchtigt werden, die Schädigung der Ökosysteme jedoch relativ gering ist, da Meeresströmungen das gelöste CO$_2$ rasch verteilen.[5] Zudem könnte das CO$_2$ statt verpresst auch genutzt werden [4], wodurch es jedoch nicht dauerhaft der Atmosphäre entzogen wird.[6]

Aufgrund der geringen CO$_2$-Konzentration in der Atmosphäre (ca. 0,04 %), werden zur Abtrennung von CO$_2$ enorme Mengen an Energie benötigt.[7] Würde der jährliche Treibhausgasausstoß mit den aktuellen Technologien kompensiert, stiege der weltweite Energiebedarf um 40 bis 100 %.[8] Die geschätzten Kosten pro entfernter Tonne CO$_2$ im Jahr 2050 sind mit 50 bis 300 US-Dollar – z. B. im Vergleich zur Aufforstung – relativ hoch.[9-11] Vor allem allem wäre die Reduktion eines großen Teils der aktuellen Emissionen deutlich günstiger (S. 98).[12] Noch sind nur wenige kleine und daher sehr teure Anlagen in Betrieb.[13] Durch die Weiterentwicklung und den Ausbau der Anlagen, könnten jedoch bis zum Jahr 2050 mittels DAC jährlich bis zu 40 Gt CO$_2$ aus der Atmosphäre entfernt werden.[14] Da die Emissionen nicht schnell genug sinken und daher große Mengen CO$_2$ aus der Atmosphäre entfernt werden müssten, um das 1,5 Grad-Limit einzuhalten, könnte Direct Air Capture trotz der höheren Kosten eingesetzt werden.[10]

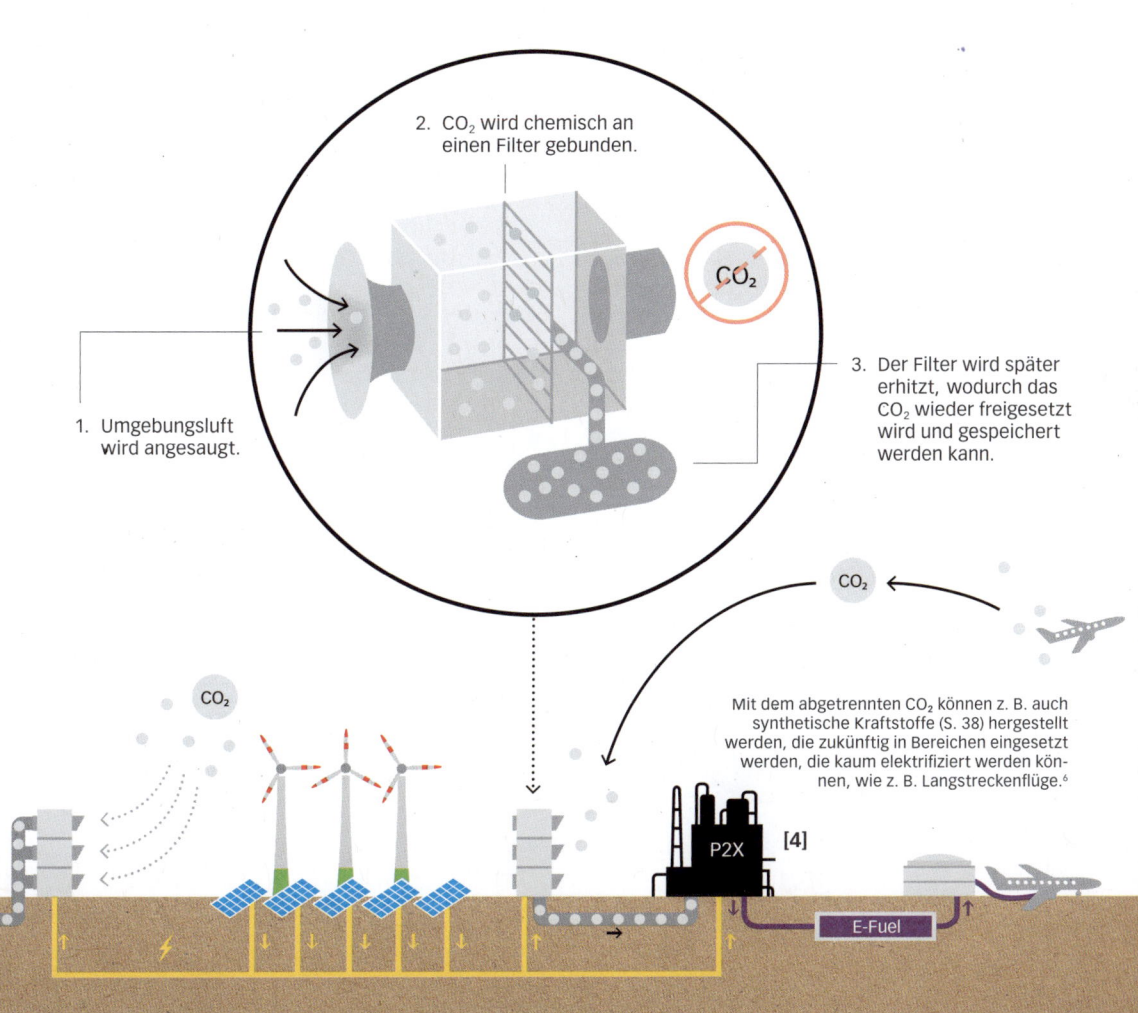

2. CO_2 wird chemisch an einen Filter gebunden.

CO_2

3. Der Filter wird später erhitzt, wodurch das CO_2 wieder freigesetzt wird und gespeichert werden kann.

1. Umgebungsluft wird angesaugt.

CO_2

CO_2

Mit dem abgetrennten CO_2 können z. B. auch synthetische Kraftstoffe (S. 38) hergestellt werden, die zukünftig in Bereichen eingesetzt werden, die kaum elektrifiziert werden können, wie z. B. Langstreckenflüge.[6]

P2X   [4]

E-Fuel

BESCHLEUNIGTE VERWITTERUNG

Verbinden sich Wasser und CO$_2$ aus der Umgebungsluft, entsteht Kohlensäure, die Gestein zersetzt – dieser Prozess wird auch chemische Verwitterung genannt.[1] Durch die chemische Reaktion des CO$_2$ mit dem Gestein wird es aus der Atmosphäre entfernt [1].[2] Die Produkte der Verwitterung können langfristig über Flüsse in die Ozeane gelangen, wo sie über Jahrtausende gespeichert werden.[3] Um diesen natürlichen Prozess der CO$_2$-Bindung zu beschleunigen, kann Gestein wie Basalt z. B. auf Ackerflächen ausgebracht werden.[4] Dazu wird es vorher zerkleinert, um die Kontaktfläche mit Wasser zu erhöhen. Vor allem die tropischen und subtropischen Regionen sind aufgrund der warmen und feuchten Bedingungen besonders für diese Verwitterung geeignet.[5]

Gegenstand der Forschung ist die Frage, wie schnell CO$_2$ durch die beschleunigte Verwitterung gebunden werden kann, da dies von zahlreichen Faktoren abhängig ist.[6] Schätzungen zufolge müssten, um 2 Gt CO$_2$ pro Jahr aus der Atmosphäre zu entfernen, z. B. jährlich mehr als 10 Milliarden Tonnen Basalt ausgebracht werden.[7] Die Kosten pro entfernter Tonne CO$_2$ würden sich damit auf 60 bis 200 US-Dollar belaufen.[7] Wie erwähnt sind die Zahlen jedoch noch mit großer Unsicherheit behaftet.[8,9] Der große Vorteil der beschleunigten Verwitterung besteht darin, dass – anders als z. B. bei der Aufforstung – Flächen weiterhin genau gleich genutzt werden können.[10] Außerdem werden aus Basalt Nährstoffe für Pflanzen wie Phosphor und Kalium freigesetzt, wodurch Ernteerträge gesteigert werden.[11] Dadurch wird auch mehr Biomasse produziert, die zusätzlich CO$_2$ binden kann (S. 94).[12]

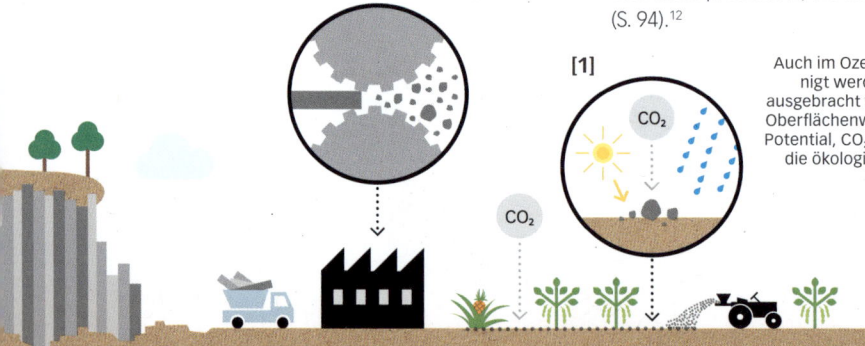

[1]

Auch im Ozean kann Verwitterung beschleunigt werden, indem zermahlenes Gestein ausgebracht wird und mit der Kohlensäure im Oberflächenwasser reagiert.[13] Auch wenn das Potential, CO$_2$ zu entfernen, enorm wäre, sind die ökologischen Konsequenzen noch nicht ausreichend bekannt.[13-15]

CO$_2$

CO$_2$

OZEANDÜNGUNG

Bei der Ozeandüngung wird z. B. der Mikronährstoff Eisen in Form von Eisensulfat ins Meer eingebracht, um das Wachstum von Algen anzuregen.[16] An der Meeresoberfläche binden Algen durch die Photosynthese das im Wasser gelöste CO_2, wodurch der Ozean wiederum mehr CO_2 aus der Atmosphäre aufnehmen kann [2].[17] Nachdem die Algen abgestorben sind, sinkt ein kleiner Teil in tiefe Meeresschichten ab, bevor das CO_2 durch den bakteriellen Abbau wieder freigesetzt wird.[18] Dort könnte das CO_2 mehrere hundert Jahre gespeichert werden, bis ein Großteil des gespeicherten CO_2 durch Meeresströmungen wieder an die Oberfläche gebracht wird und in die Atmosphäre ausgast.[16]

Daher ist hiermit keine dauerhafte CO_2-Speicherung zu erreichen, sondern nur eine Verzögerung der Erderwärmung.[19] Durch die Ozeandüngung könnten jährlich bis zu 4 Gt CO_2 aus der Atmosphäre entfernt werden, zu Kosten zwischen 2 bis 500 US-Dollar pro Tonne CO_2.[13,14] Allerdings könnte diese Methode Ökosysteme schädigen: Beispielsweise könnten sich für Meeresbewohner schädliche Kieselalgen ausbreiten und Sauerstoffmangel in tiefen Meeresschichten auftreten.[15,16]

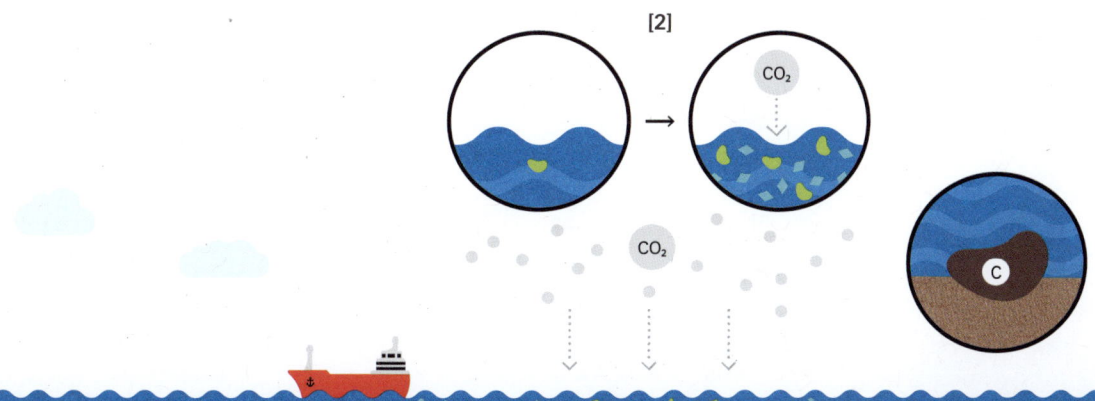

SOLAR RADIATION MANAGEMENT

Eine Maßnahme zur Abkühlung der Erde, die aber nicht zur CO$_2$-Entfernung zählt, wäre die Reduzierung der Sonneneinstrahlung – sog. Solar Radiation Management (SRM).[1] Das Ziel ist es, dabei mehr Sonnenstrahlung zurück ins Weltall zu reflektieren.[2] Da hellere Oberflächen einen größeren Teil der Sonneneinstrahlung reflektieren, können z. B. Dächer, Straßen und Parkplätze hell gestrichen oder auch Gletscher mit weißen Planen abgedeckt werden [1] – der Aufwand wäre sehr hoch und der Effekt gering.[3-5] Auch Wolken über dem Meer können durch das Versprühen von Meersalz heller werden [2] und die Meeresoberfläche kann durch das Ausbringen von Schaum mehr Sonnenlicht reflektieren [3]; Kosten, Potentiale und Auswirkungen auf Ökosysteme sind jedoch noch weitgehend unbekannt.[6-8]

Die meist erforschte Möglichkeit des SRM ist die Ausbringung von Stoffen wie Schwefel in der Stratosphäre in etwa 20 km Höhe.[9] Ähnlich wie bei Vulkanausbrüchen entstehen dadurch Aerosole, die die einfallenende Sonnenstrahlung reflektieren [4];[10] Die Kostenabschätzungen, um dadurch die weltweite durchschnittliche Temperatur um etwa 1 °C zu reduzieren, reichen von wenigen bis über 30 Milliarden US-Dollar pro Jahr.[11-14] Damit sind die Kosten wahrscheinlich um ein Vielfaches geringer als die Schäden durch den Klimawandel oder die Kosten für Klimaschutzmaßnahmen.[15] Allerdings verweilen die Aerosole nur wenige Jahre in der Stratosphäre.[9] Deshalb müssten kontinuierlich neue Partikel ausgebracht werden – solange, bis der globale Treibhausgasausstoß ausreichend reduziert und genügend CO$_2$ aus der Atmosphäre entfernt wurde.[16]

Solar Radiation Management ist daher keine endgültige Lösung.[11] Wird die Ausbringung der Partikel abrupt beendet, würde zudem die weltweite Temperatur innerhalb von etwa 6 bis 8 Jahren wieder auf das Niveau ohne den Effekt der SRM-Maßnahmen steigen.[17] Dieser extrem schnelle globale Temperaturanstieg könnte zu deutlich gravierenderen Folgen führen als der Klimawandel seit Beginn der Industrialisierung.[18]

Außerdem sind mit SRM weitere ökologische Risiken verbunden, wie z. B. die Schädigung der Ozonschicht durch Schwefel, wodurch mehr schädliche UV-Strahlung auf die Erdoberfläche treffen würde oder die Veränderung von Niederschlagsmustern, weshalb z. B. Ernteerträge lokal zurückgehen könnten.[19-21]

Zudem nehmen Ozeane ein Viertel der menschengemachten CO_2-Emissionen auf, womit sie saurer werden (S. 5). Dieser Prozess ist für viele Meeresbewohner schädlich und wird nur durch die Reduktion des CO_2-Ausstoßes, nicht aber durch SRM verhindert.[22]

In Anbetracht der Auswirkungen des fortschreitenden Klimawandels diskutieren manche Studien, dass SRM trotz der zahlreichen Risiken der Welt „Zeit verschaffen" könnte.[23-25] Ungeklärt ist jedoch, wie sich die Staaten über das Ausmaß der Temperaturreduktion durch SRM einigen und vor allem, wer für mögliche Schäden haftet.[26,27]

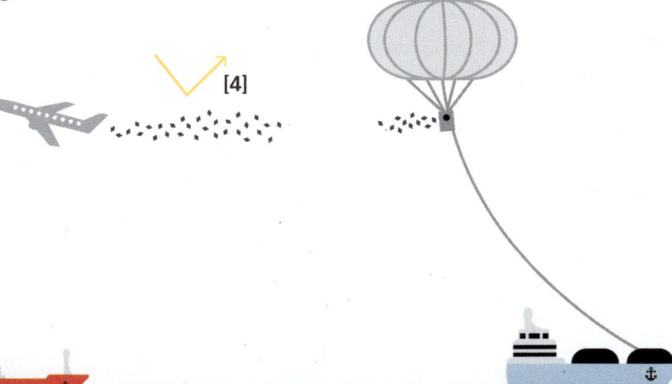

FAZIT

Zur Einhaltung des 1,5 °C-Limits, muss zu viel ausgestoßenes CO$_2$ wieder aus der Atmosphäre entfernt werden, um die CO$_2$-Konzentration in der Atmosphäre zu senken.[1] Die dazu möglichen Maßnahmen unterscheiden sich im Hinblick auf die Kosten [1], das Potential CO$_2$ zu binden, positive Nebeneffekte wie eine Verbesserung der Bodenqualität, Risiken oder den Flächenbedarf.[2-5] Daher und je nach Energie- und Ressourcenangebot können regional unterschiedliche Maßnahmen der CO$_2$-Entfernung umgesetzt werden.[6] Grundsätzlich gilt aber: Je schneller der Treibhausgasausstoß in den nächsten Jahren reduziert wird, desto geringer ist die Abhängigkeit von Maßnahmen der CO$_2$-Entfernung.[1] Vor allem wäre es deutlich günstiger, jetzt Klimaschutzmaßnahmen umzusetzen, anstatt CO$_2$ später wieder aufwendig aus der Atmosphäre zu entfernen [2].[1] Um einen Anreiz zu schaffen, CO$_2$ zu entfernen, können die Maßnahmen mit CO$_2$-Bepreisungssystemen (S. 102) gekoppelt werden.[7]

Unternehmen, die solche Maßnahmen finanzieren, könnten für jede dadurch entfernte Tonne CO$_2$ ein Zertifikat erhalten und dementsprechend von der CO$_2$-Bepreisung befreit werden.[8] Ein internationaler Standard, der die folgenden Kriterien berücksichtigt, könnte sicherstellen, dass ein solches System effektiv funktioniert: 1. Die **ökologischen Risiken** müssen minimiert werden, 2. die Entfernung von CO$_2$ muss **messbar** bzw. nachweisbar sein und klimatische Nebeneffekte wie bei der Aufforstung müssen berücksichtigt werden, 3. die Entfernung von CO$_2$ muss **dauerhaft** bzw. über einen langen Zeitraum gesichert sein, 4. Maßnahmen müssen **zusätzlich** umgesetzt werden, d. h. Zertifikate sollten z. B. nicht für Aufforstungen ausgestellt werden, die auch ohne die Finanzierung stattgefunden hätten – wie bei Wirtschaftswäldern.[9-15] Dieses Finanzierungssystem muss langfristig jedoch erweitert werden, da zur Einhaltung des 1,5-Grad-Limits ab etwa Mitte des Jahrhunderts mehr CO$_2$ aus der Atmosphäre entfernt werden muss als ausgestoßen wird.[16] Da Unternehmen dann aber kaum mehr CO$_2$ ausstoßen würden und daher kaum Zertifikate benötigen, könnten die Maßnahmen zur CO$_2$-Entfernung über dieses System nicht ausreichend finanziert werden.[17,18]

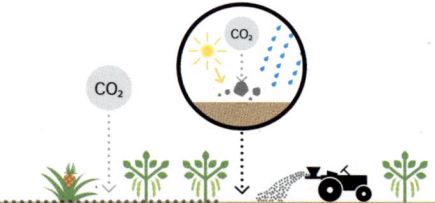

[1] Kostenschätzung der Maßnahmen zur Entfernung von einer Tonne CO_2 im Jahr 2050[17-22]

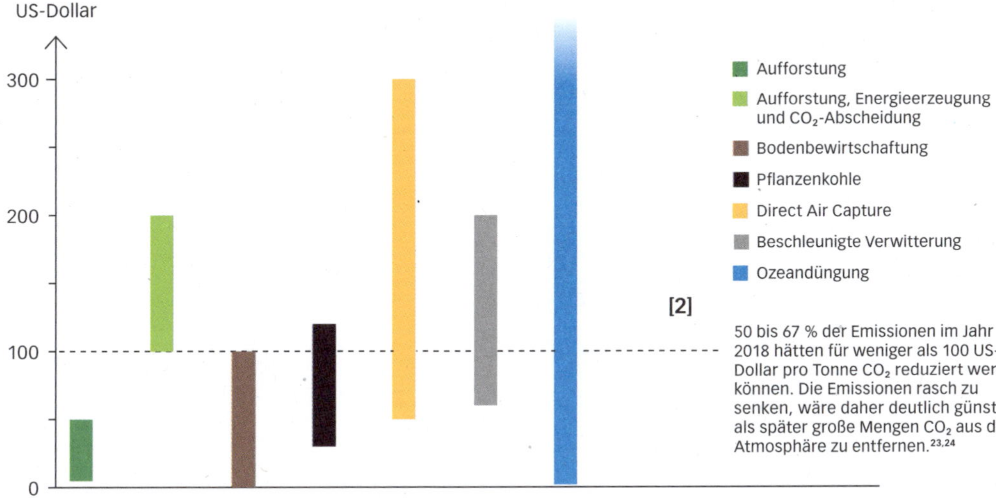

US-Dollar

Legende:
- Aufforstung
- Aufforstung, Energieerzeugung und CO_2-Abscheidung
- Bodenbewirtschaftung
- Pflanzenkohle
- Direct Air Capture
- Beschleunigte Verwitterung
- Ozeandüngung

[2]

50 bis 67 % der Emissionen im Jahr 2018 hätten für weniger als 100 US-Dollar pro Tonne CO_2 reduziert werden können. Die Emissionen rasch zu senken, wäre daher deutlich günstiger als später große Mengen CO_2 aus der Atmosphäre zu entfernen.[23,24]

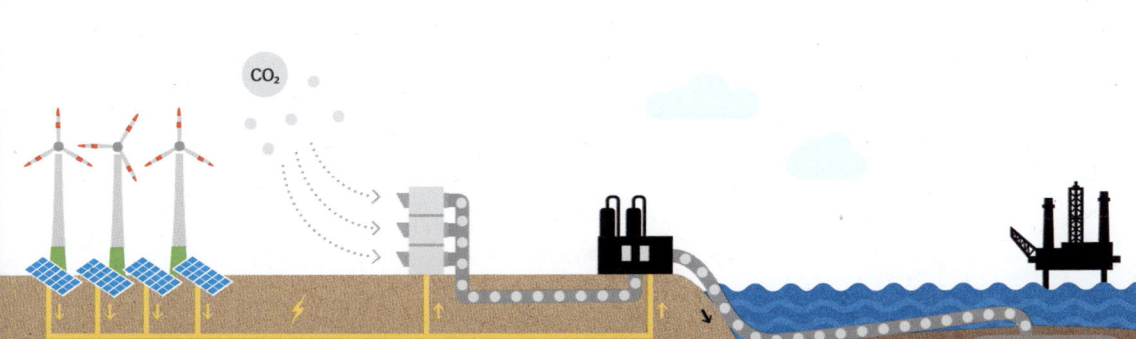

KAPITEL 8

POLITIK, WIRTSCHAFT UND GESELLSCHAFT

In den Kapiteln zuvor wurde beschrieben, welche zahlreichen Maßnahmen in den nächsten Jahrzehnten konkret umgesetzt werden müssen, um das 1,5-Grad-Limit einzuhalten.

Dazu benötigt es jedoch **auch grundlegende Veränderungen der wirtschaftlichen und politischen Rahmenbedingungen,** die auf den folgenden Seiten dargestellt werden: neue Formen der internationalen Zusammenarbeit, finanzielle Anreizsysteme, Verbote, Digitalisierung, sozialverträgliche Gestaltung der Veränderungen usw.

+3%

REFORM UNSERES WIRTSCHAFTSSYSTEMS

Oft wird der Kapitalismus als Ursache für den Klimawandel, das Artensterben und einige soziale Verwerfungen wie Armut verantwortlich gemacht.[1] Es gibt jedoch keine klare Definition des Begriffs Kapitalismus und daher existieren auch zahlreiche unterschiedliche Vorstellungen und Diskussionen darüber, was Kapitalismus bedeutet.[2,3] Der eine Kapitalismus existiert nicht: Beispielsweise werden die Wirtschaftsordnungen in Deutschland und den USA als kapitalistisch bezeichnet, unterscheiden sich jedoch deutlich hinsichtlich der konkreten Sozial- und Steuersysteme oder Umweltschutzgesetze.[4,5]

Der Kern des Kapitalismus ist die Marktwirtschaft, d. h. Güter und Dienstleistungen werden über Angebot und Nachfrage am „Markt" verteilt und Gewinne bleiben größtenteils in privater Hand.[6] Dadurch entsteht ein großer Anreiz, Gewinne zu maximieren – auch auf Kosten von Mensch und Umwelt.[7] Im Gegensatz dazu werden z. B. im Sozialismus Eigentum und damit auch Gewinne verstaatlicht bzw. vergesellschaftet, sodass dieser Anreiz minimiert wird.[8,9]

Die Umweltbelastung in sozialistischen Systemen war in der Vergangenheit jedoch deutlich gravierender und das, obwohl die Produktivität und damit auch der Lebensstandard viel niedriger waren.[10-13]

Die folgenden zwei Beispiele deuten an, dass es bereits heute zahlreiche Ansätze im Kleinen wie im Großen gibt, die das Zusammenleben der Menschen und den Zustand der Umwelt verbessern können.

Durch die freiwillige Verkürzung der Arbeitszeit haben Menschen mehr Zeit für Freunde, Nachbarschaftshilfe, Ehrenämter und Hobbies. Dadurch könnten sie trotz des geringeren Einkommens sogar zufriedener sein und zudem würde der Konsum reduziert werden.[23]

Beispielsweise war die Wirtschaftsleistung der DDR im Jahr 1989 fast sieben Mal kleiner als die der damaligen Bundesrepublik Deutschland und trotzdem war der CO_2-Ausstoß pro Kopf in der DDR fast doppelt so hoch.[14] Auch im europäischen Vergleich waren die Pro-Kopf-Emissionen weiterer Schadstoffe wie Schwefeldioxid in der DDR am höchsten.[15] Einer der Hauptgründe hierfür war, dass in der DDR weniger Umweltschutzgesetze erlassen wurden.[16]

Egal ob im Sozialismus oder Kapitalismus, die Natur hat kein „Stimmrecht".[17] Entscheidend ist daher der Rahmen, d. h. die konkreten Gesetze, die die Politik macht.[18]

Der große Vorteil der Marktwirtschaft ist, dass Innovationen und Unternehmertum durch den Anreiz zur Gewinnerzielung enorm gefördert werden, wodurch sich Technologien weltweit rasant verbreiten.[19] Gleichzeitig führt die Marktwirtschaft jedoch zu ökologischen und sozialen Krisen.[20] Daher müssen Regierungen aktiv konkrete Rahmenbedingungen gestalten, die sowohl Menschen als auch die Umwelt tatsächlich schützen.[21] Innerhalb dieser Grenzen können die marktwirtschaftlichen Anreize für Innovationen und schnelle Veränderungen die Umsetzung von Klimaschutzmaßnahmen beschleunigen.[22] Wie das gelingen kann, wird auf den folgenden Seiten beschrieben.

Wachstum wird meist als die Entwicklung der Wirtschaftsleistung eines Landes verstanden (Bruttoinlandsprodukt, kurz BIP).[24] Aus dem BIP lässt sich zwar ableiten, wie hoch das Einkommen der Menschen in einem Land ist, es sagt aber nicht zwingend etwas über die Gesundheitsversorgung, Vermögensungleichheit, Bildung, Zustand der Umwelt usw. aus.[25] Daher entwickeln einige Länder wie Neuseeland und Island neue Maßstäbe, die solche Kriterien berücksichtigen, um die Lebensqualität der Menschen besser einschätzen zu können und auf dieser Grundlage Entscheidungen zu treffen.[26]

INSTRUMENTE DER POLITIK

Zahlreiche Beispiele weltweit zeigen, dass vor allem der politische Wille für die Umsetzung von Klimaschutz entscheidend ist: In Schweden wird wegen einer CO_2-Steuer (S. 104) kaum mehr mit fossilen Brennstoffen geheizt und in Norwegen sind über die Hälfte aller neu zugelassenen PKWs vollelektrisch, da sie beim Kauf von Steuern befreit wurden.[1,2] Darüber hinaus gibt es zahlreiche weitere Politikinstrumente, die Klimaschutz beschleunigen können.

Informationen und Aufklärung

- Label, die verständlich über den CO_2-Fußabdruck von Lebensmitteln (S. 114) oder die Energieeffizienz von Haushaltsgeräten informieren[3]
- Sensibilisierung für den Einfluss der Ernährung auf das Klima sowie eine Veränderung der Essgewohnheiten durch Verhaltensinstrumente (Nudging, S. 114)[4]
- Aufklärung in Schulen durch die Einführung eines Schulfachs oder jährlicher Projekttage zum Thema Klimawandel und Nachhaltigkeit[5]
- Kampagnen, z. B. zur Verbesserung des Images von Radverkehr[6]
- Ausbildungsoffensive, um Klimaschutzmanager in Kommunen und vor allem mehr Fachkräfte zur Installation von PV-Anlagen oder Wärmepumpen zu schulen[7]

Regulatorische Maßnahmen

- Mindeststandards, z. B. für die Energieeffizienz von elektronischen Geräten, Autos und Gebäuden[8]
- Verbote von klimaschädlichen Technologien, z. B. von neuen Ölheizungen, da ansonsten Emissionen aufgrund der langen Lebensdauer für Jahre vorprogrammiert sind[9]
- Gebote, z.B. Pflicht zur Verwendung von nachhaltigen Baumaterialien (z. B. Holz) und Installation von Photovoltaik-Anlagen bei Neubauten; Rücknahmepflicht für Hersteller von elektronischen Geräten, um Hersteller zum Recycling anzureizen[10,11]
- Beimischungsquoten, z. B. von CO_2-neutralen synthetischen Kraftstoffen zu fossilen Kraftstoffen. Steigen die Quoten langfristig auf 100 %, werden fossile Kraftstoffe somit vollständig ersetzt.[12]

Preisinstrumente

- Subventionen und Zuschüsse, z. B. für Sanierungsmaßnahmen, den Einsatz klimafreundlicher Baustoffe, den Kauf von E-Autos, den Bau von Ladesäulen oder den Einbau von intelligenten Stromzählern (S. 15)[13-15]
- Abbau von klimaschädlichen Subventionen, wie z. B. Steuererleichterungen für fossile Kraftstoffe (S. 107)[16]
- Steuern und Abgaben, z. B. eine CO_2-abhängige Straßenbenutzungsgebühr für PKW[17]
- CO_2-Bepreisung, um klimaschädliches Verhalten zu verteuern und klimafreundliches zu begünstigen (S. 102)[18]
- Differenzverträge: Wenn besonders teure Klimaschutzmaßnahmen – z. B. eine CO_2-neutrale Stahlproduktion – aufgrund eines niedrigen CO_2-Preises (S. 102) finanziell nicht attraktiv sind, können sich der Staat und Unternehmen auf einen höheren und fixierten virtuellen CO_2-Preis einigen. Für jede Tonne CO_2, die diese Unternehmen einsparen, zahlt der Staat die Differenz zwischen dem tatsächlichen CO_2-Preis und dem vereinbarten CO_2-Preis an die Unternehmen, wodurch zusätzlich Planungssicherheit gewährleistet wird.[19]

Der innovative Staat

- Schaffung von Reallaboren gemeinsam mit Wissenschaft und Zivilbevölkerung, z. B. um neue Ansätze der Verkehrsplanung zu testen (S. 110)[20]
- Realisierung von großen Infrastrukturprojekten, wie z. B. dem Aufbau von Produktionsstätten für Wasserstoff in Nordafrika, durch Öffentlich-Private-Partnerschaften (S. 108)[21]
- Internationale Forschungsprojekte, um neue Technologien bzw. Prozesse zu entwickeln und diese weltweit zu verbreiten (S. 108)[22]
- Staat als Vorreiter, z. B. bei der Ausstattung öffentlicher Gebäude mit PV-Anlagen und klimafreundlicher Wärmeerzeugung, Fuhrparks und sonstigen Anschaffungen[23]

Ein zentraler Bestandteil von Politikinstrumenten ist die CO_2-Bepreisung, die in allen Sektoren gleichzeitig Anreize für Klimaschutz schaffen kann und die auf den nächsten Seiten erklärt wird.

ZIEL DER CO_2-BEPREISUNG

CO_2-Bepreisung bedeutet, dass die Verursacher von CO_2 für jede ausgestoßene Tonne CO_2 einen Preis zahlen müssen (z. B. Kohlekraftwerksbetreiber, Stahlproduzenten, Tankstellenbetreiber oder Heizöllieferanten).[1] Genau wie z. B. Materialausgaben, berechnen Unternehmen diese zusätzlichen Kosten in ihre Produkte mit ein, wodurch diese teurer werden und indirekt auch die Bürger den CO_2-Preis zahlen.[2,3]

Somit werden vor allem klimaschädliche Produktionsweisen und klimaschädliches Verhalten teurer, wodurch sowohl für Unternehmen als auch Privatpersonen ein finanzieller Anreiz geschaffen wird, sich klimafreundlicher zu verhalten.[4-6] Wie dieser Anreiz funktioniert, wird im Folgenden schematisch anhand des Kaufs einer Flasche dargestellt.

① Zwei wiederbefüllbare Trinkflaschen (A und B) sehen gleich aus und funktionieren gleich gut. Flasche B ist günstiger, somit würden Privatpersonen diese kaufen.

② Der Käufer erfährt nun, dass Flasche A im Gegensatz zur anderen klimafreundlicher produziert wurde (mit erneuerbaren Energien und Transport mit dem LKW). Trotz dieser Information wird weiterhin fast immer die günstigere gekauft. Ganz abgesehen davon, fehlen solche Informationen bei den meisten Kaufentscheidungen.

③ Durch die Einführung eines CO_2-Preises werden zwar beide Flaschen teurer, die klimaschädliche aber umso mehr. Dadurch wird die klimafreundliche Flasche im Vergleich preiswerter und eher gekauft. Die Bürger haben somit einen finanziellen Anreiz, sich klimafreundlicher zu verhalten.

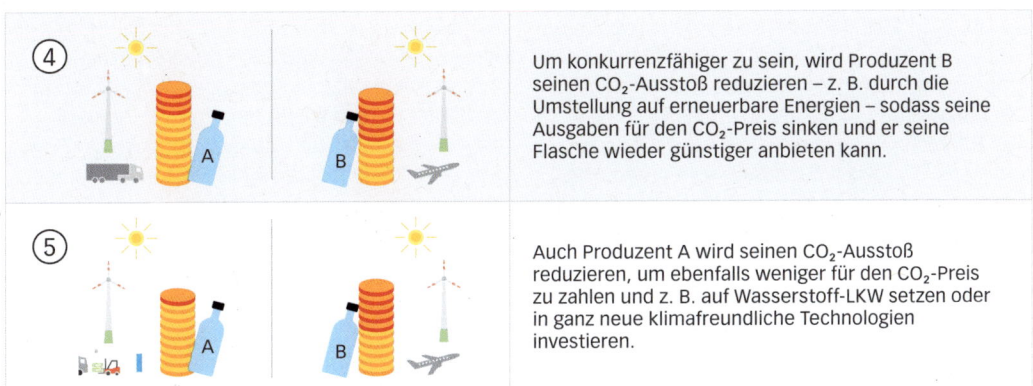

(4) Um konkurrenzfähiger zu sein, wird Produzent B seinen CO_2-Ausstoß reduzieren – z. B. durch die Umstellung auf erneuerbare Energien – sodass seine Ausgaben für den CO_2-Preis sinken und er seine Flasche wieder günstiger anbieten kann.

(5) Auch Produzent A wird seinen CO_2-Ausstoß reduzieren, um ebenfalls weniger für den CO_2-Preis zu zahlen und z. B. auf Wasserstoff-LKW setzen oder in ganz neue klimafreundliche Technologien investieren.

Mit der Einführung eines CO_2-Preises wird klimaschädliches Verhalten verteuert und klimafreundliches Verhalten attraktiv: Wenn es für Unternehmen günstiger ist, ihren CO_2-Ausstoß zu reduzieren als einen CO_2-Preis zu zahlen, werden sie ihre Emissionen senken.[7]

Privatpersonen können sich ebenfalls ausrechnen, ob z. B. ein E-Auto günstiger ist als ein Verbrenner, da die Kraftstoffpreise durch den CO_2-Preis steigen, oder ob eine Wärmepumpe günstiger ist als eine Ölheizung, da die Preise für Heizöl steigen.[8] Es wird also ein direkter finanzieller Anreiz für Unternehmen und Privatpersonen geschaffen, ihren CO_2-Ausstoß zu reduzieren und Investitionen in neue klimafreundliche Technologien werden attraktiver.[9,10]

EMISSIONSHANDEL UND CO$_2$-STEUER

Ein CO$_2$-Preis wird entweder durch einen Emissionshandel oder eine CO$_2$-Steuer eingeführt. Bei einem Emissionshandel wird festgelegt, wie viele Tonnen CO$_2$ in einem bestimmten Zeitraum ausgestoßen werden dürfen.[1] Eine entsprechende Anzahl sogenannter "Emissions-Zertifikate" wird ausgestellt, die es dem Besitzer erlaubt, eine Tonne CO$_2$ auszustoßen. Da Unternehmen verpflichtet werden, mindestens so viele Zertifikate zu besitzen, wie sie CO$_2$ ausstoßen, müssen sie Zertifikate vom Staat oder von anderen Unternehmen kaufen.[2] So entsteht ein Handel, wodurch sich ein Preis pro Zertifikat durch Angebot und Nachfrage bildet – der CO$_2$-Preis [1].[3]

Um den CO$_2$-Ausstoß zu senken, wird mit der Zeit die Anzahl der Zertifikate verringert, wodurch die "erlaubte" Menge an CO$_2$-Emissionen reduziert wird.[1] Zertifikate werden knapp, der Preis pro Zertifikat steigt und es wird immer teurer CO$_2$ auszustoßen, wodurch der Anreiz größer wird CO$_2$ einzusparen.[4]

Im Gegensatz zum Emissionshandel legt bei einer CO$_2$-Steuer der Staat direkt fest, wie hoch der Preis ist und auch, wie stark er in Zukunft steigen wird [2].[5]

[1] Emissionshandel

Der Staat begrenzt den CO$_2$-Ausstoß und der CO$_2$-Preis ist variabel

[2] CO$_2$-Steuer

Der Staat legt den CO$_2$-Preis fest und der CO$_2$-Ausstoß ist variabel

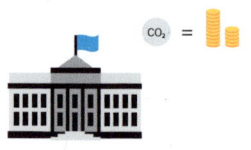

Vor- und Nachteile der beiden Systeme[6-10]

	Emissionshandel	CO$_2$-Steuer
Präzise Erreichung einer CO$_2$-Reduktion	✓ da der maximale CO$_2$-Ausstoß exakt festgelegt wird	✗ da allein der Preis, aber nicht der CO$_2$-Ausstoß festgelegt ist
Stabile Preisentwicklung und damit Planungssicherheit bei Investitionen für Unternehmen und Privatpersonen	✗ da der Preis sich durch den Handel der Zertifikate bildet und daher stark schwanken kann	✓ wenn der Preis und seine Entwicklung vom Staat bestimmt, frühzeitig kommuniziert und langfristig daran festgehalten wird
Verhinderung von wirtschaftlichen und gesellschaftlichen Verwerfungen durch einen extremen Preisanstieg	✗ da die Preise bei einer starken Begrenzung des CO$_2$-Ausstoßes durch den Handel nach oben getrieben werden können	✓ da Preisentwicklung direkt vom Staat bestimmt wird
Bürokratischer Aufwand zur Einführung des CO$_2$-Preises	— Abhängig von der bestehenden Gesetzeslage: Beispielsweise kann eine CO$_2$-Steuer innerhalb weniger Monate eingeführt werden, wenn sie als Teil der bereits bestehenden Energiesteuern erhoben wird. Ein Emissionshandel könnte bei internationalen Bepreisungen schneller einzuführen sein, da Steuersysteme unterschiedlicher Länder nicht angepasst werden müssten.	

Trotz der unterschiedlichen Vor- und Nachteile kommt es bei der tatsächlichen Wirkung eines CO$_2$-Preises in erster Linie nicht darauf an, welches System eingeführt wird, sondern dass überhaupt ein CO$_2$-Preis eingeführt wird und wie hoch dieser ist: Je höher der Preis, desto teurer ist es, CO$_2$ auszustoßen und desto größer ist der finanzielle Anreiz, das Verhalten oder die Produktion klimafreundlicher zu gestalten sowie in neue emissionsfreie Technologien zu investieren.[11,12]

Zudem könnten die beiden Systeme kombiniert werden, indem z. B. bei einem Emissionshandel eine Preisober- und -untergrenze festgelegt werden. Damit wäre der CO$_2$-Ausstoß über die Zertifikate begrenzt und starke Preisschwankungen könnten verhindert werden.[13]

CO$_2$-BEPREISUNG IN DER PRAXIS

Weltweit wurden über 60 CO$_2$-Bepreisungssysteme eingeführt, z. B. in der EU, Chile, China, Deutschland, Mexiko, der Schweiz oder Kanada.[1] Dabei wird meist nur ein Teil der Sektoren mit einbezogen und die Preisspanne pro Tonne CO$_2$ reicht von unter einem Euro in der Ukraine über 50 Euro im Emissionshandel der EU bis hin zu 137 Euro in Schweden – dem höchsten CO$_2$-Preis der Welt.[2,3] Trotz der Unterschiede haben die Bepreisungssysteme weltweit wesentliche Klimaschutzmaßnahmen vorangebracht.[4]

— 104

In Großbritannien wurde die Elektrizitätserzeugung mittels Kohle durch den Anstieg des CO$_2$-Preises teurer, weshalb sie fast komplett durch CO$_2$-ärmeres Erdgas ersetzt wurde: Fast parallel zum Anstieg des CO$_2$-Preises ist der Kohle-Anteil von 42 % im Jahr 2012 auf 7 % in 2017 geschrumpft [1].[5] Während in Deutschland die Emissionen des Verkehrssektors seit 1990 leicht angestiegen sind, sind sie in Schweden seit Einführung der CO$_2$-Steuer im Jahr 1990 um mehr als 10 % gefallen – vor allem durch den Umstieg von Benzin- auf klimafreundlichere Diesel-Fahrzeuge [2].[6-8] Außerdem wurden in Schweden 1990 im Durchschnitt noch etwa 30 % der Wohnflächen von Einfamilienhäusern mit fossilen Brennstoffen beheizt.

Von Kohle zu Gas

[1] Zusammensetzung der Elektrizitätserzeugung und Entwicklung des CO$_2$-Preises in Großbritannien von 2012 bis 2017[5]

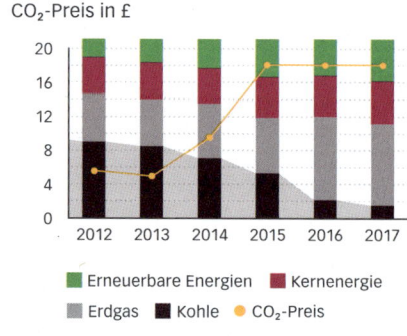

CO$_2$-Preis in £

Erneuerbare Energien • Kernenergie
Erdgas • Kohle • CO$_2$-Preis

Aufgrund der Verteuerung von Öl- und Gasheizungen durch die CO$_2$-Steuer wurden diese bis zum Jahr 2012 fast vollständig durch Biomasse (z. B. Holzabfälle), Wärmepumpen und den Ausbau von Fernwärmenetzen ersetzt [3].[9] Daher hat Schweden im Wärmebereich den größten Anteil an erneuerbaren Energien in Europa.[10]

Trotz dieser Erfolge lässt sich mit der CO_2-Bepreisung als einzige politische Maßnahme das 1,5-Grad-Limit nicht einhalten.[11] Denn dieser finanzielle Anreiz allein reicht nicht aus, um z. B. besonders aufwendige Maßnahmen wie den Aufbau einer Wasserstoff-Infrastruktur mit einem hohen Investitionsbedarf umzusetzen.[12-15] Daher werden zusätzliche politische Maßnahmen benötigt (S. 101).

Von Benzin zu Diesel

[2] Verbrauch von Diesel und Benzin im Straßenverkehr in Schweden von 1960 bis 2005[7]

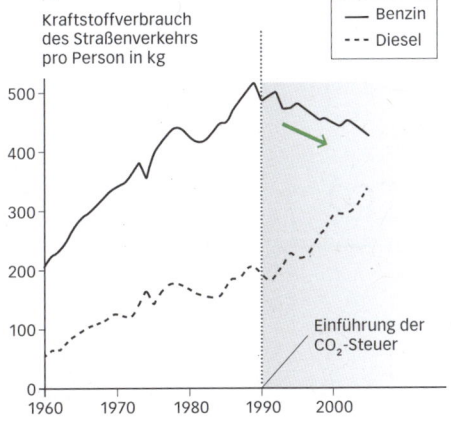

Von Öl zu Holz und Wärmepumpen

[3] Zusammensetzung der genutzten Heizenergie in Einfamilienhäusern in Schweden von 1985 bis 2013[9]

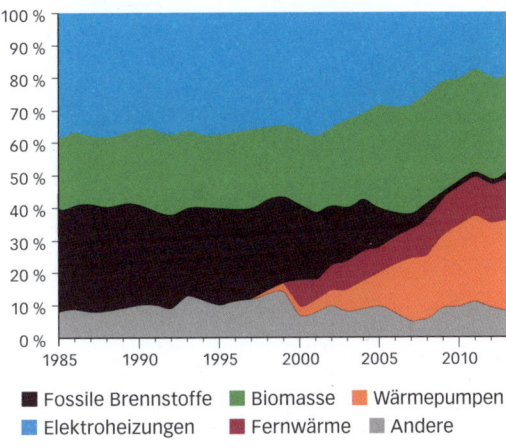

- Fossile Brennstoffe
- Biomasse
- Wärmepumpen
- Elektroheizungen
- Fernwärme
- Andere

Durch den finanziellen Anreiz eines CO_2-Preises können verhältnismäßig kostengünstige und leicht zu realisierende Klimaschutzmaßnahmen effizient umgesetzt werden.[16]

BELASTUNGEN FÜR UNTERNEHMEN UND BÜRGER

Die Einführung einer CO_2-Bepreisung erhöht Herstellungskosten und damit auch die Preise von Produkten und Dienstleistungen sowohl für Unternehmen als auch Privatpersonen.[1] Wie daraus resultierende wirtschaftliche Nachteile und gesellschaftliche Verwerfungen verhindert werden können, wird im Folgenden aufgezeigt.

Bei **Unternehmen** wird befürchtet, dass ihre Wettbewerbsfähigkeit unter einer CO_2-Bepreisung leidet und sie daher ihre Produktion in Länder verlagern, in denen sie keinen CO_2-Preis zahlen müssen.[2] Dadurch würden nicht nur Arbeitsplätze vor Ort verloren gehen, sondern die Emissionen könnten insgesamt sogar steigen, wenn in den anderen Ländern niedrigere Klimaschutzstandards gelten.[3]

Mit einem sogenannten Grenzausgleich könnte das verhindert werden: Unternehmen A, das in seinem Land einen CO_2-Preis zahlt, aber Produkte in ein Land verkaufen will, wo es keinen CO_2-Preis gibt, bekommt beim Export seiner Produkte den CO_2-Preis erstattet [1]. Umgekehrt würde Unternehmen B, das in einem Land ohne CO_2-Preis produziert und Produkte in ein Land mit CO_2-Preis verkaufen will, den CO_2-Preis nachzahlen müssen [2].[4] Dieses System würde ähnlich wie die Verrechnung der Mehrwertsteuer an Ländergrenzen funktionieren und hat einen großen Vorteil: Führt z. B. die EU – als einer der größten Wirtschafträume der Welt – einen solchen Grenzausgleich ein, werden auch Unternehmen in anderen Ländern gezwungen, klimafreundlicher zu produzieren, um einen möglichst niedrigen CO_2-Preis beim Export in die EU zu zahlen und ihre Produkte weiterhin wettbewerbsfähig anbieten zu können.[5-7]

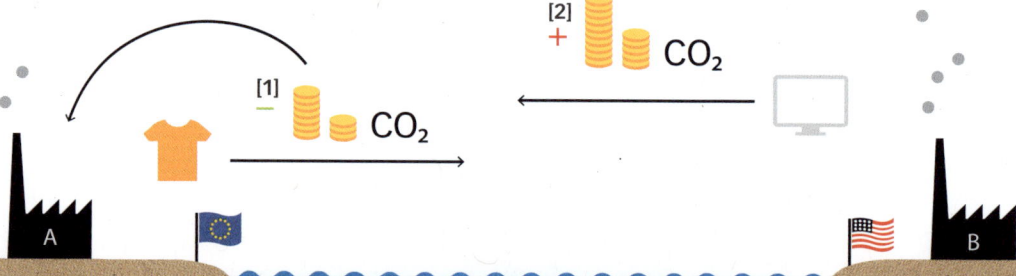

In Industrienationen geben **Privatpersonen** mit einem geringen Einkommen einen deutlich größeren Teil ihres Einkommens z. B. für Heiz- und Stromkosten aus als Menschen mit einem hohen Einkommen.[8] Daher werden sie durch den CO_2-Preis stärker belastet. Um das auszugleichen, kann – wie z. B. in der Schweiz – ein Teil der Einnahmen aus der CO_2-Bepreisung pro Kopf aufgeteilt und der gleiche Betrag an alle Bürger regelmäßig zurückgezahlt werden; oft auch als Klimaprämie bezeichnet.[9-11] Da Menschen mit einem geringen Einkommen durchschnittlich weniger konsumieren und daher weniger CO_2 ausstoßen, erhalten sie sogar mehr zurück als sie für den CO_2-Preis zahlen [3]. Gleiches gilt im Durchschnitt für Familien mit Kindern, weil Kinder weniger konsumieren als Erwachsene.[12-14]

Da Privatpersonen die Prämie nicht bei jeder einzelnen Kaufentscheidung mit dem CO_2-Preis verrechnen, bleibt der finanzielle Anreiz zum Klimaschutz erhalten.[12] Wenn jedoch statt einer Klimaprämie finanziell dort ausgeglichen wird, wo eigentlich der CO_2-Preis wirken soll – z. B. durch die Senkung von Steuern und Abgaben auf Strom oder die Erhöhung der Pendlerpauschale – kann zum einen der finanzielle Anreiz, CO_2 einzusparen, verringert werden und zum anderen wäre der soziale Ausgleich weniger effektiv.[15-17]

Wird parallel zum CO_2-Preis ein Grenzausgleich und eine Klimaprämie eingeführt, können wirtschaftliche Nachteile und gesellschaftliche Verwerfungen verhindert werden, ohne den finanziellen Anreiz zum Klimaschutz zu verringern.

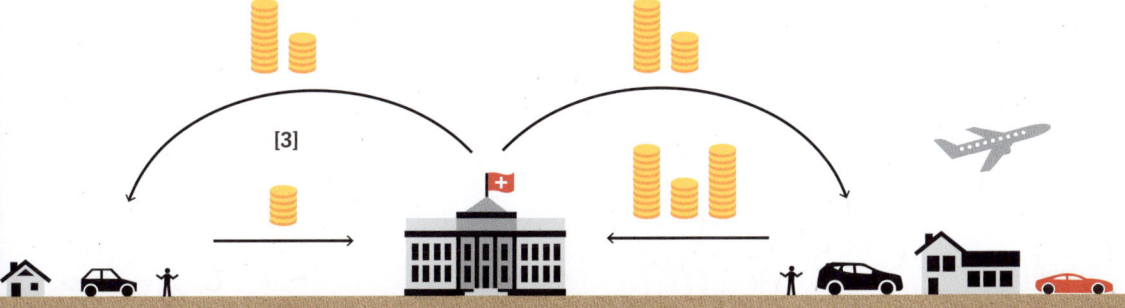

[3]

WEITERE POTENTIALE DER CO_2-BEPREISUNG

Ein Teil der Einnahmen aus der CO_2-Bepreisung kann neben der Rückzahlung an die Bevölkerung genutzt werden, um gezielt Klimaschutzmaßnahmen zu fördern.[1] Die Schweiz und Norwegen verwenden dazu etwa ein Drittel der Einnahmen, der Bundesstaat Alberta in Kanada sogar etwa die Hälfte.[2,3] Konkret können damit beispielsweise Steuererleichterungen von Tickets für den ÖPNV ermöglicht, der Ausbau von Radwegen finanziert, ein Teil von Sanierungskosten wie zur Dämmung oder dem Austausch von Heizungen übernommen oder der Kauf von E-Fahrzeugen bezuschusst werden [1].[4,5] Deutschland verwendete im Jahr 2021 die Einnahmen aus der CO_2-Bepreisung hauptsächlich zur Senkung der EEG-Umlage, einer Abgabe, die Stromverbraucher über den Strompreis zahlen.[6]

Des Weiteren kann eine CO_2-Bepreisung mit Klimaschutzprojekten gekoppelt werden – oft auch Kompensationsprojekte genannt.[7] Unternehmen, die ihre Emissionen nur sehr schwer (z. B. Fluggesellschaften, S. 62) oder nur durch hohe Investitionen vermeiden können, könnten z. B. Aufforstungsprojekte oder den Ausbau von erneuerbaren Energien finanzieren. Für jede Tonne CO_2, die dadurch aus der Atmosphäre entfernt (Aufforstung, S. 93) oder vermieden wird (erneuerbare Energien ersetzen den Ausbau von Kohlekraftwerken und verhindern damit zusätzliche CO_2-Emissionen), würden sie ein Zertifikat erhalten und somit pro Zertifikat vom Preis einer Tonne CO_2 befreit werden [2].[8,9]

[1]

Gerade in Entwicklungsländern sind solche Maßnahmen verhältnismäßig günstig umzusetzen, wodurch dort Klimaschutz finanziert und Arbeitsplätze geschaffen werden können.[10] Da dies für manche Unternehmen günstiger wäre als selbst CO_2 zu reduzieren, können dadurch eigene Klimaschutzmaßnahmen der Unternehmen verzögert werden.[11] Der Vorteil wäre jedoch, dass mit weniger Geld dieselbe Menge CO_2 eingespart werden könnte.[12] Entscheidend dafür ist, dass internationale Standards und ein Kontrollgremium für solche Kompensationsprojekte geschaffen werden (S. 98).[13]

Zusammengefasst: Die CO_2-Bepreisung schafft sowohl für Unternehmen als auch für Privatpersonen einen finanziellen Anreiz, ihren CO_2-Ausstoß zu reduzieren, und Investitionen in klimafreundliche Technologien werden attraktiver.[14] Zudem kann der Staat mit den Einnahmen weitere Klimaschutzmaßnahmen finanzieren.[15] Zur Ausgestaltung eines effektiven und sozial gerechten CO_2-Bepreisungssystems müssen einige Kriterien und komplexe Mechanismen berücksichtigt werden.[16] So könnten u. a. ein Grenzausgleich und eine Klimaprämie für Bürger wirtschaftlichen und gesellschaftlichen Verwerfungen entgegenwirken.[17] Zudem muss die CO_2-Bepreisung durch andere politische Instrumente ergänzt werden, damit z. B. auch große Infrastrukturprojekte wie der Aufbau einer Wasserstoffinfrastruktur realisiert werden (S. 101).[18-20]

[2]

GRÜNE FINANZEN

Durch jede neue Investition in klimaschädliche Infrastruktur – wie Ölheizungen oder Kohlekraftwerke – werden zusätzliche CO_2-Emissionen über einen langen Zeitraum vorprogrammiert (sog. Lock-In-Effekte).[1] Um das Paris-Abkommen einzuhalten, müsste diese Infrastruktur frühzeitig wieder stillgelegt und das investierte Geld abgeschrieben werden; z. B. wenn ein Kohlekraftwerk dauerhaft abgeschaltet wird, das eigentlich noch Jahre weiterlaufen könnte.[2,3]

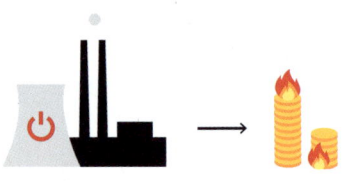

In diesem Fall wird von „gestrandeten Anlagen" gesprochen.[4] Allein im Energiesektor müssten heutige Anlagen und Investitionen mit einem Wert von 10 Billionen Euro weltweit bis 2050 stranden, um das 2-Grad-Limit einzuhalten.[5] Wird bis 2030 weitere klimaschädliche Infrastruktur wie Kohlekraftwerke gebaut, könnten etwa 6 Billionen Euro hinzukommen[5]; das entspräche insgesamt mehr als dem Vierfachen der Wirtschaftsleistung von Deutschland im Jahr 2019.[6]

Während in China vor allem der Energiesektor betroffen ist, wird in der EU und den USA der vorzeitige Austausch von Heizungen in Gebäuden zu hohen Kosten führen.[7] Um diese finanziellen Verluste zu minimieren, können mit den folgenden Beispielen Investitionsanreize korrigiert und somit Finanzströme umgeleitet werden.

Neben der CO_2-Bepreisung (S. 102) können insbesondere klimaschädliche Subventionen abgeschafft werden, z. B. Steuererleichterungen für fossile Kraftstoffe oder Bezuschussungen des Abbaus von fossilen Rohstoffen [1].[8]

[1] Weltweite Subventionen für erneuerbare und fossile Energien 2017 in Milliarden Euro[8]

139   375

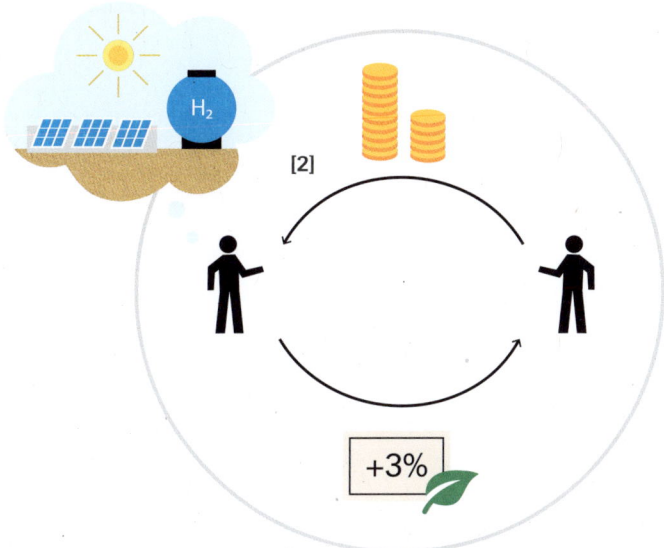

Denn diese Subventionen unterstützen Investitionen in fossile Infrastruktur. Ohne derartige Subventionen könnten die weltweiten Emissionen bis 2050 um 6,4 bis 8,2 % niedriger sein als mit den Subventionen.[9] Zudem könnten die eingesparten und zusätzlichen finanziellen Mittel zur Finanzierung von Klimaschutzmaßnahmen verwendet werden.[10]

Um weiteres Kapital für Investitionen in Klimaschutz zu beschaffen, können „grüne Anleihen" ausgegeben werden. Anders als bei Krediten, stellen Investoren den Akteuren hierbei direkt Geld für die Umsetzung von Klimamaßnahmen zur Verfügung.

Die Akteure verpflichten sich, dieses zu verzinsen und zu einem festgelegten Zeitpunkt wieder zurückzuzahlen [2].[11] Das Investitionsvolumen in grüne Anleihen hat sich von 2014 bis 2019 mit einem Anstieg auf 259 Milliarden US-Dollar versechsfacht.[12] Um Greenwashing zu vermeiden, müssen jedoch strikte Standards für grüne Anleihen eingeführt werden, die sich beispielsweise an den Zielen des Pariser Klimaabkommen orientieren könnten.[13]

INTERNATIONALE ZUSAMMENARBEIT I

Seit 1995 treffen sich Vertreter (fast) aller Staaten zur jährlichen Weltklimakonferenz der Vereinten Nationen, um Emissionsreduktionsziele, Regeln und Standards für die internationale Klimapolitik zu verhandeln.[1] Damit ein Abkommen beschlossen werden kann, muss jedes Land zustimmen, d. h. es gilt das Einstimmigkeitsprinzip.[2] Aufgrund der zahlreichen unterschiedlichen Interessen der Staaten werden Einigungen daher nur basierend auf einem Minimalkonsens erreicht.[3] Trotzdem konnte sich die Staatengemeinschaft 2015 in Paris darauf verständigen, die globale Erwärmung auf deutlich unter 2 °C zu begrenzen.[3]

Im Zuge dessen hatte jedes Land eigene Emissionsreduktionen angekündigt, die insgesamt jedoch nicht ausreichen, um weder das 1,5- noch das 2-Grad-Limit einzuhalten.[4] Daher wurde vereinbart, alle fünf Jahre die Zusagen der Länder zu überprüfen und zu verschärfen.[5]

Ein zentraler Konflikt besteht darin, dass Entwicklungsländer ihren Lebensstandard steigern und möglichst an den der Industrienationen angleichen wollen, während Industrienationen ambitioniertere Klimaschutzanstrengungen fordern.[6]

Die USA, Kanada, die EU, Japan, Südkorea und einige weitere Industriestaaten haben sich zum Ziel gesetzt bis 2050 Klimaneutralität zu erreichen, d. h. nur noch so viele Treibhausgase auszustoßen wie gleichzeitig aus der Atmosphäre entfernt werden; China will das bis 2060 erreichen.[16-20] Halten die Länder ihre bisherigen Zusagen ein, könnte die globale Erwärmung auf etwa 2 °C begrenzt werden – jedoch nicht auf 1,5 °C.[21]

Nicht nur zu Einhaltung der eigenen Klimaziele und möglicherweise des 1,5 °C-Limits, müssen die Industrienationen ihre Emissionen deutlich schneller reduzieren als bisher. Das ist vor allem entscheidend, um international die eigenen Klimaschutzambitionen glaubwürdig zu unterstreichen und somit auch andere Länder dazu zu bewegen, ebenfalls Kimaschutzmaßnahmen umzusetzen.

Zur Überwindung dieses Konflikts ist das Konzept der **Klimagerechtigkeit** entscheidend[7]: Die menschengemachten CO_2-Emissionen bleiben durchschnittlich mehrere hundert Jahre in der Atmosphäre.[8] Der heutige Klimawandel ist daher eine Folge der CO_2-Emissionen der letzten 200 Jahre.[9] Da die USA und die EU schon seit Jahrzehnten einen hohen Lebensstandard haben, ist ihr Anteil an den historischen Emissionen mit Abstand am größten [1].[10] Dementsprechend sind in erster Linie die Industrieländer für den heutigen Klimawandel verantwortlich.

Um andere Länder dazu zu bewegen, Klimaschutz umzusetzen, müssen Industrienationen aufgrund ihrer historischen Verantwortung zum einen sich selbst strengere Emissionsreduktionsziele setzen und zum anderen Klimaschutzmaßnahmen in Entwicklungsländern finanzieren.[11-13] Vor allem müssen Industrienationen ihre Zusagen einhalten, um an Glaubwürdigkeit zu gewinnen.[14] Da es keine übergeordnete Instanz gibt, die souveräne Staaten zu ambitionierteren Zielen zwingen oder beim Verfehlen ihrer Zusagen sanktionieren könnte, ist gerade diese Glaubwürdigkeit entscheidend für den Erfolg internationaler Verhandlungen.[15]

[1] Anteil der Länder an den CO_2-Emissionen von 1750 bis 2019[10]

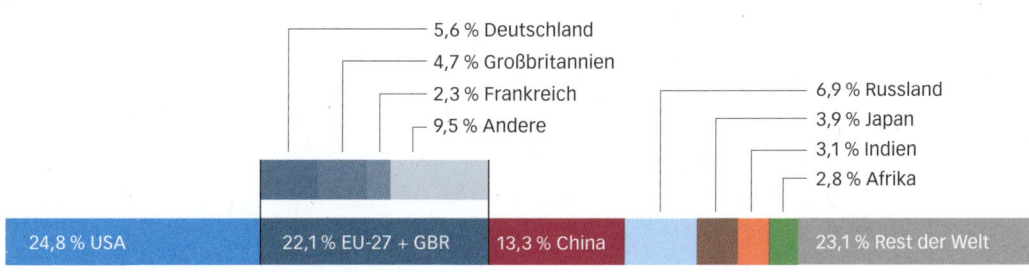

5,6 % Deutschland
4,7 % Großbritannien
2,3 % Frankreich
9,5 % Andere

6,9 % Russland
3,9 % Japan
3,1 % Indien
2,8 % Afrika

24,8 % USA   22,1 % EU-27 + GBR   13,3 % China   23,1 % Rest der Welt

INTERNATIONALE ZUSAMMENARBEIT II

Wenn Entwicklungsländer ihren Wohlstand in Zukunft genau wie die USA, die EU und China mit fossilen Brennstoffen aufbauen, könnte sich der globale Treibhausgasausstoß etwa verdoppeln und die weltweite Temperatur bis zum Ende des Jahrhunderts um etwa 4 °C ansteigen.[1-4]

Die Kosten der Elektrizitätserzeugung mittels erneuerbarer Energien sind in den letzten Jahren rapide gesunken (S. 16).[5] Ein ausschließlich auf erneuerbaren Energien basierendes Energiesystem zu errichten, ist jedoch mit sehr hohen Anfangsinvestitionen verbunden und aufgrund des notwendigen Aufbaus von Stromnetzen und Energiespeichern sehr komplex.[6-8]

Da in Entwicklungsländern Know-how und finanzielle Mittel stark begrenzt sind, diese Länder aber möglichst schnell zu Wohlstand gelangen wollen und dazu große Mengen an Energie benötigen, bauen sie neben Anlagen zur Erzeugung von erneuerbarer Elektrizität auch weiter Kohle- und Gaskraftwerke (S. 26).[9-12] Damit diese Staaten den Weg zu einem höheren Wohlstand mittels fossiler Brennstoffe überspringen und direkt ein klimafreundliches Energiesystem errichten, muss u. a. ausreichend Kapital zur Verfügung gestellt und das notwendige Know-how aufgebaut werden.[13,14] Denn Entwicklungsländer werden Klimaschutz nur umsetzen, wenn sie gleichzeitig Wohlstand aufbauen können.[15,16]

Wenn alle Menschen auf der Erde Zugang zu Bildung, sauberer und günstiger Energie, medizinischer Versorgung usw. haben, profitiert die gesamte Menschheit. Denn dann können viel mehr Menschen nach Medikamenten, Impfstoffen und vielen weiteren Technologien forschen, die unser Leben und den Zustand unserer Umwelt verbessern.[23] Außerdem wird das Bevölkerungswachstum durch den steigenden Wohlstand sowie einen verbesserten Zugang zu Bildung und medizinischer Versorgung stark begrenzt.[24]

Technologie-Transfer ist entscheidend dafür, dass klimafreundliche Technologien weltweit eingesetzt werden können.[17] Eine Möglichkeit wäre die Freigabe von Patenten. Jedoch fehlt meist das Know-how, um die Technologien überhaupt einzusetzen.[18,19] Stattdessen zeigen Studien, dass gerade ein starker Patentschutz, kombiniert mit ausländischen Direktinvestitionen, effektiver ist: Wenn Unternehmen in anderen Ländern z. B. Produktionsstätten für Photovoltaik aufbauen, werden Arbeitsplätze geschaffen, PV-Anlagen können auch für die lokale Bevölkerung hergestellt werden und Know-how überträgt sich auf andere Unternehmen vor Ort.[20]

Um diese privaten Investitionen in Entwicklungsländer zu mobilisieren, müssen Staaten Investitionssicherheiten für Unternehmen gewährleisten (Öffentlich-Private-Partnerschaften, S. 108).[21] Zudem können Unternehmen Klimaschutzprojekte in Entwicklungsländern finanzieren und dafür von der CO_2-Bepreisung entlastet werden (S. 106).[22]

Länder, die Erdöl und Erdgas exportieren, brauchen wirtschaftliche Perspektiven: In Russland könnte mit Windkraftanlagen Wasserstoff produziert anstatt Erdgas gefördert werden und andere Länder könnten Abnahmemengen für den grünen Wasserstoff garantieren. Im Nahen Osten könnte Elektrizität aus PV-Anlagen erzeugt und anstelle von Erdöl exportiert werden.[25,26]

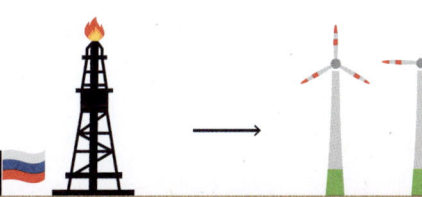

INTERNATIONALE ZUSAMMENARBEIT III

Neben der Kooperation von Nationalstaaten gibt es weitere wichtige Formen der internationalen Zusammenarbeit. Gerade wenn sich unterschiedliche Akteure wie Unternehmen, Kommunen, Politiker, Wissenschaftler und Nicht-Regierungsorganisationen zusammenschließen, kann Klimaschutz sowohl lokal als auch international beschleunigt werden.[1]

Die Beispiele auf dieser Seite zeigen, wie vielfältig die Kooperationsmöglichkeiten sind. Einige davon werden heutzutage schon erfolgreich umgesetzt, können in Zukunft aber noch deutlich verstärkt und ausgeweitet werden.[2]

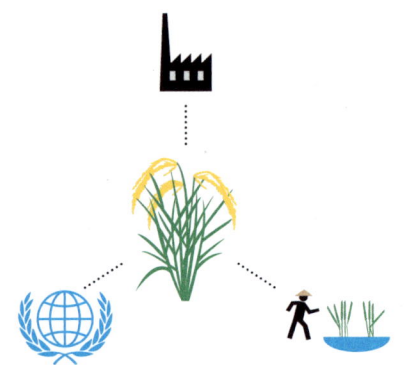

Allianzen innerhalb von Sektoren: In der Landwirtschaft können Verarbeiter von Lebensmitteln Reisbauern garantieren, dass sie ihren Reis zu einem festen Preis abnehmen, wenn dieser klimafreundlicher angebaut wird (S. 70). Nicht-Regierungsorganisationen können dabei helfen, das Wissen über diese nachhaltigeren Anbaumethoden zu vermitteln.[3] Außerdem könnten Stahlunternehmen gemeinsame Standards für klimafreundlicheren Stahl definieren, mit der Automobilindustrie langfristige Abnahmeverträge schließen und Demonstrationsanlagen könnten staatlich gefördert werden.[4]

Klimaclubs: Einzelne Staaten schließen sich zusammen und verpflichten sich gegenseitig zu strengen Emissionsreduktionen. Gleichzeitig führen sie gemeinsam einen CO_2-Grenzausgleich ein (S. 105), um die eigene Wirtschaft zu schützen und gewähren untereinander leichteren Zugang zu Patenten von klimafreundlichen Technologien.[5] Auch Städte und Bundesstaaten können Teil eines solchen Clubs werden.[6]

Internationale statt nationale Forschungsprogramme führen dazu, dass mehr und unterschiedliches Wissen gebündelt und neues generiert wird. Vor allem wird dadurch Know-how weltweit verbreitet und kann in mehreren Ländern gleichzeitig zur Umsetzung von Klimaschutzmaßnahmen beitragen.[7]

Gerade durch **Öffentlich-Private-Partnerschaften** können große Infrastrukturprojekte umgesetzt werden, wie der Bau von riesigen Photovoltaik-Parks in Nordafrika mit Stromleitungen nach Europa. Bei solchen Partnerschaften sichert beispielsweise der Staat private Investitionen gegen wirtschaftliche und politische Risiken ab, Unternehmen bringen technologisches Know-how und Kapital mit ein, ein Finanzinstitut entwickelt eine grüne Anleihe, um am Kapitalmarkt zusätzliche Gelder einzusammeln und eine Nicht-Regierungsorganisation koordiniert das Projekt und vernetzt die Akteure.[8-10]

Weltweit leben aktuell mehr als 4 Milliarden Menschen in **Städten**, wo über 70 % der CO_2-Emissionen entstehen.[11] Damit haben Städte ein großes Potential, Emissionen zu reduzieren.[12] Die bestehen städtischen Netzwerke – regional, national sowie international – können ausgeweitet und verstärkt werden, um Wissen und Erfahrungen von Stadtplanern zu teilen und so den Klimaschutz voranzutreiben.[13]

ARBEITSPLÄTZE

Zur Einhaltung des Paris-Abkommens müssen klima-schädliche Technologien und Energieträger wie Kohleverstromung, Ölheizungen und fossile Kraftstoffe durch klimafreundliche ersetzt werden.[1] Dazu werden Industrien umstrukturiert oder sogar abgebaut und andere ganz neu aufgebaut, was zur Verschiebung von Arbeitsplätzen führt.[2] Auch wenn dabei Stellen abgebaut werden, ist es für zahlreiche Unternehmen entscheidend, den Umstieg von klimaschädlichen auf klimafreundliche Technologien zu bewältigen. Denn wenn ihre Produkte wie Ölheizungen oder PKW mit Verbrennungsmotoren kaum mehr nachgefragt werden, könnten sie Gefahr laufen, in Zukunft fast voll-ständig vom Markt zu verschwinden und damit auch eine große Zahl von Arbeitsplätzen.[3-6]

Zur Einhaltung des 2-Grad-Limits könnten allein im Bereich der fossilen Energien weltweit bis 2050 fast 10 Millionen Arbeitsstellen wegfallen; vor allem in der Kohleindustrie. Auf der anderen Seite könnten aber in den erneuerbaren Energien bis 2050 mehr als 18 Millionen neue Arbeitsplätze entstehen [1].[7] Besonders groß ist der Bedarf an Fachkräften in der Rohstoffgewinnung, der Produktion, Fertigung und Installation von Wärmepumpen, Windkraft- und Photovoltaik-Anlagen sowie im Bereich der Gebäude-sanierung.[8-10] Weitere Arbeitsplätze werden in den Bereichen nachhaltige Mobilität, nachhaltige Forstwirt-schaft und Kreislaufwirtschaft geschaffen; allein in der Wasserstoffindustrie könnten in Europa bis 2050 über 5 Millionen Arbeitsplätze entstehen.[11-13]

Prognosen zufolge könnten im weltweiten Durchschnitt durch die Investition von einer Millionen Euro in erneuerbare Energien mittelfristig etwa 7 neue Arbeitsplätze entstehen; bei Investitionen in fossile Energien wären es nur 2,5.[8]

Insgesamt wird die Zahl der benötigten Fachkräfte weltweit höchstwahrscheinlich stark ansteigen.[14] Wegfallende und neue Stellen können jedoch nicht eins zu eins miteinander verrechnet werden.[15] Zum einen müssen Menschen zunächst die Fähigkeiten erwerben, die in den klimafreundlichen Industrien notwendig sind. Deshalb braucht es eine weltweite Ausbildungsoffensive für Umschulungen – vor allem aber auch, um insgesamt den enormen Fachkräftebedarf zu decken.[16]

Zum anderen liegen alte und neue Arbeitsplätze geographisch nicht immer beieinander, weshalb Umzüge notwendig werden können.[17] Außerdem sind manche Länder (z. B. erdölexportierende Länder, S. 109) oder Regionen (z. B. Kohleregionen) von klimaschädlichen Technologien abhängig.[18] Daher muss ein Strukturwandel aktiv gestaltet werden, um wirtschaftliche und soziale Verwerfungen abzumildern.[19] Wie das gelingen kann, wird auf der folgenden Seite beschrieben.

[1] Prognose zur Entwicklung der weltweiten Beschäftigung im Energiesektor bis 2050, zur Einhaltung des 2-Grad-Limits[7]

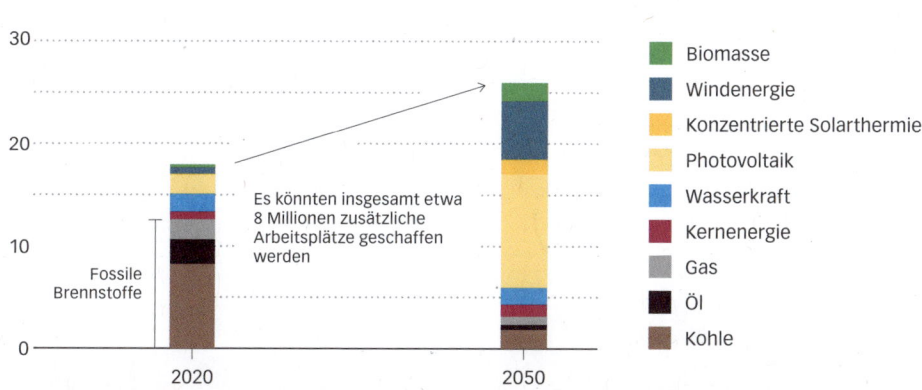

Arbeitsplätze in Millionen

Es könnten insgesamt etwa 8 Millionen zusätzliche Arbeitsplätze geschaffen werden

Fossile Brennstoffe

Legende:
- Biomasse
- Windenergie
- Konzentrierte Solarthermie
- Photovoltaik
- Wasserkraft
- Kernenergie
- Gas
- Öl
- Kohle

STRUKTURWANDEL

Beim Umstieg auf klimafreundliche Technologien können Angestellte teilweise in neue Industrien übernommen werden.[1] Einige, wie z. B. in der Verwaltung, können fast dieselben Aufgaben übernehmen, während Andere neue Fähigkeiten erlernen müssen.[2] Beispielsweise können Arbeitskräfte in der Fertigung umgeschult werden, um E-Autos, Batterien, Solarpanels oder Windkraftanlagen zu bauen, während Elektrofachkräfte weitergebildet werden können, um PV-Anlagen, Wärmepumpen und Ladesäulen zu installieren.[3,4]

Manche Weiterbildungen dauern nur wenige Monate, andere Umschulungen einige Jahre.[5] In diesen Fällen müssen Unternehmen, Gewerkschaften und die Politik frühzeitig gemeinsam Angebote entwickeln, sodass Umschulungen teilweise berufsbegleitend stattfinden können.[6] Dadurch und mit den folgenden Ansätzen kann ein Strukturwandel aktiv gestaltet werden.

Politik kann Unternehmen höhere Forschungsgelder in Aussicht stellen, wenn sie Produktionsstätten für klimafreundliche Technologien in Strukturwandel-Regionen aufbauen und somit neue Arbeitsplätze schaffen.[8] Entscheidend für die langfristige Ansiedlung von Unternehmen ist zudem die Verbesserung der Infrastruktur wie z. B. der Glasfaserausbau.[9]

Frühzeitiger Bau von Bildungs- und Forschungseinrichtungen bzw. Setzung neuer Forschungsschwerpunkte an bestehenden Universitäten, aus denen neue Unternehmen hervorgehen.[7]

Manche Regionen sind hauptsächlich von einer klimaschädlichen und nicht umzustrukturierenden Industrie abhängig. Bevölkerungsabwanderung kann daher nicht überall verhindert werden. Lohnverluste können übergangsweise durch soziale Sicherungssysteme kompensiert und Umzüge finanziell unterstützt werden.[10]

 Keine falschen Versprechen zur Zukunftsfähigkeit von Industrien machen, die sich einige Jahre später als falsch erweisen, da sie soziale Verwerfungen verschärfen und zu Frustration in den betroffenen Regionen führen.[11]

 Durch eine langfristig angelegte, transparente und glaubwürdige Klimapolitik, könnten über viele Jahre Mitarbeiter, die Stellen in nicht zukunftsfähigen Bereichen innehaben, in Rente gehen und vor allem kann die Neubesetzung durch junge Mitarbeiter verhindert werden, die stattdessen direkt in neuen Industrien ausgebildet werden.[12]

Frühzeitiger und regelmäßiger Austausch aller Interessensgruppen wie Unternehmen, Beschäftigte, Gewerkschaften, Politik und Zivilgesellschaft. So können mögliche Verwerfungen identifiziert und abgemildert werden, jedoch können letztendlich nie alle Bedürfnisse vollständig berücksichtigt werden.[13-15]

Identitätsverlust in den Regionen verhindern
Beispielsweise können alte Anlagen in die neue Infrastruktur integriert werden, z. B. als Veranstaltungszentren, Museen oder Erholungsparks. Zudem kann u. a. durch Kampagnen, Schulprojekte oder die Einbeziehung der Menschen in die Gestaltung der Umgebung eine neue Identifikation geschaffen werden, wie z. B. von der Kohleregion zur Sonnen- oder Batterieregion.[16,17]

DIGITALISIERUNG

Digitale Endgeräte wie Computer, Fernseher oder Smartphones sowie digitale Infrastruktur wie Rechenzentren werden meist unter dem Begriff der Informations- und Kommunikationstechnik (IKT) zusammengefasst.[1] Diese verbrauchte im Jahr 2017 etwa 10 % des weltweiten Strombedarfs und ihr Anteil könnte bis 2030 auf bis zu 20 % steigen.[2-4] Andererseits ist die Digitalisierung zwingend erforderlich für den Ausbau erneuerbarer Energien [1] sowie für Klimaanpassungsmaßnahmen wie Frühwarnsysteme bei Waldbränden oder Überschwemmungen (S. 116).[5] Zudem kann digitale Technik dabei unterstützen, Umwelt und Tiere zu schützen – z. B. durch Sensoren an Windkraftanlagen,

die Vögel frühzeitig erkennen, um die Geschwindigkeit der Rotoren automatisiert zu drosseln und somit Vogelschlag zu vermeiden.[6]

Außerdem kann der Energie- und Materialeinsatz durch die Digitalisierung reduziert werden, wie die Beispiele auf dieser Seite zeigen. Vor allem aufgrund des weltweit zunehmenden Einsatzes digitaler Technik werden diese Maßnahmen den Anstieg des insgesamten Energiebedarfs wahrscheinlich jedoch nur abschwächen.[7,8] Um zu verhindern, dass die Digitalisierung den Klimawandel verschärft, müssen daher klimafreundliche Energien ausgebaut werden.[9]

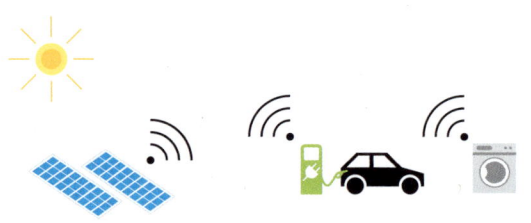

[1] Digitale Vernetzung von Elektrizitätserzeugern und -nachfragern, z. B. bei E-Autos oder Waschmaschinen, ermöglicht die Abstimmung aufeinander und gleicht damit Schwankungen der erneuerbaren Energien aus (S. 15).[10]

Sensoren messen die Luftqualität und die Raumtemperatur, wodurch vollautomatisch möglichst energiesparend geheizt und gelüftet werden kann.[11]

Von der Kunststoffindustrie eingesetzte **Materialien** werden mit einem **integrierten Code** versehen, der beim Recycling erfasst wird. So kann deutlich effektiver getrennt und recycelt werden.[12]

Durch die **digitale Erfassung der gesamten Produktionsprozesse** lassen sich Materialverluste erkennen und minimieren.[13]

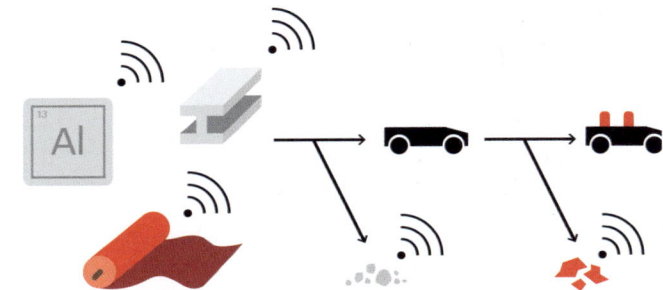

Bauteile in der Industrie können mit 3D-Druckern präzise und direkt vor Ort hergestellt werden. Das verringert Materialverluste, da Teile z. B. nicht mehr zugeschnitten werden müssen und zudem entfällt die aufwendige Anlieferung.[14]

Sensoren in Böden liefern Informationen z. B. über den Nährstoffgehalt, sodass der Einsatz von Düngemitteln angepasst und minimiert werden kann. Zudem können Feldroboter Unkraut jäten, wodurch weniger Pestizide eingesetzt werden müssten.[15]

NUDGING

Im Alltag entscheiden sich Menschen oft unbewusst und werden von äußeren Einflüssen und Gewohnheiten geleitet.[1,2] Obwohl viele Menschen das Klima schützen möchten, handeln sie daher oftmals anders.[3,4] Hier kommen sogenannte „Nudges" (Deutsch: Stupser) ins Spiel: Sie können Menschen bei Entscheidungen so umlenken, dass sie sich eher so verhalten, wie sie es eigentlich – ihren Werten und Zielen entsprechend – gerne würden; allerdings ohne finanzielle Anreize und ohne dabei Wahlmöglichkeiten einzuschränken.[5-7] Stattdessen werden beim Nudging z. B. Informationen bereitgestellt und vereinfacht [1], die physische Umgebung umgestaltet [2], Standardeinstellungen verändert [3] und soziale Normen aktiv genutzt [4].[8]

Die Beispiele von Einzelstudien auf dieser Seite zeigen einige Einsatzmöglichkeiten von Nudges sowie ihre jeweilige Wirkung. Dabei ist entscheidend, dass Nudges transparent sind und Menschen das Ziel hinter einem Nudge akzeptieren, da ansonsten Abwehrreaktionen auftreten können.[9] Zudem ist die Wirkung eines Nudge umso größer, je informierter und überzeugter Menschen davon sind, dass eine bestimmte Verhaltensänderung sinnvoll ist.[8,10]

Nudges können Verhaltensänderungen herbeiführen, wodurch Emissionen meist in geringem Umfang, dafür aber sehr leicht reduziert werden können – unsicher ist noch, wie lange die Effekte anhalten.

[1] Mit Fotos von Tieren auf Fleischprodukten wurde in den Fokus gerückt, dass hierfür ein Lebewesen gestorben ist. Dadurch sank der Wille Fleisch zu kaufen um etwa ein Viertel.[11]

[2] Die Reduzierung der Tellergröße von 24 auf 21 cm am Buffet verringerte Portionsgrößen und damit die Lebensmittelverschwendung um 15 %.[12]

[1] In einem Supermarkt in Australien wurden Produkte entsprechend ihres CO_2-Fußabdrucks gekennzeichnet: grün für klimafreundlich, gelb für durchschnittlich, schwarz für klimaschädlich. **Der Anteil verkaufter Produkte mit einem grünen Zeichen stieg um 8 %, der von schwarzen sank um 19 %.**[13]

[3] Bei der **Anmeldung zu einer Konferenz in Kopenhagen wurde als Standardessen vegetarisch angekreuzt** und die Teilnehmer hätten sich aktiv für ein Gericht mit Fleisch entscheiden müssen. Dadurch ist der Anteil von vegetarischen Gerichten von 1 auf 85 % gestiegen. 90 % der Teilnehmer haben den Nudge später sogar befürwortet.[14]

[2] **Radwege in Oslo wurden durchgehend rot oder blau markiert, wodurch 7 % weniger Autos auf den Wegen** parkten und mehr Abstand hielten. Außerdem fuhren nur noch 7 % statt 20 % der Radfahrer auf dem Bürgersteig.[15]

[1 & 4] **Mietern, denen ihr Energieverbrauch im Vergleich zu den 10 % der energiesparendsten Nachbarn angezeigt wurde** und welche Auswirkungen ihr Verbrauch auf die Gesundheit und Umwelt hat, senkten ihren Energieverbrauch um mehr als 8 %.[16]

[3] In einer **Universitätsmensa in Schweden konnte der Verkauf von vegetarischen Gerichten um 6 % gesteigert** werden, in dem diese Gerichte als erstes auf dem Menü genannt wurden.[17]

KLIMAANPASSUNG I

Selbst wenn die globale Erwärmung auf unter 2 °C begrenzt wird, werden sich die Folgen des Klimawandels in den meisten Regionen weiter verschärfen (S. 7).[1] Um Menschen, Infrastruktur, Ernteerträge, Wälder und andere Ökosysteme zu schützen, ist die Menschheit daher gezwungen, sich an die lokal sehr unterschiedlich verändernden Bedingungen anzupassen.[2,3]

In Industrieländern werden die wirtschaftlichen Kosten durch Klimaschäden aufgrund der teuren Infrastruktur wahrscheinlich am höchsten sein.[4] Im Vergleich zur Wirtschaftsleistung (Bruttoinlandsprodukt, BIP) sind jedoch Entwicklungsländer am stärksten betroffen [1] und zudem verfügen sie vor allem über wesentlich weniger Anpassungskapazitäten.[5,6]

Die jährlichen Kosten, um sich an die veränderten Bedingungen anzupassen, könnten in Entwicklungsländern im Jahr 2030 bei 120 - 170 Milliarden Euro liegen, 2050 bei über 400 Mrd. Euro.[7] Allerdings sind die Kosten schon heute zwei bis drei Mal höher als die internationale finanzielle Unterstützung.[7] Ohne zusätzliche Mittel könnten Menschen in bestimmten Regionen daher gezwungen sein, ihre Heimat zu verlassen.[8]

Für den Klimawandel der letzten 150 Jahre sind vor allem die Industrienationen verantwortlich (S. 109).[9] Um international glaubwürdige Klimaschutzpolitik zu machen, ist es daher entscheidend, dass diese Länder wesentlich zur Finanzierung der Schäden und Anpassungen in Entwicklungsländern beitragen.[10]

Wasserdurchlässige Pflastersteine, damit Wasser versickern kann

Dach- und Fassadenbegrünungen speichern Niederschläge und kühlen die Stadt

Bei dem Konzept einer **Schwammstadt** werden Niederschläge nicht nur in Kanäle abgeleitet, die bei Starkregen überlaufen können, sondern aufgenommen und in den natürlichen Wasserkreislauf zurückgeführt. Dadurch können Überschwemmungen verhindert und gleichzeitig der Überhitzung von Städten entgegengewirkt werden.[13]

Versickerungsmulden, in die Oberflächenwasser geleitet wird

Baumrigolen, die unterirdisch Wasser aufnehmen und an den Erdboden abgeben

Durch weltweite Investitionen von 1,5 Billionen Euro in Anpassungsmaßnahmen im Zeitraum von 2020 bis 2030, könnten schätzungsweise 6,1 Billionen Euro an Folgekosten gespart werden.[11] Dabei gilt genau wie beim Klimaschutz: Werden keine Anpassungsmaßnahmen umgesetzt, sind die Schäden langfristig teurer.[12] Besonders effizient sind Katastrophenfrühwarnsysteme, durch die pro eingesetztem Euro etwa neun Euro an Schadenskosten gespart werden könnten.[11]

Zudem kann durch Anpassungsmaßnahmen verhindert werden, dass Katastrophen überhaupt erst entstehen.[7]

Die Beispiele auf der nächsten Seite vermitteln einen Eindruck davon, wie viele Anpassungsmaßnahmen rund um den Globus umgesetzt werden können und zeigen vor allem, dass es nicht nur um Kosten geht, sondern darum, Millionen von Menschen zu schützen.

[1] Kosten der Schäden mit und ohne Anpassungsmaßnahmen, bezogen auf die jeweilige Wirtschafsleistung (BIP) in %, bei einer Erwärmung um 2 °C bis zum Ende des Jahrhunderts[5]

Schäden ohne Anpassung   Schäden mit Anpassung

Die länge der Balken gibt die Spanne der Kosten an, die mit zwei unterschiedlichen Modellen geschätzt wurden

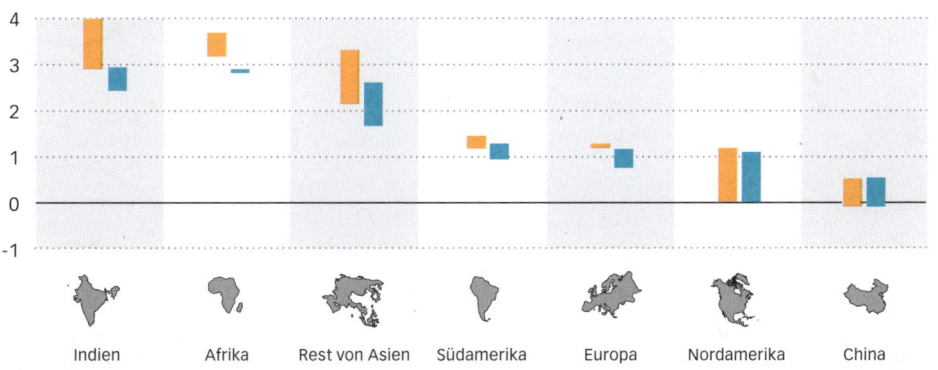

KLIMAANPASSUNG II

Pflanzung von Bäumen, die zukünftigen klimatischen Bedingungen standhalten und Mischung von Baumarten, um genetische Vielfalt und damit die Stabilität des Waldes zu erhöhen.[1]

Softwareentwicklung zur **frühzeitigen Erkennung von Waldbränden** mittels Satelliten, um diese möglichst einzugrenzen.[2]

Weiterentwicklung von Impfstoffen gegen Tropenkrankheiten (z. B. das Dengue-Fieber), da sich die übertragenden Mückenarten durch den Klimawandel z. B. auch in Europa und den USA ausbreiten.[3,4]

Stresstests für Krankenhäuser durchführen, für den Fall, dass an extremen Hitzetagen viele Menschen in Krankenhäuser kommen.[5]

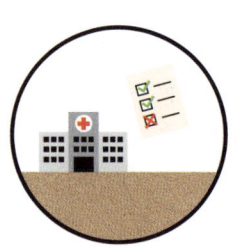

Anpassung von Gebäuden zur Vermeidung von Hitzestress, insbesondere dort, wo sich vulnerable Gruppen aufhalten wie in Kindergärten, Krankenhäusern oder Altersheimen.[6]

Pflanzung von Mangrovenwäldern könnte weltweit 18 Millionen Menschen vor Überschwemmung schützen und Fischbestände sichern.[7]

Landwirte weltweit dabei beraten, **hitze- oder überschwemmungsresistente Früchte** anzubauen.[8] Auf der anderen Seite werden aber auch z. B. in kühlen Regionen wie Nordeuropa Ernteerträge durch den Klimawandel steigen.[9]

Schaffung von unterirdischen Räumen, in die Wasser bei Starkregen abfließen kann, um Überschwemmungen zu verhindern (z. B. in Tokio).[10]

Wiederherstellung von Schleifen und Auen bei begradigten Flüssen und Schaffung von Überschwemmungsgebieten, damit diese bei Starkregen gezielt überschwemmen können.[11]

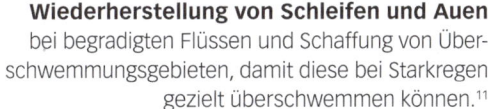

Flächendeckende Frühwarnsysteme, z. B. vor Hitzebelastungen und Überschwemmungen retten Menschenleben und reduzieren finanzielle Schäden schätzungsweise um 30 %.[7]

WEITERE VORTEILE DES KLIMASCHUTZES

Klimaschutzmaßnahmen helfen nicht nur dabei, die Folgen der globalen Erwärmung zu vermeiden, sondern haben oft auch weitere positive Auswirkungen.

Eine hauptsächlich pflanzliche und damit klimafreundliche Ernährung **senkt das Risiko,** an **Herzkreislauferkrankungen,** Typ-2-Diabetes, Fettleibigkeit und einigen Krebsarten zu erkranken.[1,2]

Elektroautos produzieren wie Verbrenner zwar Feinstaub durch Bremsen-, Reifen- und Straßenabrieb, jedoch keinerlei Stickoxide und damit **weniger Luftverschmutzung**. Auch durch den Umstieg auf erneuerbare Energien wird die Luftverschmutzung reduziert.[3,4]

Etwa ein Viertel aller Erwachsenen in OECD-Ländern bewegt sich zu wenig, was u.a. zu Übergewicht führen kann.[5] Gehen und Radfahren bei kurzen Strecken **wirken diesem Bewegungsmangel entgegen.**

Klimafreundliche Mobilität schafft **Platz in Städten:** Auf derselben Fläche können deutlich mehr Radfahrer fahren als Autos, weshalb weniger Straßen benötigt werden. Der gewonnene Platz kann für Parks, Spielplätze oder Cafés genutzt werden.[6]

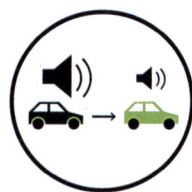

E-Autos **verringern die Lärmbelästigung,** da beim Anfahren an Kreuzungen und Ampeln keine Motorgeräusche zu hören sind.[7]

.Bei einer Investition von einer Million Euro in erneuerbare Energien entstehen mittelfristig etwa 7 neue **Arbeitsplätze,** bei derselben Investitionssumme in fossile Energien nur 2,5.[8]

Durch die Elektrifizierung von Gebäuden in Entwicklungsländern muss dort kein Diesel bzw. Holz mehr zum Kochen und Heizen verbrannt werden, wodurch weniger Menschen an Luftverschmutzung sterben.[9] Zudem müssen Frauen und Kinder weniger Zeit mit der Suche nach Feuerholz verbringen, wodurch **mehr Zeit für Schule und Beruf** bleibt.[10]

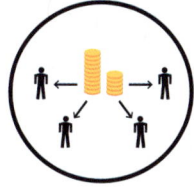

Ein CO_2-Preis mit Rückverteilung (S. 105) kann **soziale Ungleichheit verringern.**[11]

Die Renaturierung von Mooren verhindert nicht nur die Freisetzung von CO_2, sondern **stärkt zudem Ökosysteme.**[12]

ÜBERSICHT DER MAßNAHMEN

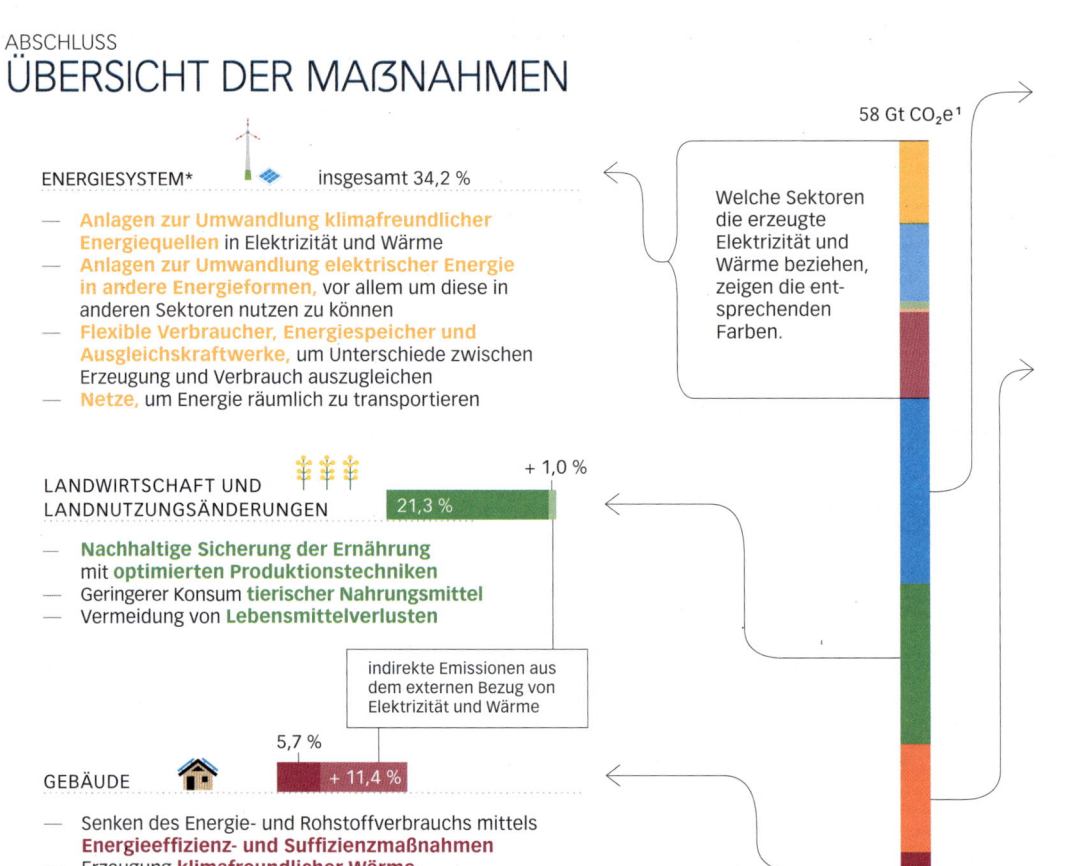

ENERGIESYSTEM*   insgesamt 34,2 %

58 Gt CO_2e[1]

— **Anlagen zur Umwandlung klimafreundlicher Energiequellen** in Elektrizität und Wärme
— **Anlagen zur Umwandlung elektrischer Energie in andere Energieformen,** vor allem um diese in anderen Sektoren nutzen zu können
— **Flexible Verbraucher, Energiespeicher und Ausgleichskraftwerke,** um Unterschiede zwischen Erzeugung und Verbrauch auszugleichen
— **Netze,** um Energie räumlich zu transportieren

Welche Sektoren die erzeugte Elektrizität und Wärme beziehen, zeigen die entsprechenden Farben.

LANDWIRTSCHAFT UND LANDNUTZUNGSÄNDERUNGEN
21,3 %   + 1,0 %

— **Nachhaltige Sicherung der Ernährung** mit **optimierten Produktionstechniken**
— Geringerer Konsum **tierischer Nahrungsmittel**
— Vermeidung von **Lebensmittelverlusten**

indirekte Emissionen aus dem externen Bezug von Elektrizität und Wärme

GEBÄUDE   5,7 %   + 11,4 %

— Senken des Energie- und Rohstoffverbrauchs mittels **Energieeffizienz- und Suffizienzmaßnahmen**
— Erzeugung **klimafreundlicher Wärme**
— Einsatz **klimafreundlicher Baustoffe**

2018

118

* Etwa zwei Drittel aller Treibhausgasemissionen entstehen durch die Verbrennung fossiler Energieträger zur Energiegewinnung. Der hier dargestellte Anteil des Energiesystems an den gesamten Emissionen ist jedoch geringer, da er die Emissionen, welche unmittelbar durch die Energieerzeugung in anderen Sektoren selbst entstehen, nicht beinhaltet – z. B. wenn Heizöl in einer Gebäudeheizung verbrannt wird; diese werden den Sektoren direkt zugeordnet (kräftige Farben).[3,4]

INDUSTRIE | 24,5 % | + 10,3 %

— Steigerung der **Energieeffizienz**
— Erzeugung **klimafreundlicher Prozesswärme**
— **Alternative Produktionsverfahren** zur Vermeidung der Prozessemissionen
— Einsatz **klimafreundlicher Ausgangsstoffe**
— Maßnahmen zur Förderung der **Kreislaufwirtschaft**
— **Abscheiden** und dauerhafte Speicherung von CO_2

+ 0,4 %

VERKEHR | 14,3 %

— **Begrenzung des Energiebedarfs** durch Verkürzung von Wegen sowie der Vermeidung und Verlagerung von Verkehr
— Förderung des Fuß-, Rad- und **öffentlichen Verkehrs**
— **Verringerung** der Attraktivität zur **Nutzung des PKW**
— Direkte Nutzung von CO_2-freier Elektrizität in **E-Fahrzeugen** ist am **energieeffizientesten**
— **Wasserstoff und synthetische Kraftstoffe** haben Vorteile bei großen Reichweiten und hohem Gewicht

Wahrscheinlich wird es nicht gelingen, alle Emissionen zu vermeiden – diese und die zuvor zu viel ausgestoßenen Treibhausgase, müssen durch die Entfernung von CO_2 (S. 92) aus der Atmosphäre kompensiert werden.[2]

 CO_2-ENTFERNUNG

— Manche Maßnahmen wie **Aufforstung** oder **Bodenbewirtschaftung** können sofort umgesetzt werden, andere wie **Direct Air Capture** sind noch sehr teuer
— **Abhängig von den Ressourcen** in den Regionen, kommen unterschiedliche Maßnahmen in Frage
— **Finanzierung** durch die Kopplung mit einem **CO_2-Bepreisungssystem**

2050

7 DINGE, DIE JEDER TUN KANN

Einer alleine kann das Klima nicht retten. Aber ohne den Beitrag von uns allen, wird der Wandel hin zu einer klimafreundlichen Gesellschaft nicht gelingen.[1] Dabei können wir nicht nur unseren eigenen Treibhausgasausstoß reduzieren, sondern auch Klimaschutzmaßnahmen in Politik und Wirtschaft vorantreiben – damit haben die meisten Menschen womöglich den größten Einfluss überhaupt.[2]

Die untenstehende Abbildung fasst die wichtigsten Maßnahmen auf persönlicher Ebene zusammen. Obwohl die Punkte hinsichtlich der Einsparung von Treibhausgasen ihrer Wichtigkeit nach von links nach rechts sortiert sind, ist eines klar: Um die globale Erwärmung zu begrenzen, muss jeder Einzelne von uns an allen Punkten arbeiten.[3-5]

[1] „Klimaschutz" wählen, denn die Veränderung der politischen Rahmenbedingungen ist der Grundstein, um die globale Erwärmung zu begrenzen.[3-5]

[2] Sich im Berufs- und Privatleben für die Umsetzung von Klimaschutz einsetzen, denn der Umbau hin zu einer klimafreundlichen Gesellschaft benötigt in allen Bereichen engagierte Menschen. Hierzu zählt auch, andere über den Klimawandel und insbesondere die zahlreichen Handlungsmöglichkeiten zu informieren und dafür zu begeistern.[3-5]

[3] Das eigene Mobilitätsverhalten verändern. Am besten ist es, komplett auf öffentliche Verkehrsmittel umzusteigen und kurze Strecken zu Fuß bzw. mit dem Rad zurückzulegen. Sollte ein Auto unausweichlich oder die geteilte Nutzung z. B. über Car-Sharing-Angebote oder Fahrgemeinschaften nicht möglich sein, so ist aktuell meist ein kleines E-Auto am klimafreundlichsten.[3-5] Ein besonders großer Beitrag wäre jeglichen nicht erforderlichen Flug zu vermeiden, da hierdurch in kürzester Zeit große Mengen an Treibhausgasen ausgestoßen werden.[3-6]

[1]

[2]

[3]

[4] Mit dem Wechsel zum klimafreundlichen Energie-anbieter („Ökostrom") wird die Energiewende voran-getrieben.[3-5] Um den Energiebedarf decken zu können, sollten zudem – wenn vorhanden – eigene Dachflächen, Carports etc. zur Erzeugung von Elektrizität mittels PV-An-lagen genutzt werden; entweder durch das Anbringen eigener Anlagen oder die Vermietung der Flächen.[7] Mittels Bürgerenergieprojekten können auch größere Energie-erzeugungsanlagen vor Ort realisiert werden.[8] Darüber hinaus sollte möglichst viel Energie eingespart werden, denn dies verringert den Bedarf an fossiler Energie sowie den notwendigen Zubau von Anlagen zur Umwandlung klimafreundlicher Energie.[9]

[5] Klimafreundliches Wohnen (S. 49) zeichnet sich beson-ders durch eine gut isolierte Gebäudehülle, klimafreundlich erzeugte Wärme (Austausch von Öl- und Gasheizungen, insbesondere durch Wärmepumpen), klimafreundliche Baustoffe (z. B. Holz) sowie eine angemessene – also nicht zu große – Wohnfläche aus.[10]

[6] Veränderung der Ernährungsweise hin zu einer hauptsächlich pflanzlichen Ernährung.[3-5] Dieser Punkt ist besonders wichtig, da ein großer Teil der Treibhausgas-emissionen aus der Erzeugung tierischer Produkte nicht von Landwirten reduziert werden kann (S. 65) – ohne eine persönliche Ernährungsumstellung kann die Landwirt-schaft nicht klimafreundlich werden![11,12]

[7] Klimaschutz immer mitdenken. Auch kleinere Verände-rungen leisten in Summe einen großen Beitrag: Sorgsamer Umgang mit Produkten, Verringerung des Konsums (Teilen, Second-Hand, etc.), Mülltrennung, Einsatz energieeffizienter Haushaltsgeräte, nachhaltige Geldanlagen, Kompensation des eigenen CO_2-Fußabdrucks, „richtiges Kochen", indem z. B. der Ofen nicht zur Erwärmung kleiner Portionen ver-wendet und beim Backen nicht zu häufig geöffnet wird, beim Kochen ein Deckel genutzt wird sowie Gasherde durch Elektroherde getauscht werden, die Verringerung der Waschtemperatur, Lufttrocknung und vieles mehr.[3-5]

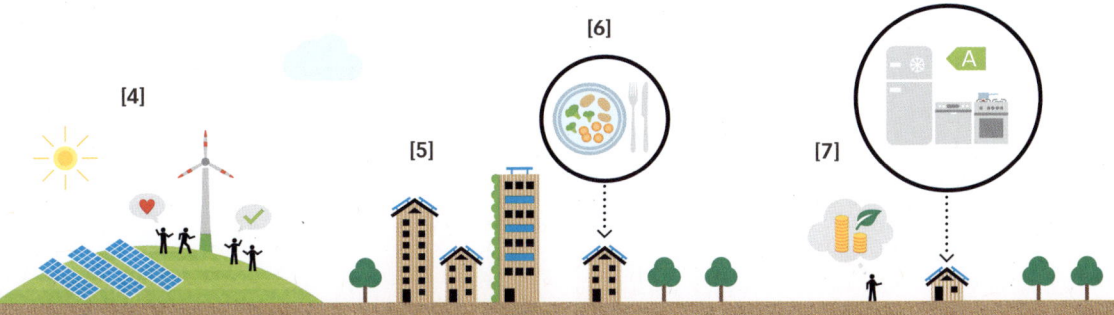

FAZIT

Klimaschutz ist zweifelsohne eine der größten Herausforderungen des 21. Jahrhunderts – ein ganzer Berg an Maßnahmen wartet darauf, weltweit umgesetzt zu werden! Die gute Nachricht: Bereits mit den heute vorhandenen Möglichkeiten können wir die Treibhausgasemissionen weltweit reduzieren und damit die globale Erwärmung begrenzen. Zur Einhaltung der Klimaziele von Paris bleibt jedoch nicht mehr viel Zeit, weshalb Klimaschutzmaßnahmen nun weltweit in allen Sektoren gleichzeitig vorangetrieben werden müssen.

Klar ist auf jeden Fall: Klimaschutz wird nicht an technischen Hürden scheitern – die einzige wirkliche Gefahr ist der Mangel an Motivation und Wille anzupacken sowie notwendige Veränderungen zu beschließen und umzusetzen! Dabei kommen wir jedoch nicht weiter, wenn wir mit dem Finger auf andere zeigen, sondern müssen uns alle an die eigene Nase fassen: Die Politik muss die notwendigen Rahmenbedingungen setzen, Staaten international zusammenarbeiten, die Wirtschaft Prozesse umstrukturieren und jeder einzelne von uns seine persönlichen Entscheidungen im Alltag überdenken. Wenn wir uns auf allen Ebenen der Gesellschaft für den Klimaschutz engagieren, werden wir das Ruder herumreißen – Ärmel hoch und angepackt!

David & Christian

UNSERE UNTERSTÜTZER

WISSENSCHAFTLER

Wir bedanken uns herzlich bei allen Wissenschaftlerinnen und Wissenschaftlern, die uns mit zahlreichen interessanten Gesprächen sowie vielen Kommentaren und Anregungen zu unseren Texten bei der Erstellung des Buches unterstützt haben!

Unterstützt durch die

— 121

Prof. Dr. Bruno Abegg | Dr. Thorben Amann | Prof. Dr. Matthias Arenz | Dr. Tiemo Arndt | Prof. Dr. Folkard Asch | Prof. Thomas Auer | Dr. Florian Ausfelder | Prof. Dr. Hermann W. Bange | Dr. Hubertus Bardt | Dr. Christian Barthlott | Prof. Dr. Jürgen Bauhus | Prof. Dr. Jürgen Baumüller | Prof. Dr. Udo Becker | Prof. Dr. Christian Beidl | Prof. Dr. Carl Beierkuhnlein | Dr. Erika Bellmann | Dr. Jürgen Bender | Dr. Phillip Bendix | Claudio Beretta | Prof. Dr. Gerhard Berz | Prof. Dr. Andreas Bett | Dr. Michael Bilo | Dr. Boris Biskaborn | Prof. Dr. Dagmar Hella Borchers | Dr. Anna Braune | Dr. Susanne Breitner-Busch | Prof. Dr. Robert Bronsart | Dr. Viktor J. Bruckman | Prof. Dr. Thomas Brudermann | Prof. Dr. Helge Bruelheide | Julia Brugger | Dr. Hendrik Bruns | Dr. Michael Buchwitz | Prof. Dr. Jakob Burger | Dr. Martin Cames | Prof. Dr. Po Wen Cheng | Prof. Dr. Stephan Clemens

Prof. Dr. Martin Dameris | Dr. Wolfram Dietz | Prof. Dr. Roland Dittmeyer | Dr. Axel Don | Prof. Dr. Bettina Eichler-Löbermann | Prof. Dr. Olaf Eisen | Dr. Johannes Emmerling | Prof. Dr. Natalie Eßig | Dr. Michael Felderhoff | Dr. Georg Feulner | Prof. Dr. Andreas Fink | Prof. Dr. Manfred Norbert Fisch | Prof. Dr. Manfred Fischedick | Prof. Dr. Philipp Fleiger | Dr. Mark Fleischhauer | Prof. Dr. Heinz Flessa | Dr. Andreas Fliessbach | Dr. Sarah Fluchs | Prof. Dr. Michael Frei | Prof. Dr. Markus Friedrich | Dr. Achim Friker | Dr. Sarah Fuchs | Prof. Dr. Martin Funk | Prof. Dr. Sabine Fuss | Dr. Oliver Geden | Dr. Roland Geres | Dr. Christoph Gerhards | Prof. Dr. Claas Christian Germelmann | Prof. Dr. Bruno Glaser | Prof. Dr. Dietmar Göhlich | Dr. Daniel Goll | Dr. Pia Gottschalk | Prof. Dr. Stefan Greiving | Prof. Dr. Henny Annette Grewe | Prof. Dr. Sven Groß | Dr. Reinhard Grünwald | Prof. Dr. Daniel Gstöhl | Prof. Dr. Georg Guggenberger | Dr. Antoine Habersetzer | Prof. Dr. Wilfried Hagg | Prof. Dr. Gerhard Haimerl | Dr. Michel Haller | Prof. Dr. Richard Hanke-Rauschenbach | Dr. Martin C. Hänsel | Simone Häußler | Dr. Luke Haywood | Prof. Dr. Dirk Hebel | Majana Heidenreich | Prof. Dr. Martin Heimann | Dr. Johannes Hendricks | Prof. Dr. Janin Henkel-Oberländer | Lena Hennes | Prof. Dr. Hans-Martin Henning | Dr. Lukas Hermwille | Prof. Dr. Jens Hesselbach | Dr. Esther Hoffmann | Prof. Dr. Martina Hofmann | Prof. Dr. Niklas Höhne | Prof. Dr. Marc Hölling | Dr. Georg Holtz | Prof. Dr. Peter Höppe | Dr. Mario Hoppema | Dr. Richard Huber | Prof. Dr. Angelika Humbert | Dr. Michael Jakob | Prof. Dr. Clemens Jauch | Prof. Dr. Anke Jentsch-Beierkuhnlein | Prof. Dr. Dr. h.c. Hans Joosten | Dr. Hendrik Junge | Dr. Kristin Jürkenbeck | Dr. Johannes Karstensen | Prof. Dr. Wolfgang Kath-Petersen | Stefan Kinne | Dr. Almut Kirchner | Prof. Dr. Gernot Klepper | Dr. Stefan Klotz | Prof. h.c. Dr. Joachim Knebel | Prof. Dr. Peter Knippertz | Prof. Dr. Thomas Kohl | Dr. Peter Köhler | Dr. Robert Kohrs

UNSERE UNTERSTÜTZER
DANKE!

Wir bedanken uns bei der Stiftung Umwelt und Natur der Sparda-Bank Baden-Württemberg und allen uns unterstützenden Institutionen und Unternehmen für das erbrachte Vertrauen in uns und unser Buchprojekt. Erst mit ihrer Unterstützung haben wir unser Vorhaben in die Tat umsetzen können. Auch möchten wir uns bei allen bedanken, die uns während des gesamten Projektes mit Rat und Tat zur Seite standen!

**Stiftung
Umwelt und Natur**
der Sparda-Bank Baden-Württemberg

Sparda-Bank

Die Stiftung Umwelt und Natur wurde 2020 von der Sparda-Bank Baden-Württemberg gegründet. Sie setzt sich dafür ein, das ökologische Engagement der Genossenschaftsbank noch weiter auszuweiten. Gefördert werden sowohl lokale Projekte wie Bienenhotels für den Artenschutz, als auch überregionale wie dieses Buch zum Klimaschutz. Ziel aller Projekte ist es, dabei immer einen Beitrag zur Lösung aktueller Umweltprobleme zu leisten und damit die Lebensqualität auf unserer Erde zu erhalten.

WER ES GENAUER WISSEN MÖCHTE
LITERATURVERZEICHNIS

Jeden in unserem Buch aufgeführten Verweis können Sie in unserem **digitalen Literaturverzeichnis nachschlagen.** Hier haben Sie die Möglichkeit zu sehen, welche Literatur bei einer angegebenen Zitation herangezogen wurde.

Außerdem finden Sie **interessante weiterführende Literatur und Webseiten** für einen tieferen Einstieg in einzelne Themengebiete.

Das Literaturverzeichnis können Sie über den QR-Code wie folgt aufrufen:

1. Laden Sie eine **QR-Code Scanner App** auf Ihr Smartphone oder Tablet.

2. Scannen Sie den **untenstehenden QR-Code:**

3. Es öffnet sich das digitale Literaturverzeichnis. Durch einen Klick auf die entsprechende Seite werden alle dort verwendeten Literaturverweise angezeigt.

Das digitale Literaturverzeichnis können Sie auch über folgenden Link erreichen:

www.klimawandel-buch.de/literaturverzeichnis

Literatur

WER DAHINTER STECKT
IMPRESSUM

Autoren
David Nelles
Christian Serrer

Starenweg 19
88045 Friedrichshafen
Germany

info@klimawandel-buch.de
www.klimawandel-buch.de

Illustrationen
Eva Künzel
www.evakuenzel.de

Jörg Maier
www.joerg-maier.de

Satz & Layout
Marc Schultes
www.marcschultes.com

Max Poertgen
(Groblayout)

Koordination
(Illustrationen, Satz & Layout)
tremoniamedia
Plauener Straße 21
44139 Dortmund
www.tmfp.de

Lektorat
Karin Schwind
www.schreibimpuls.de

Korrektorat
Ulrike Brandhorst
brandhorst@tragat.de

Sonja Häußler
sonja.haeussler@gmail.com

Farbmanagement
Gennaro Marfucci
www.die-lithografen.de

Druck
bonitasprint gmbh
Max-von-Laue-Straße 31
97080 Würzburg
www.bonitasprint.de

Fotografien des Umschlags, der Buchhandelsversion

Prof. Dr. Harald Lesch: © ZDF
Sven Plöger: © Sebastian Knoth
Mirko Drotschmann: © objektiv media GmbH
Dr. Eckart von Hirschhausen: © Dominik Butzmann
Prof. Dr. Claudia Kemfert: © Carolin Windel

§ Impressum

Papier

Das für dieses Buch verwendete FSC®-zertifizierte Umschlags-Papier „Surbalin seda" lieferte die Peyer Graphic GmbH. Für den Innenteil wurde das mit dem Blauen Engel ausgezeichnete 100 % Recyclingpapier „Circle Offset Premium White" verwendet.

Auflage

Die erste Auflage des Buches „Machste dreckig – Machste sauber: Die Klimalösung" ist wie folgt gekennzeichnet: ISBN: 978-3-9819-650-1-8

An dieser Stelle wollen wir uns bei all denjenigen bedanken,
die uns besonders in der heißen Schlussphase unterstützt und unsere Texte
Probe gelesen haben – ohne euch hätten wir das nicht geschafft!